特集

高効率/省部品/低EMC…無線機や高精  込み

LLC共振による低雑音スリム電源
現代設計法[シミュレータ&データ付き]

　昨今では，数百ワット程度までの中規模電源回路はLLC方式，それ以下の小規模電源回路は疑似共振方式が使われることが一般的になってきました．「共振」技術を利用することで，使用するコイルやトランス，コンデンサなどの小型化が可能となり，コンパクトな電源回路が構成できるからです．さらに，輻射ノイズの少ないクリーンな電源回路を実現するためにも有用です．

　特集では，さまざまな共振方式によるスイッチング電源回路を解説し，設計事例を示します．一部の回路では，LTspiceやMagnetics Designerによるシミュレーションによる検証も行います．付属CD-ROMに収録されているシミュレーション・ソフトウェアと回路ファイルを利用して，読者のパソコン上で実際に動作の検証を行うことができます．

第1章	小型化のための高効率/低ノイズ・スイッチング電源技術の応用
Appendix	トランス/インダクタ設計解析ツールMDとLTspiceを活用するためのヒント集
第2章	LTspiceによる4相インターリーブ方式PFCのモデリングと解析
第3章	電流臨界型多相インターリーブ方式PFCの設計
第4章	低ノイズな疑似共振スイッチング電源の設計法
第5章	LED駆動回路に最適なバック・コンバータ制御IC

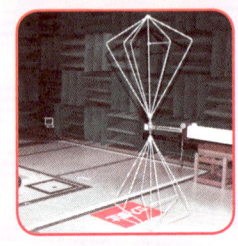

グリーン・エレクトロニクス No.16

高効率/省部品/低EMC…無線機や高精細映像機器にも安心組み込み

特集　LLC共振による低雑音スリム電源 現代設計法 [シミュレータ&データ付き]

LTspice と Magnetics Designer によるシミュレーションで検証する

第1章　小型化のための高効率/低ノイズ・スイッチング電源技術の応用　蓮村 茂 …… 4

- 臨界型PFC機能搭載 LLC電流共振ブリッジ・コンバータ制御IC MCZ5205SE の概要と機能設計 —— 4
- 臨界型PFCコンバータ —— 12
- 臨界型PFCコンバータ評価ボードの測定 —— 24
- LLC電流共振コンバータ —— 37
- MOSFETのt_{off}時のI_D特性による損失低減 —— 68

Appendix A　トランス/インダクタ設計解析ツールMDとLTspiceを活用するためのヒント集　山村 功 …… 74

- MDによる巻き線断面の生成方法 —— 74
- MDによるPFCインダクタのSPICEモデル生成 —— 74
- DCスイープで動作するLLCコンバータ用のシンプルなSPICEモデル —— 74

再現性のある解析で設計時の事前検討に活用できる

第2章　LTspiceによる4相インターリーブ方式PFCのモデリングと解析　蓮村 茂 …… 79

- インダクタの非線形特性モデリング —— 79
- PFCコントロールIC UCC28070 のモデリング —— 86
- 4相インターリーブ方式PFC回路の解析 —— 87
- コラム　付属CD-ROMにはシミュレーションが動作しない回路も含まれる —— 97

インダクタ電流も入力リプルも低減できる

第3章　電流臨界型多相インターリーブ方式PFCの設計　澤幡 悟 …… 98

- 電流臨界型PFCの有用性 —— 98
- MH2501SC/MH2511SC を使った電流臨界型PFC —— 98
- 3相インターリーブPFCの回路設計 —— 100
- コラム　多相インターリーブICの比較 —— 105

表紙デザイン　ナカヤデザイン（柴田 幸男）

CONTENTS

トランス設計と半導体部品の選定を中心にして
第 4 章 低ノイズな疑似共振スイッチング電源の設計法 林 正明 …………… 106
- 疑似共振動作の原理 —— 106
- 設計方法 —— 108
- 電源回路例 —— 112

1％調光以下の低照度の LED 電流にも対応した
**第 5 章 LED 駆動回路に最適な
バック・コンバータ制御 IC** 瀬川 毅，飯島 伸也 …………… 117
- LED 照明機器の基本構成 —— 117
- バック・コンバータの動作 —— 118
- LED 照明に適したバック・コンバータ回路 —— 120
- MV1002SC を使った LED ドライバの設計事例 —— 124

GE Articles

平均効率と無負荷時電力についての基準の最新動向
解説 外付け電源に関連する各種の規格 松元 貴志 …………… 128
- 電源に求められる省エネ性能 —— 128
- 外付け電源に関する現在の欧米の基準 —— 128
- 最新の動向 —— 131
- 従来の基準と新しい基準の比較 —— 133

付属 CD-ROM の内容と使いかた …………… 134

第1章

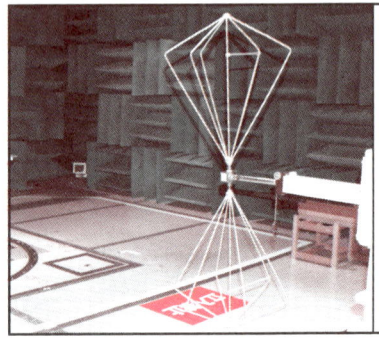

LTspiceとMagnetics Designerによる シミュレーションで検証する
小型化のための高効率/低ノイズ・スイッチング電源技術の応用

蓮村 茂
Hasumura Shigeru

　近年は，スイッチング電源の分野において回路トポロジーやトランス，インダクタのモデリングに関して，解析ツールを活用した設計手法が採用されています．

　回路シミュレータではフリー（「LTspice許諾・免責」の範囲で利用する）で機能制限のない"LTspice"は，スイッチング電源のシミュレーションを現実の動作に近い状態で結果を示してくれる高性能/高速シミュレータとして使いやすく，広く活用されています．

　トランスやインダクタの設計では，代表的なツールとして，米国Intusoft社の"Magnetics Designer"（以下MD）があります．MD評価版には機能制限がありますが，使いかたしだいでトランスやインダクタをコア，巻き線構造，線種，線形などを変更して簡単に解析でき，試作段階での試行錯誤による検討時間を大幅に低減できます．MDの自由度は高くカスタマイズ性に優れているので，さらなる精度改善のため，ユーザ独自の係数やデータ，計算式を組み込むこともできます［MDの理解を深めるためにも『スイッチング電源のコイル/トランス設計』（CQ出版社）などの図書の内容習得は必須です］．

　ここでは，小型化のための高効率，低ノイズ・スイッチング電源技術の応用を目的として，シミュレータを使った仮想検証を，新電元工業の臨界型PFC機能搭載LLC電流共振ブリッジ・コンバータの評価ボードを使い，検討と解析事例を紹介します．回路解析はLTspiceを用い，臨界型PFC制御回路モデルとLLC共振制御回路モデルにMDで解析したPFCインダクタSPICEモデルやLLC共振トランスSPICEモデルを適用し，評価ボードの実測結果とシミュレーション結果より損失低減化とノイズ発生源を探ります．

　MDで設計したLLC共振トランス巻き線のリーケージ・インダクタンスや浮遊容量の影響によるMHz帯の高周波振動（MDで作成された等価回路より巻き線のリーケージ・インダクタンスや浮遊容量の影響度合いが把握できる）の発生に関しても，手探りで対策するのではなく発生要因を特定し，巻き線構造の検討やシミュレーションによる振動の低減策などで対処することができるようになります．

臨界型PFC機能搭載LLC電流共振ブリッジ・コンバータ 制御IC MCZ5205SEの概要と機能設計

● 概要

　MCZ5205SEは，臨界型PFC（Power Factor Correction）制御用コントローラと，高耐圧ゲート・ドライバを有した周波数変調タイプのLLCブリッジ型全波電流共振制御用コントローラの二つの制御回路を集積したコントローラICで，この二つのコントローラを1チップに内蔵することで省スペース化を図ることができます．MCZ5205SEの内部ブロックを図1に，端子配置を図2に，端子機能の一覧を表1に示します．

　PFC部は臨界PFCを採用し，低ノイズ/高効率化を実現しています．LLC部は，共振はずれ防止機能などの各種保護機能を備え，高効率化を実現しています．さらに，アクティブ・スタンバイ（AS）機能を有し，軽負荷待機時の電力損失を大幅に改善することができます．

　本ICは，PFCおよびLLCをワンチップで搭載し，各種保護機能も備わっているため，設計の簡易化および省スペース化を実現でき，以下の製品に最適です．
- PDP/LCDなどの大画面フラットTV用電源
- レーザ・プリンタなどのOA機器用電源
- 大出力ACアダプタ
- 大電力産業機器用電源
- ハイ・パワーLED照明

● 特徴

▶一般的な特徴

(1) PFCとLLCの機能をコンボ化し，SOP22パッケージで実現
(2) アクティブ・スタンバイ機能を搭載し，軽負荷領域の損失低減に対応

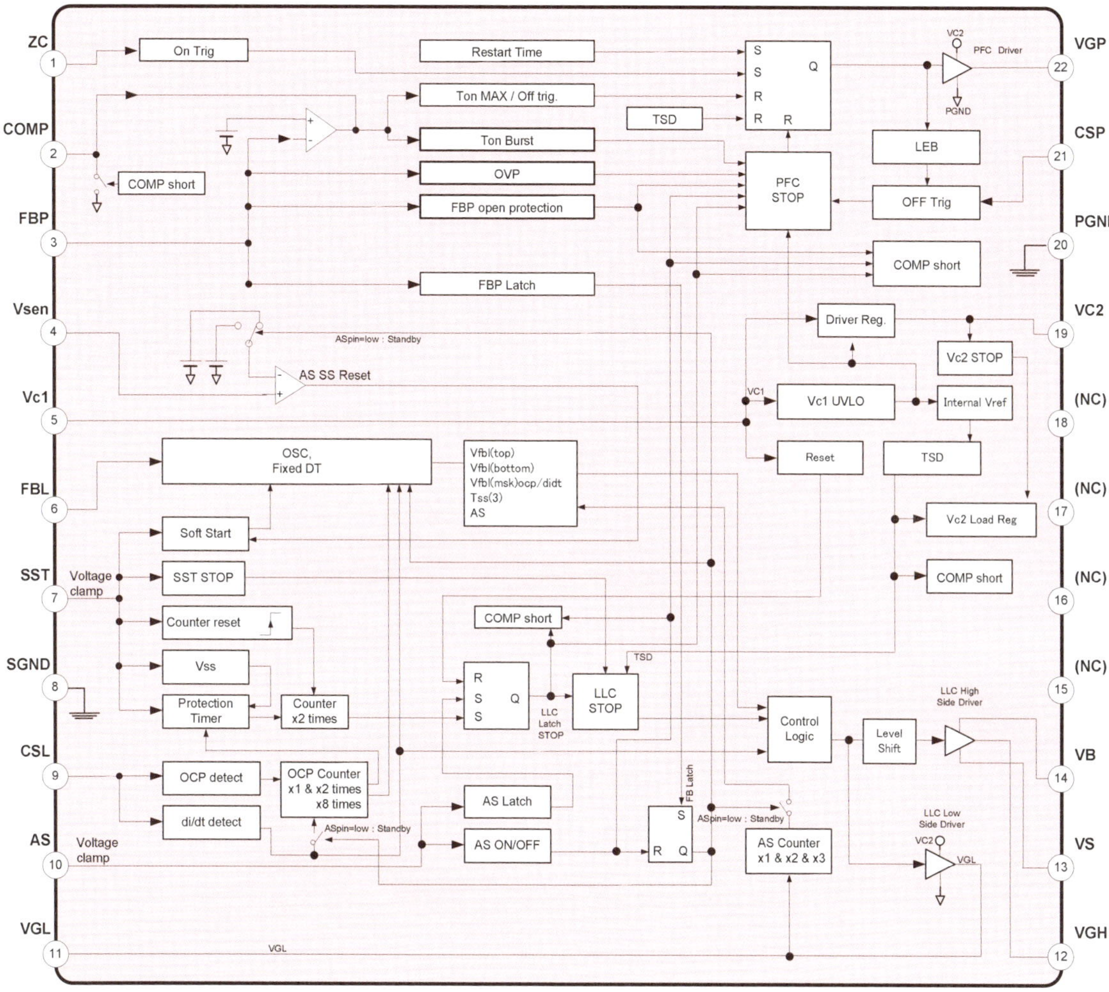

図1 MCZ5205SEの内部ブロック図

(3) アクティブ・スタンバイ端子(外部ラッチ端子)を利用した過電圧ラッチ回路を構成可能
(4) PFC/LLC ON-OFFシーケンスを最適化
(5) V_{CC}耐圧は35 V，UVLOはヒステリシスをもち12.6 V/8.5 V

▶PFC部の特徴
(1) 臨界型PFCコントローラ
(2) 過電流検出閾値は0.5 Vであり，検出抵抗のロスを削減
(3) オン幅(電圧)制御により入力ライン検出不要
(4) フィードバック・オープン・ショート保護，過電圧発振停止保護(OVP)，過熱保護(LLC部共通)，軽負荷の時出力電圧上昇保護機能搭載

▶LLC部の特徴
(1) ドライブ能力(ソース：0.18 A，シンク：0.38 A)．最適化により，ゲート周りをシンプルに構成可能
(2) ハイ・サイド・ドライバ内蔵によりMOSFETの

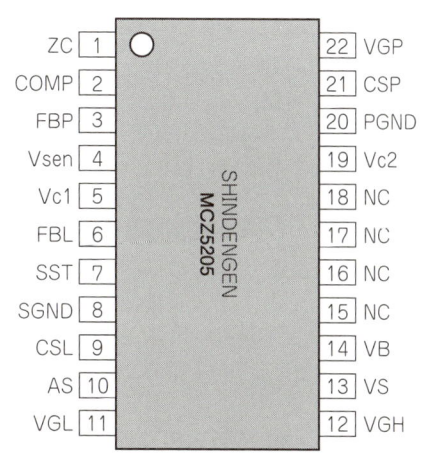

図2 MCZ5205SEの端子配置

表1　MCZ5205SEのピン機能一覧

端子番号	記号	コンバータ	機　能
1	ZC	PFC	ONタイミング検出端子．ゼロ電流を検出してPFC部主SWのONタイミングを決める
2	COMP	PFC	フィードバック・アンプの出力端子．位相補償設定用の端子
3	FBP	PFC	フィードバック・アンプの入力端子．PFC出力電圧のフィードバック，低入力電圧監視を行う
4	Vsen	LLC	PFC出力電圧監視用端子．ブラウンアウト保護のため，低入力保護，リモートON/OFF，SS-Resetを行う
5	Vc1	共通	制御回路の電源供給端子．Vc1≧12.6Vで動作開始，Vc1≦8.5Vで動作停止
6	FBL	LLC	LLC部発振器の周波数設定用端子．外付けコンデンサ，抵抗によりデューティや動作周波数が決まる
7	SST	LLC	ソフト・スタートと異常検出時の間欠動作用コンデンサ接続端子．ソフト・スタート時間および異常検出時の間欠動作時間を決める
8	SGND	共通	制御信号系GND端子．制御信号系のグラウンド接続端子
9	CSL	LLC	LLC部の過電流検出およびdi/dt（共振はずれ）保護機能用端子．OCPおよびdi/dtを検出して，過電流および共振はずれを保護する
10	AS	共通	アクティブ・スタンバイ切り替え端子．端子ショート時，アクティブ・スタンバイ・モードで動作する．外部入力ラッチ機能としても使用できる
11	VGL	LLC	LLC部下側MOSのゲート駆動用端子．LLC部下側MOSのゲートを駆動する
12	VGH	LLC	LLC部上側MOSのゲート駆動用端子．LLC部上側MOSのゲートを駆動する
13	VS	LLC	LLC部上側ドライバの基準電源端子．LLC部上側MOSのソースおよび下側MOSのドレインに接続
14	VB	LLC	LLC部上側ドライバの電源端子．LLC部上側ドライバ駆動用電源端子
15-18	NC	－	沿面距離確保のための空きピン
19	Vc2	共通	ドライバ用電源出力端子．PFCおよびLLC MOSゲート駆動用電源出力端子
20	PGND	共通	パワー系GND端子．パワー系のグラウンド接続端子
21	CSP	PFC	PFC部過電流検出端子．PFC部主SWの過電流を検出する
22	VGP	PFC	PFCゲート出力端子．PFC部主SWの駆動用

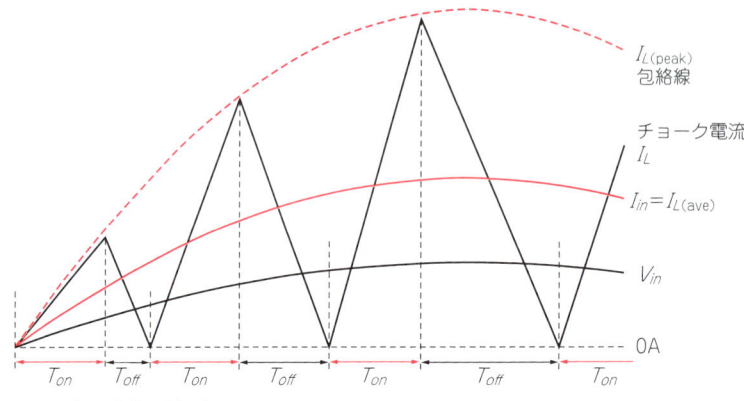

図3　臨界動作の波形

　直接ドライブが可能
(3) アクティブ・スタンバイ・モードで非対称スイッチング動作．非対称制御に切り替わり，軽負荷領域での損失を低減
(4) di/dt保護機能により，危険なdi/dtモードを回避しMOSFETを保護
(5) 過電流保護（OCP），di/dt保護（共振はずれ保護），タイマ・ラッチ，不足電圧保護，過熱保護（PFC部共通）などの各種保護機能を搭載

● 電流臨界型オン幅制御方式PFCの動作原理
　本ICは，電流臨界型を採用しており，図3のようにチョーク電流I_Lはゼロ・スタート/ゼロ・エンドの繰り返し三角波となります．また，オン幅制御方式であるため，オン幅T_{on}は負荷に応じて決定され一定値となります．なお，オフ幅T_{off}は入力電圧V_{in}に応じてスイッチングごとに変化しますので，スイッチング周期は変動します．

　各電流値は以下の式(1)により算出されます．T_{on}およびL値は一定であるため，I_Lのピークである$I_{L(peak)}$はV_{in}に比例します．V_{in}は正弦波状であるため，$I_{L(peak)}$も正弦波状となります．

$$I_{L(peak)} = \frac{V_{in}\,T_{on}}{L} \quad\cdots\cdots\cdots\cdots (1)$$

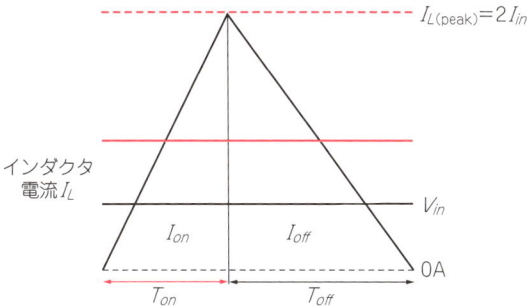

図4 スイッチング1サイクルの波形

ただし，スイッチング周波数はAC商用周波数より十分に高く，スイッチングの1周期ではV_{in}を一定とみなします(図4).

入力電流I_{in}は，コンデンサC_{in}によりI_Lから高周波成分が除去されて平均化された電流$I_{L(ave)}$と等しくなります．また，I_Lは三角波のため，$I_{L(ave)}$は$I_{L(peak)}$の1/2となります．

$$I_{in} [A] = I_{L(ave)} = \frac{I_{L(peak)}}{2} \quad \cdots (2)$$

式(2)に式(1)を代入し，

$$I_{in} [A] = I_{L(ave)} = \frac{V_{in} T_{on}}{2L} \quad \cdots (3)$$

式(3)のように，本ICのオン幅制御により，I_{in}とV_{in}は比例関係となるため，力率改善が可能となります．回路上での波形例を図5に示します．

インダクタの選定

インダクタ(チョーク・コイル)は，PFC回路の性能を左右する重要な部品です．PFC回路の仕様により最適な定数を以下の計算式を利用して算出し，MDで設計します．

最終的には実機にてコアおよび巻き線の温度上昇を確認したうえで，巻き線およびコア・サイズを決定してください．

● コア・サイズの選定

コア・サイズの選定には，コア・ギャップl_Gが2 mm以下を目安に選定してください．

コア・ギャップl_Gの算出式は以下の式(4)〜式(8)になります．

$$l_G [mm] = 4\pi \frac{A_e N_P^2}{L_P} \times 10^{-7} \quad \cdots (4)$$

$$L_P [mH] = T_{on} \frac{\sqrt{2} V_{in(AC)min}}{I_{DQ}} \times 10^{-3} \quad \cdots (5)$$

$$I_{DQ} [A] = \frac{2\sqrt{2} P_S}{\eta V_{in(AC)min}} \quad \cdots (6)$$

$$T_{on} [s] = D_{on} T_{max} = \frac{D_{on}}{f_{min}} \quad \cdots (7)$$

$$D_{on} = \frac{V_{out} - \sqrt{2} V_{in(AC)min}}{V_{out}} \quad \cdots (8)$$

A_e：コアの実効断面積 [mm²]
P_S：垂下点での出力電力 [W] ($P_{o(max)}$の1.2〜1.5倍)
f_{min}：最小発振周波数 [Hz] (ワールド・ワイド入力：40 k〜60 kHz, 100 V/200 V系：50 k〜70 kHz)
( )内の数値については目安となります．

● N_P巻き線のターン数

チョーク・コイルN_P巻き線のターン数は，式(6)にて算出される値の小数点以下を切り上げた整数で決定します．

$$N_P [回] = T_{on} \frac{\sqrt{2} V_{in(AC)min}}{\Delta B A_e} \times 10^9 \quad \cdots (9)$$

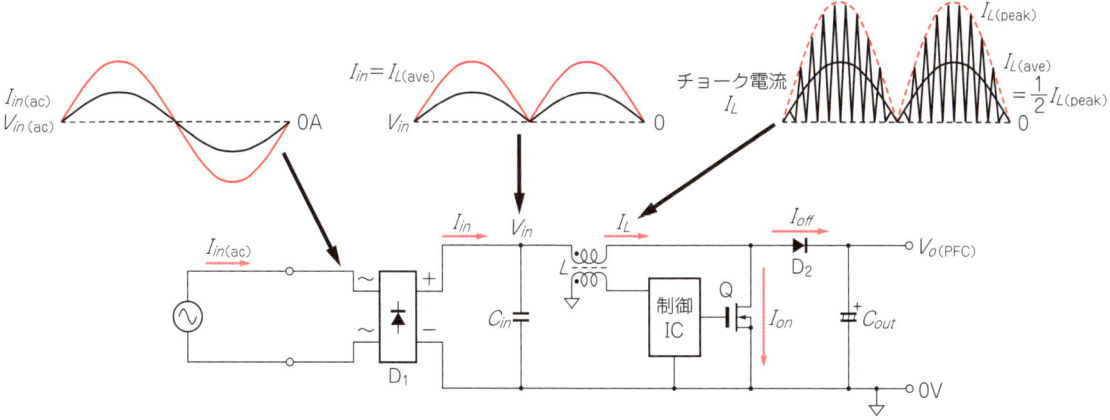

図5 回路上の波形例

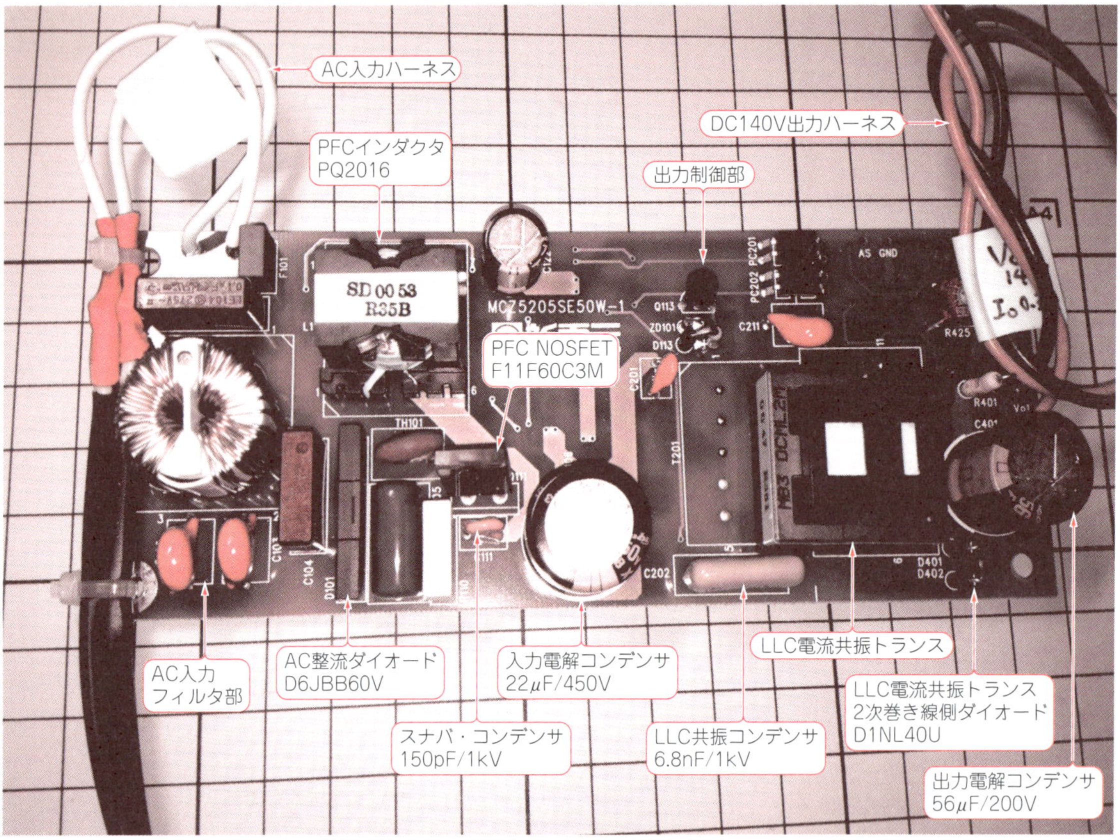

(a) 部品面

(b) はんだ面

写真1　MCZ5205SE-49W評価ボードの外観

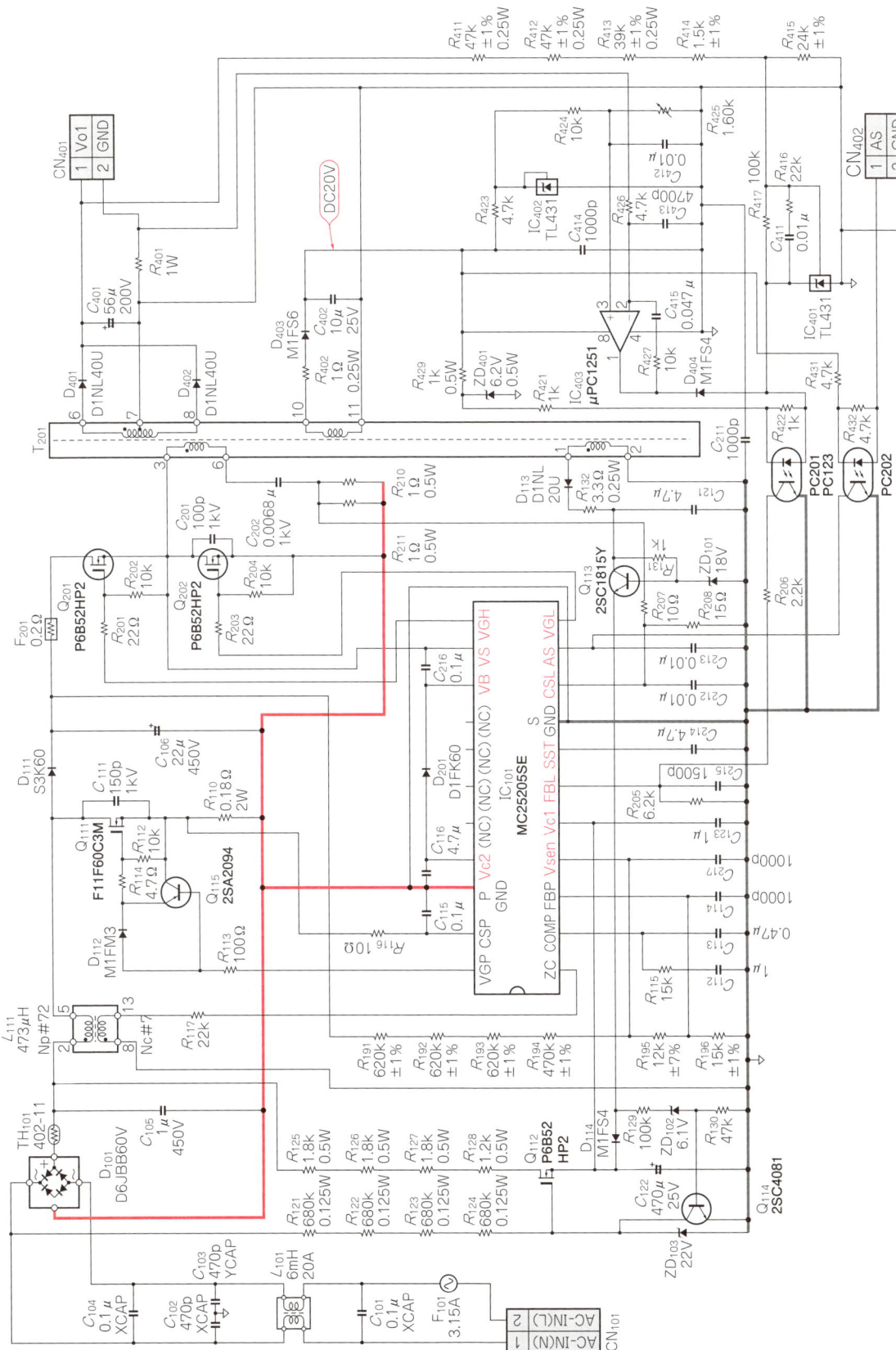

図6 MCZ5205SE-49W (No.MCZ1) の回路

なお，ΔB［mT］はコアの磁束密度変化です．ΔBはコア材により大きく異なりますので，コイル・メーカに問い合わせください．

▶ N_C 巻き線のターン数

N_C 巻き線のターン数は，最大入力電圧時に1.5 V以上の電圧が制御巻き線に発生する必要がありますので，式(7)を目安に最小の整数で決定してください．

$$N_C [回] > 1.5 \times \frac{N_P}{V_{out} - \sqrt{2}\, V_{in(AC)max}} \cdots\cdots (10)$$

ワールド・ワイド入力で $V_{in(AC)max}$ を264 V，PFC出力電圧 V_{out} を390 Vとした場合，N_P と N_C の巻き数は大体10：1が目安になります．

【例】ワールド・ワイド入力想定で N_P が50ターンの場合

$V_{in(AC)max}$＝264 V，V_{out}＝390 Vとすると，N_C > 4.5 となり，N_C は5ターンとなります．

● 巻き線の選定

N_P 巻き線の断面積は，インダクタの実効電流値 $I_{L(RMS)}$［A］と巻き線の電流密度［A/mm^2］から選定します．電流密度は使用する銅線の種類（単線もしくはリッツ線），撚り本数などによって変わります．コイル・メーカに問い合わせください．

MDによるインダクタの設計

LED電源評価ボードの仕様が入力電圧 AC 90～264 V，出力DC 140 V，0.39 Aであり，PFC出力電圧はDC 400 V，PFCインダクタの仕様は473 μH（1 kHz），PQ2016コア，スペーサ・ギャップ0.85 mmとなっているので，この仕様を基にMDで設計します（評価ボードに搭載されているインダクタとMDの設計結果とを比較するため）．

● MCZ5205SE-49W 評価ボード

写真1はMCZ5205SE-49W評価ボードの部品面，はんだ面の写真です．回路を図6に示します．

PFC回路は電流臨界型を採用し，LLC回路は電流共振ブリッジコンバータを採用することにより低損失，低ノイズで小型電源となっています．

ハイ・パワー LED 照明用の定電流簡易負荷装置

LEDを点灯させるための電源は定電流制御を行っています．図7に示すように，疑似負荷装置は電源の出力特性とLEDの非線形負荷特性が交差する点でLEDが点灯するLEDの電圧-電流特性に近い負荷特性となっており，評価に最適な定電流簡易負荷装置といえます．

図8は，疑似LED負荷の回路構成です．

● 疑似負荷シミュレーション特性

LED電源の疑似負荷シミュレーションでは図9の回路を2段直列構成として，図10の特性で出力140 V，負荷電流360 mAに対応させています．R_3 の2 kΩを調整することにより定電流値の調整ができるので，疑似負荷評価装置では可変抵抗として定電流特性の可変評価ができるようにしています．

また，R_{13} とスイッチの直列回路を設けることによ

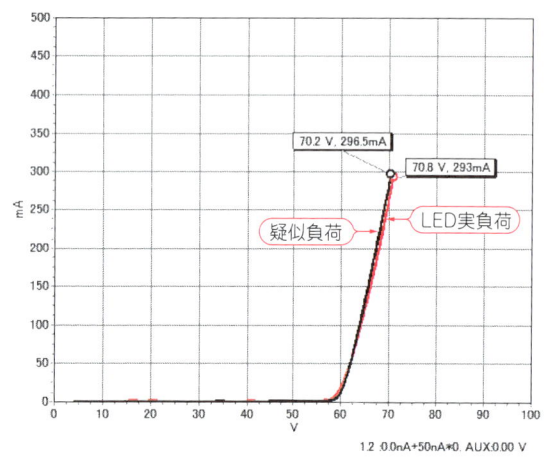

図7 疑似負荷とLED負荷の V-I 特性の比較

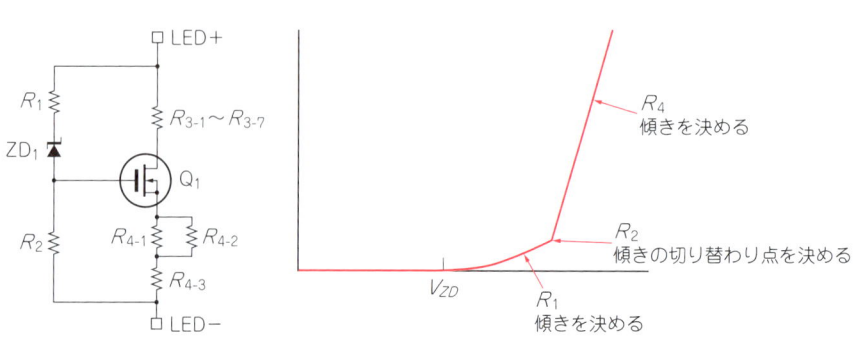

図8 擬似LED負荷回路の構成

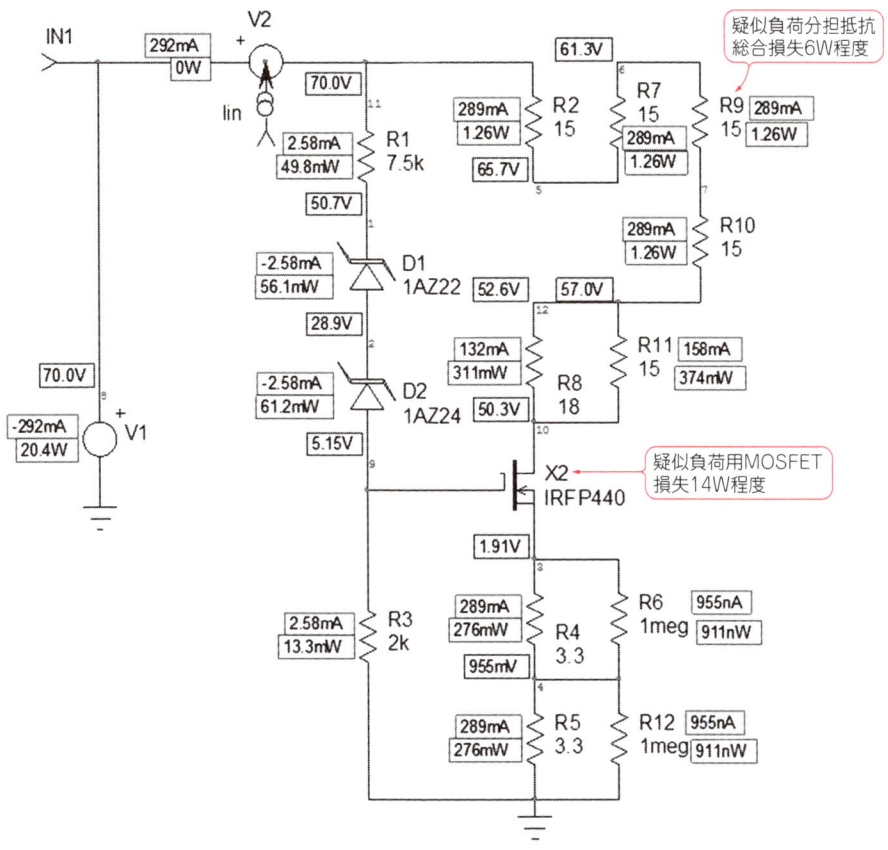

図9 疑似負荷回路各部の電圧,電流,損失

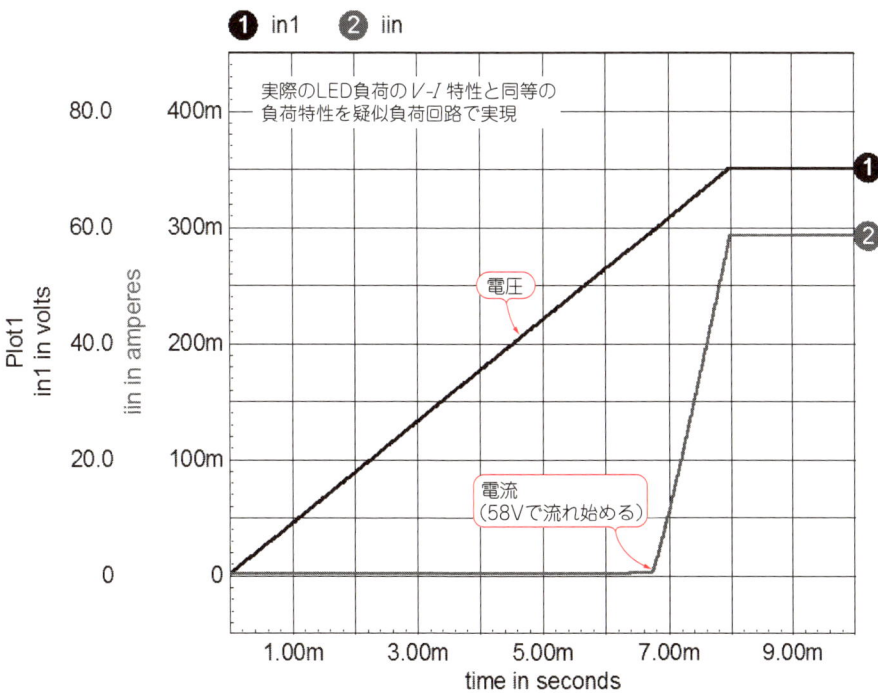

図10 疑似負荷シミュレーションのV-I特性

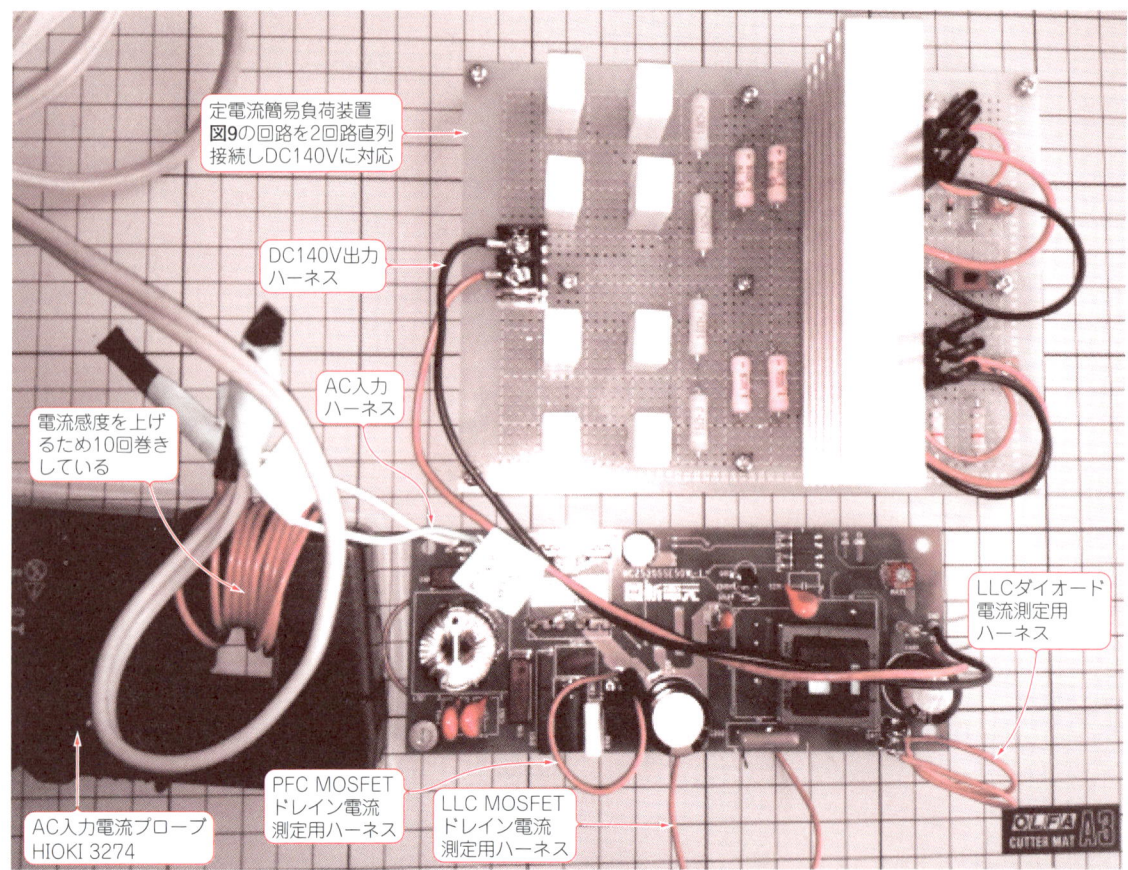

写真2　LED電源評価ボードと定電流簡易負荷装置

り，定電流負荷のON/OFFができる構成にしています．電源仕様によっては定電流負荷ではなく，電源に設けた外部端子でのON/OFFで規定されている場合がありますので，制御ICの仕様書で確認が必要です．

● 定電流簡易負荷装置

写真2，写真3の定電流簡易負荷装置は50 W負荷を想定しており，放熱器の強制風冷は必要になります．半導体素子の破損時の交換作業がしやすいようにリード線にて配線を行っていますが，同様な定電流簡易負荷装置を製作される場合にはケースに収納されると安全に試験/評価作業ができます．発熱処理が必要で高電圧装置となりますので，感電対策など安全には配慮してください．

臨界型PFCコンバータ

　PFC部は電流臨界動作方式を採用しており，インダクタのコントロール巻き線電圧を検出してスイッチング素子のONを行っています．このオン・タイミングはZC端子により決まります．回路図は図6になります．動作の詳細はここでは説明しませんので，メーカのドキュメントIC_MCZ5205SE_AppNote_Jp.pdfを参照ください．

● 臨界型PFCコンバータのシミュレーション

　シミュレーションで動作検証を行うにあたり，メーカより制御ICのシミュレーション・モデルが公開されていない場合は，独自にモデルを作成するか（ハードルは高く制御IC内部の機能に関し精通している必要がありお勧めできない），同機能の制御ICのSPICEモデルがウェブ上から入手できる場合は，そのモデルをLTspiceで解析できるように変更して使用します．今回は，Intusoft社のSpiceシミュレータICAP4のオン・セミコンダクター社製PFCコントローラ（MC33262）のモデルを活用し，評価ボードに搭載されているPFCインダクタとMDで設計した特性比較を行ってみます．

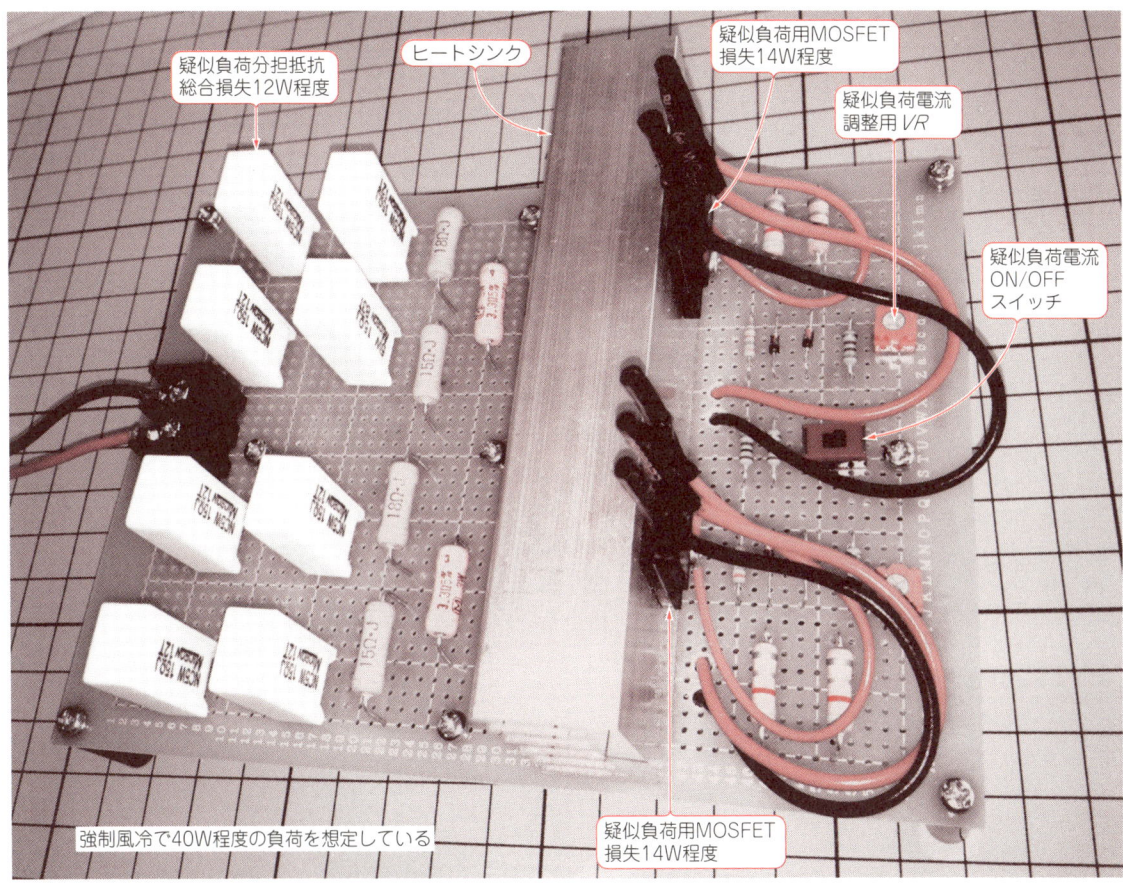

写真3 定電流簡易負荷装置

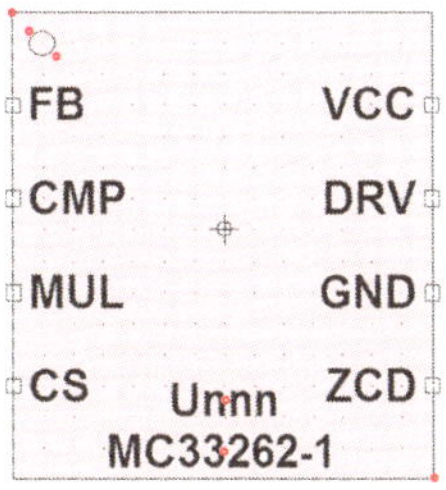

図11 MC33262-1モデル・シンボル

　一般的には，SPICEツール（PSpice，ICAP4など）により提供されている制御ICのシミュレーション・モデルを他のSPICEツール（LTspiceなど）に，そのまま使用しても動作しない場合が多く，内部のネット・リストを使用するSPICEツールで読めるように書き換える必要があります．サブサーキットのパラメータ記述やビヘイビア・モデルの記述式などの書き換えで済む場合と，使用するツールにない素子のモデルが記述されていた場合には他の素子で置き換える必要があり，個々の動作を確認しながら機能検証を行う必要があり手間が掛かります．ICAP4のオン・セミコンダクター社製PFCコントローラ（MC33262）のモデルは，表2（次頁）のような置換で対応できています．MC33262の詳細はメーカのデータシートなどで確認ください．

　本稿では，LTspiceのモデルに同機能のモデルがないのと，評価ボードで使用している制御ICのSPICEモデルが整備されていないので，他メーカの同機能のモデルを流用してシミュレーションを行います．設計者にとっては制御ICのSPICEモデルの整備は制御ICを選択するうえで優先順位は高いと考えており，設計検証時間の短縮と製品化を加速するうえでもフリーの

SPICE制御モデルの提供を期待します．

　主要な変更点は，サブサーキットのパラメータ記述やビヘイビア・モデルの記述式の変更，電源のモデルで無記入の箇所を0とする書き換えとなります．

　シンボル作成に関しては『電子回路シミュレータLTspice入門編』（CQ出版社）などの図書やヘルプを参考に作成してください．

　図11のように作成したシンボルをMC33262-1の名前で，表2のネット・リストはファイルMC33262-1.subの名前でシミュレーションするフォルダに保存します（付属CD-ROMではLTspice_LLC¥PFCsim¥MD_modelフォルダにある）．

臨界型PFCコンバータ　13

表2 オン・セミコンダクター製PFCコントローラMC33262モデルをLTspiceで読み込むためのネット・リストの変更

ICAP4のMC33262サブサーキット	LTspiceに読み替えたMC33262サブサーキット
| ```
.SUBCKT MC33262 1 2 3 4 5 0 7 8
* POWER FACTOR CONTROLLER
* Terminal Identifications are
* Voltage fedback Input=1 Compensation=2
* Multiplier Input=3 Current sense Input=4
* Zero Current Detect Input=5 GND=0 Drive Output=7 Vcc=8
.MODEL UVL_INPUT SW (VT=10.5 VH=2.5 RON=1 ROFF=1MEG
.MODEL IDET_INPUT SW (VT=1.5 VH=0.1 RON=1 ROFF=1MEG
.MODEL D33262A D   CJO=2P
.MODEL D33262 D   CJO=2P N=0.5
.MODEL Q33262 NPN (IS=15.2F NF=1 BF=105 VAF=98.5 IKF=.5
+ ISE=8.2P NE=2 BR=4 NR=1 VAR=20 IKR=.225 RE=.373 RB=1.49
+ RC=.149 XTB=1.5 CJE=35.5P CJC=12.2P TF=0.5N TR=10N)

.SUBCKT LIM33262 1 2
RIN 1 0 1E12
E1 3 0 0 1 {K}
RC1 2 4 1MEG
C1 2 4 1F IC=0
R1 3 4 1MEG
E2 2 0 0 4 1E6
VN 5 2 {NLIM-.0597}
DN 4 5 DN
.MODEL DN D(IS=1E-12 N=.14319)
VP 2 6 {PLIM-.0597}
DP 6 4 DN
.ENDS

.SUBCKT RS33262 2 3 4 5 {TD=1N}
C1 11 0 10P
R3 10 8 {TD/6.9315P}
C3 8 0 10P
B1 10 0 V=V(2)>1 ? V(5)>1 ? 0 : 2
B2 16 0 V=V(3)>1 ? V(4)>1 ? 0 : 2
B5 4 0 V=V(8)>1 ? 2 : 0
B6 5 0 V=V(11)>1 ? 2 : 0
R1 16 11 {TD/6.9315P}
.ENDS

S1 9 11 8 0 UVL_INPUT
V1 9 0 2.5
R1 11 0 100K
E1 10 0 12 13 1
Q1 8 14 12 Q33262
Q2 15 16 0 Q33262
V3 10 17
R2 13 14 200
R3 17 16 1
B1 12 13 I=0.55M*V(18)*V(8)+I(V3)
R4 12 7 10
R5 15 7 10
C1 12 0 50P
V4 19 0 16
D1 14 19 D33262A
B2 18 0 V=V(50)<1 ? V(11)>1 ? 2 : -2
B3 2 0 I=20U/(1+EXP(V(26)))

X1 21 22 LIM33262 {K=1 PLIM=100 NLIM=100 }

E2 21 0 9 1 20
V5 24 0 6.4
D2 2 24 D33262
I1 0 2 10U
D3 25 20 D33262
D4 25 2 D33262
C2 26 0 100P
R6 0 26 2.901K
L1 22 26 3.161M

X2 23 30 LIM33262 {K=10 PLIM=16 NLIM=16 }

V7 3 23 1.6
B4 32 0 V=V(30)/10+1.6

X3 27 31 LIM33262 {K=10 PLIM=8.75 NLIM=8.75 }

V8 2 27 2.875
B5 28 0 V=V(31)/10+2.875
B6 29 0 V=544M*(V(28)-1.98)*V(32)+41.7M*(V(28)-1.98)

X4 29 38 LIM33262 {K=1 PLIM=1.55 NLIM=1.55 }
``` | ```
.SUBCKT MC33262-1 1 2 3 4 5 6 7 8
*POWER FACTOR CONTROLLER
*Terminal Identifications are
*Voltage fedback Input=1 Compensation=2
*Multiplier Input=3 Current sense Input=4
*Zero Current Detect Input=5 GND=0 Drive Output=7 Vcc=8
.MODEL UVL_INPUT SW (VT=10.5 VH=2.5 RON=1 ROFF=1MEG
.MODEL IDET_INPUT SW (VT=1.5 VH=0.1 RON=1 ROFF=1MEG
.MODEL D33262A D   CJO=2P
.MODEL D33262 D   CJO=2P N=0.5
.MODEL Q33262 NPN (IS=15.2F NF=1 BF=105 VAF=98.5 IKF=.5
+ ISE=8.2P NE=2 BR=4 NR=1 VAR=20 IKR=.225 RE=.373 RB=1.49
+ RC=.149 XTB=1.5 CJE=35.5P CJC=12.2P TF=0.5N TR=10N)

.SUBCKT LIM33262 1 2 params:K=1 PLIM=100 NLIM=100
RIN 1 0 1E12
E1 3 0 0 1 {K}
RC1 2 4 1MEG
C1 2 4 1F IC=0
R1 3 4 1MEG
E2 2 0 0 4 1E6
VN 5 2 {NLIM-.0597}
DN 4 5 DN
.MODEL DN D(IS=1E-12 N=.14319)
VP 2 6 {PLIM-.0597}
DP 6 4 DN
.ENDS

.SUBCKT RS33262 2 3 4 5 params:TD=1N
C1 11 0 10P
R3 10 8 {TD/6.9315P}
C3 8 0 10P
B1 10 0 V=IF((V(2)>1) & (V(5)>1) , 0 , 2)
B2 16 0 V=IF((V(3)>1) & (V(4)>1) , 0 , 2)
B5 4 0 V=IF(V(8)>1 , 2, 0)
B6 5 0 V=IF(V(11)>1 , 2, 0)
R1 16 11 {TD/6.9315P}
.ENDS

S1 9 11 8 0 UVL_INPUT
V1 9 0 2.5
R1 11 0 100K
E1 10 0 12 13 1
Q1 8 14 12 Q33262
Q2 15 16 0 Q33262
V3 10 17 0
R2 13 14 200
R3 17 16 1
B1 12 13 I=0.55M*V(18)*V(8)+I(V3)
R4 12 7 10
R5 15 7 10
C1 12 0 50P
V4 19 0 16
D1 14 19 D33262A
B2 18 0 V=IF((V(50)<1) & (V(11)>1 ) , 2, -2)
B3 2 0 I=20U/(1+EXP(V(26)))

X1 21 22 LIM33262 params:K=1 PLIM=100 NLIM=100

E2 21 0 9 1 20
V5 24 0 6.4
D2 2 24 D33262
I1 0 2 10U
D3 25 20 D33262
D4 25 2 D33262
C2 26 0 100P
R6 0 26 2.901K
L1 22 26 3.161M

X2 23 30 LIM33262 params:K=10 PLIM=16 NLIM=16

V7 3 23 1.6
B4 32 0 V=V(30)/10+1.6

X3 27 31 LIM33262 params:K=10 PLIM=8.75 NLIM=8.75

V8 2 27 2.875
B5 28 0 V=V(31)/10+2.875
B6 29 0 V=544M*(V(28)-1.98)*V(32)+41.7M*(V(28)-1.98)

X4 29 38 LIM33262 params:K=1 PLIM=1.55 NLIM=1.55

C3 34 0 10P IC=0
``` |

ICAP4のMC33262サブサーキット	LTspiceに読み替えたMC33262サブサーキット
| ```
C3 34 0 10P IC=0
R9 4 34 20K
B7 36 0 V=V(34)>V(33) ? 0 : 2
R10 37 45 40K
C4 45 0 10P
VOFFSET 33 38 9M
B8 35 0 V=V(45)>2.7 ? 0 : 2
V9 39 46 32.5
D5 8 39 D33262A
V10 40 0 1.2
D6 5 43 D33262A
V11 43 0 6
S2 0 42 49 0 IDET_INPUT
R13 42 9 100K
E3 37 0 1 0 1
E4 57 0 5 0 1
R14 57 49 32K
C5 49 0 10P IC=0

X5 47 48 50 51 RS33262  {TD=1N }
B9 47 0 V=V(44)>1 ? V(59)>1 ? 2 : 0
B10 48 0 V=V(47)>1 ? V(54)>1 ? 0 : V(52)>1.667 ? 0 : 2
D7 52 9 D33262A
B11 52 0 I=V(44)>1 ? V(42)>1 ? V(50)>1 ? V(11)>1 ?  -10U : 2M
D8 0 52 D33262A
C6 52 0 2.8N IC=-0.673
V13 53 0 PULSE 0 2
B13 8 0 I=V(11)<1 ? V(8)/28K : 81.6U*V(8)+7.847M
R17 46 0 454
D9 40 5 D33262A
X6 44 54 60 59 RS33262  {TD=1N }
B14 44 0 V=V(53)>1 ? V(35)>1 ? V(36)>1 ? 2 : 0

B16 54 0 V=V(44)<1 ? 2 : V(52)>1.667 ? 0 : V(42)

V14 20 0 1.7
I4 0 25 680U
.ENDS
``` | ```
R9 4 34 20K
B7 36 0 V=IF(V(34)>V(33) ,  0 , 2)
R10 37 45 40K
C4 45 0 10P
VOFFSET 33 38 9M
B8 35 0 V=IF(V(45)>2.7 ,  0 ,  2)
V9 39 46 32.5
D5 8 39 D33262A
V10 40 0 1.2
D6 5 43 D33262A
V11 43 0 6
S2 0 42 49 0 IDET_INPUT
R13 42 9 100K
E3 37 0 1 0 1
E4 57 0 5 0 1
R14 57 49 32K
C5 49 0 10P IC=0

X5 47 48 50 51 RS33262  params:TD=1N
B9 47 0 V=IF((V(44)>1) & (V(59)>1) ,  2 ,  0)
B10 48 0 V=IF((V(47)>1) & (V(54)>1) ,  0 ,   IF(V(52)>1.667 ,  0 , 2))
D7 52 9 D33262A
B11 52 0 I=IF((V(44)>1) & (V(42)>1) & (V(50)>1) & (V(11)>1) ,  -10U ,   2M)
D8 0 52 D33262A
C6 52 0 2.8N IC=-0.673
V13 53 0 PULSE 0 2
B13 8 0 I=IF(V(11)<1 ,  V(8)/28K , 81.6U*V(8)+7.847M)
R17 46 0 454
D9 40 5 D33262A
X6 44 54 60 59 RS33262  parama:TD=1N
B14 44 0 V=IF((V(53)>1) & (V(35)>1) & (V(36)>1) ,  2 ,  0)
B16 54 0 V=IF(V(44)<1 ,  2 ,   IF( V(52)>1.667 ,  0 , V(42)))
V14 20 0 1.7
I4 0 25 680U
.ENDS
``` |

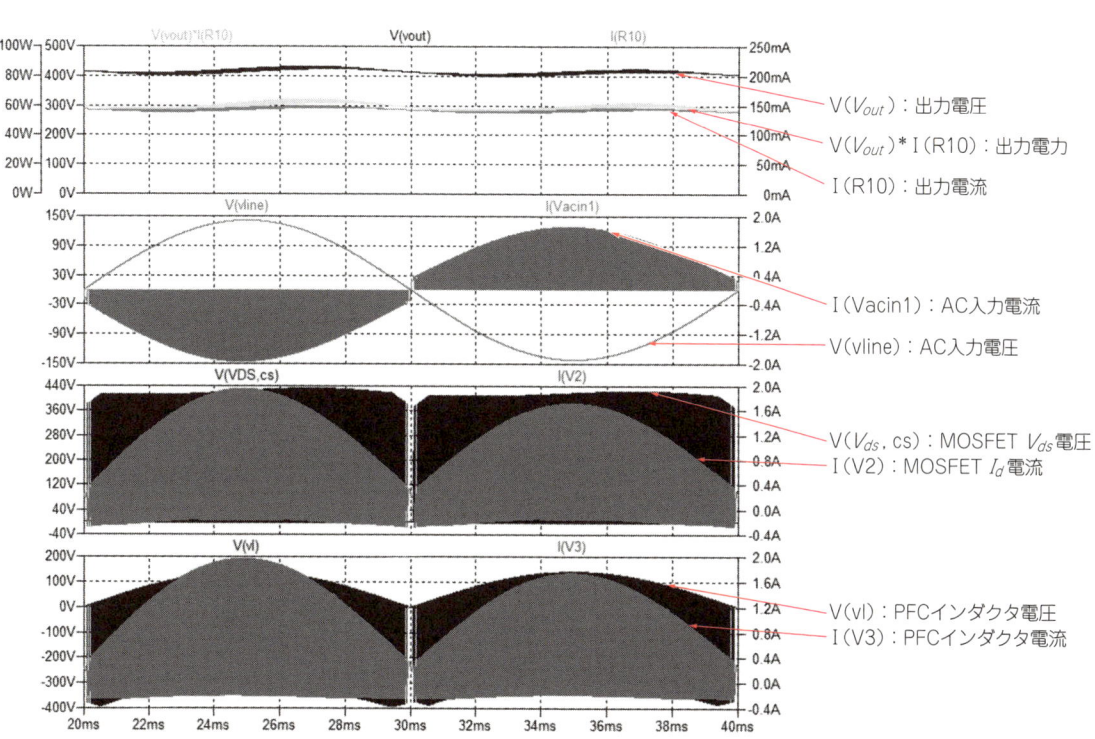

図13　各部の波形(PFCインダクタの電圧，電流波形)

臨界型PFCコンバータ　15

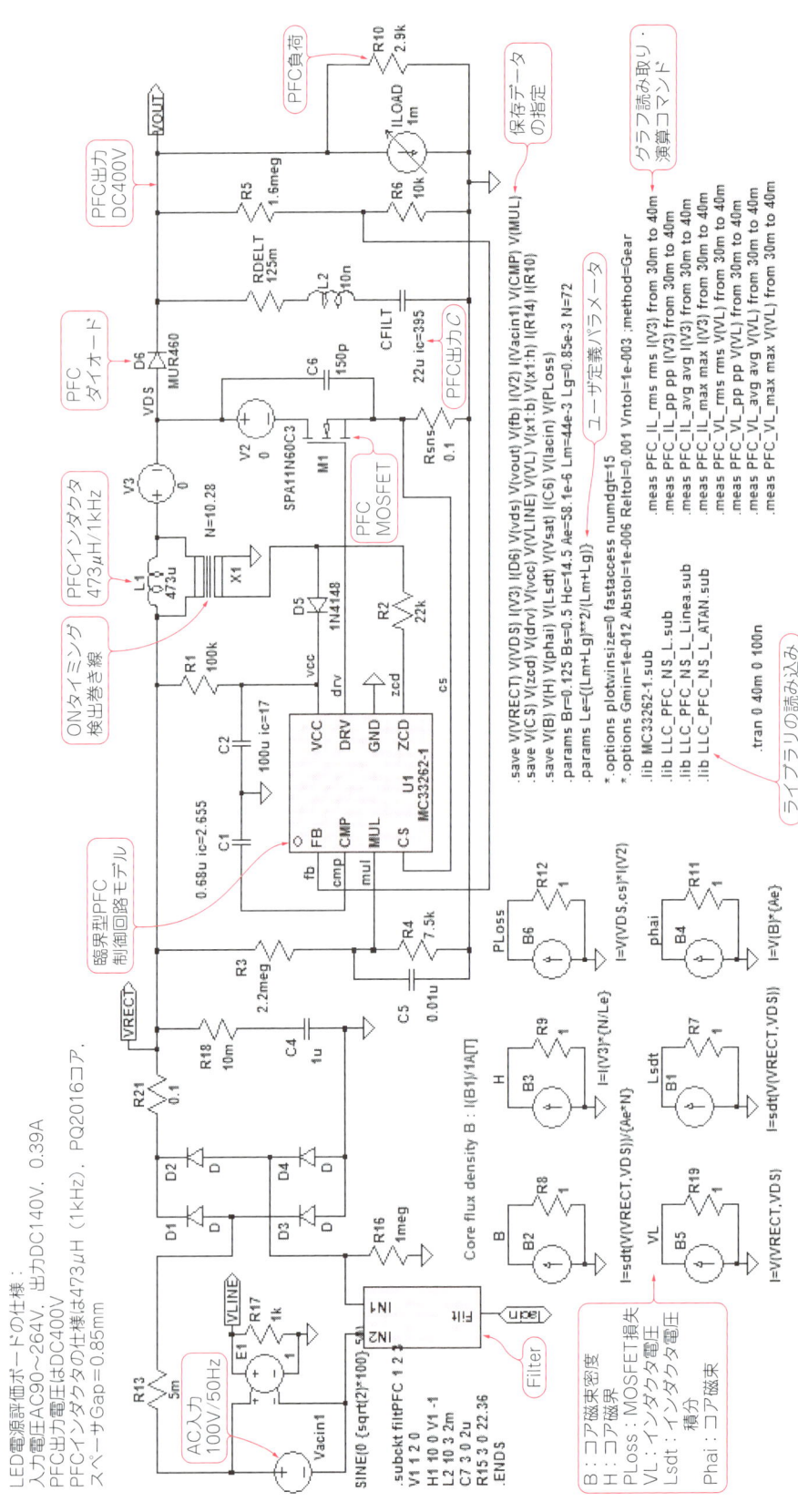

図12 PFCインダクタの印加電圧と電流を把握するためのシミュレーション回路（LTspice¥LLC¥PFCsim¥473uH_model¥20131229-1_473uH_LLC_PFC_MC33262_mode.asc）

リスト1 グラフ読み取り・演算コマンドによる測定結果

```
pfc_il_rms: RMS(i(v3))=0.689033 FROM 0.03 TO 0.04
pfc_il_pp:  PP(i(v3))=1.99146 FROM 0.03 TO 0.04
pfc_il_avg: AVG(i(v3))=0.482216 FROM 0.03 TO 0.04
pfc_il_max: MAX(i(v3))=1.74237 FROM 0.03 TO 0.04
pfc_vl_rms: RMS(v(vl))=158.304 FROM 0.03 TO 0.04
pfc_vl_pp:  PP(v(vl))=527.036 FROM 0.03 TO 0.04
pfc_vl_avg: AVG(v(vl))=-0.0526906 FROM 0.03 TO 0.04
pfc_vl_max: MAX(v(vl))=140.587 FROM 0.03 TO 0.04
```

● PFCインダクタの印加電圧/電流をシミュレーションで把握してMDへの入力データとする

図12のように，インダクタL_1は理想的なLとして評価ボードと同じ473μHでシミュレーションします．解析による各部の波形は図13，図14になります．

シミュレーション後，「SPICE Error Log」メニューより，グラフ読み取り・演算コマンドによる測定結果を読み取ります(リスト1．MD入力データとして利

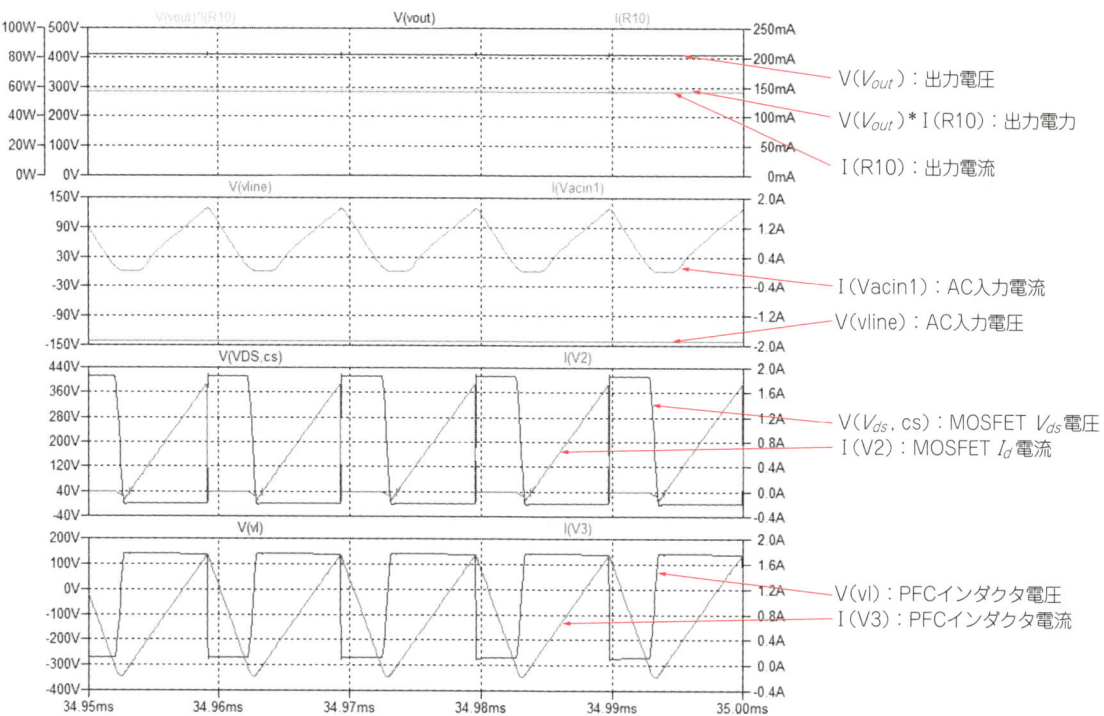

図14 各部の拡大波形(PFCインダクタの電圧，電流波形)

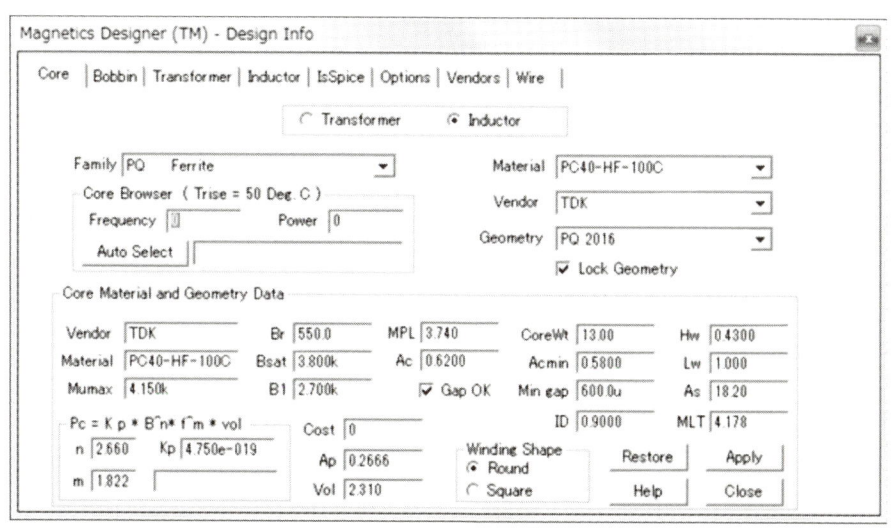

図15 MDによるコア条件の入力画面(Design Info-Core)

臨界型PFCコンバータ 17

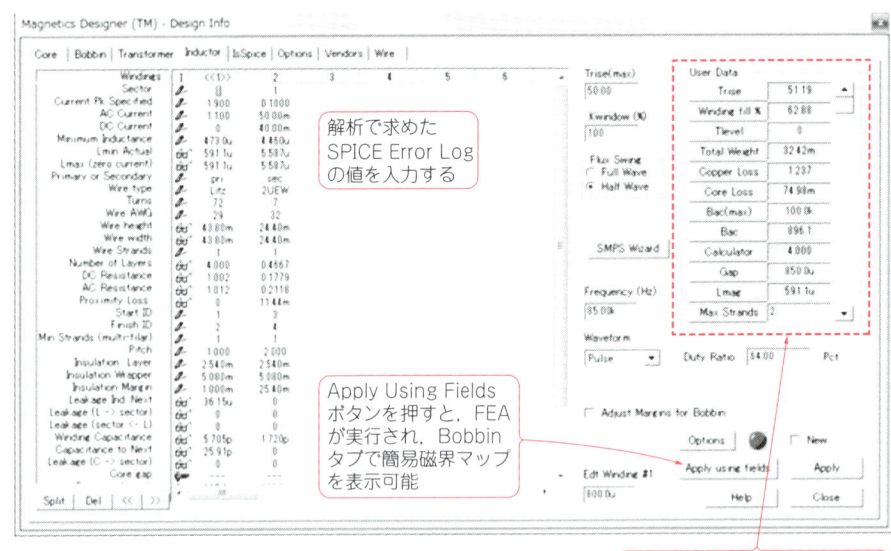

図16 MDによるインダクタ条件の入力/設計画面(Design Info-Inductor)

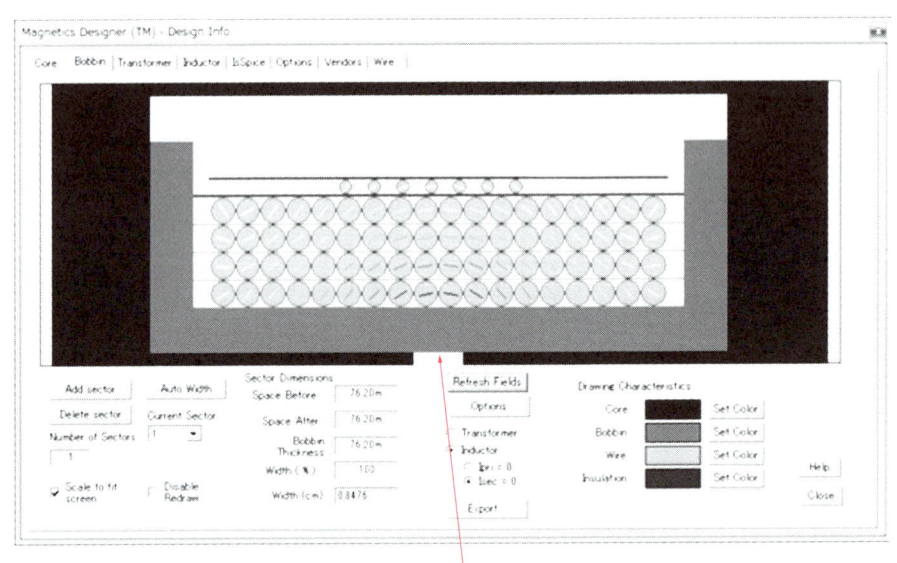

図17 スペーサ・ギャップでの簡易磁界マップ表示
中心線は磁界の強度を示し,グレイ・スケールで表されており,黒が強く白が弱くなっている.灰色はそれらの中間.赤い線は電流密度の強いほうが表示されている.ギャップ付近で磁界が強くなり,離れたワイヤは磁界が弱くなっていることを確認できる

用する).

『インダクタ/トランスの解析Magnetics Designer 入門』(CQ出版社)に,データの入力方法,数式の算出根拠などが詳細に解説されていますので,理論計算値を利用する場合は参考にしてください.図15,図16,図17,図18はMDによる設計入力画面となります.

● MDで設計したPFCインダクタのSPICEモデルのネット・リスト

表3に,リニア・モデルと非線形ATANモデルを

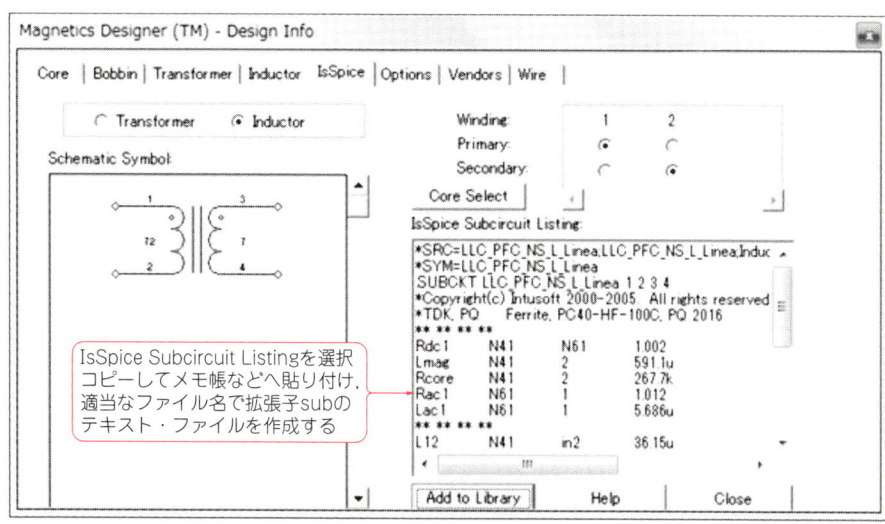

図18　SPICEモデル

表3　MDで設計したPFCインダクタのSPICEモデルのネット・リスト

MDで作成したリニアSPICEモデル（Linea）	MDで作成した非線形SPICEモデル（ATAN）
.SUBCKT LLC_PFC_NS_L_Linea 1 2 3 4 *TDK, PQ Ferrite, PC40-HF-100C, PQ 2016 Rdc1 N41 N61 1.002 Lmag N41 2 591.1u Rcore N41 2 267.7k Rac1 N61 1 1.012 Lac1 N61 1 5.686u ** ** ** ** L12 N41 in2 36.15u C1_2 in2 2 5.949p C2_22 2 4 25.69p C3_22 2 N42 -6.688p C4_22 in2 N42 -32.08p C5_22 in2 4 38.99p Efwd2 N82 4 in2 2 97.22m Vsens2 N82 N42 Rser=1u Ffbk2 in2 2 Vsens2 97.22m Rdc2 N42 N62 0.1779 Rac2 N62 3 0.2118 Lac2 N62 3 1.190u .ENDS	.SUBCKT LLC_PFC_NS_L_ATAN 1 2 3 4 *TDK, PQ Ferrite, PC40-HF-100C, PQ 2016 Rdc1 N41 N61 1.002 B12 B 0 V=0.2531*ATAN(v(x)*0.5638) B1 x 0 I=V(B)*62.00u+ v(x)*2.132n R1 3x x 8.657Meg B2 H 0 V=i(VM)*72.00 B4 0 1e I=i(VMphi) L1 1e 0 1 VMphi H 3x Rser=1u VM N41 6x Rser=1u Be 6x 2 V=v(1e)*72.00 Rcore N41 2 267.7k Rac1 N61 1 1.012 Lac1 N61 1 5.686u ** ** ** ** L12 N41 in2 36.15u C1_2 in2 2 5.949p C2_22 2 4 25.69p C3_22 2 N42 -6.688p C4_22 in2 N42 -32.08p C5_22 in2 4 38.99p Efwd2 N82 4 in2 2 97.22m Vsens2 N82 N42 Rser=1u Ffbk2 in2 2 Vsens2 97.22m Rdc2 N42 N62 0.1779 Rac2 N62 3 0.2118 Lac2 N62 3 1.190u .ENDS

掲載します．MDの評価版はリニア・モデルのみ作成できます．

● **PFCインダクタSPICEモデルのシンボル作成**

シンボル作成に関しては『電子回路シミュレータLTspice入門編』（CQ出版社）などの図書やヘルプを参考に作成してください．作成した**図19**のシンボルをLLC_PFC_NS_L_ATANの名前で，**表3**のネット・リスト・ファイルはリニア・モデルをLLC_PFC_NS_L_Linea.subの名前で，非線形ATANモデルはLLC_PFC_

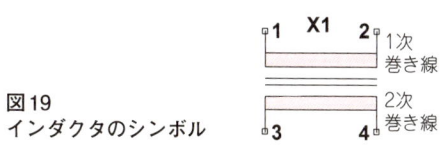

図19　インダクタのシンボル

NS_L_ATAN.subの名前で，それぞれシミュレーションするフォルダに保存します（付属CD-ROMではLTspice_LLC¥PFCsim¥impedanceフォルダにある）．
作成したシンボルの名前を回路図上で変更すること

により，両モデルのネット・リストを切り替えて使用することができます．

回路図には，下記のようにライブラリを読み込むコマンドを配置します．

.lib LLC_PFC_NS_L_ATAN.sub
.lib LLC_PFC_NS_L_Linea.sub

● PFCインダクタの小信号周波数特性の測定と解析

写真4はインダクタを測定しているようすです．図20のように，測定と同様なことを回路解析で確認します．インダクタンスのグラフ表示は，

Im(V(n1)/I(V1))/(2*pi*freq)*(1Hz*1A/1V)

をAdd Traceに記述します．AC 1V電圧で周波数をスイープさせているので，インピーダンスのグラフ表示は1Vを流れる電流で割るので，1/I(V1)をAdd

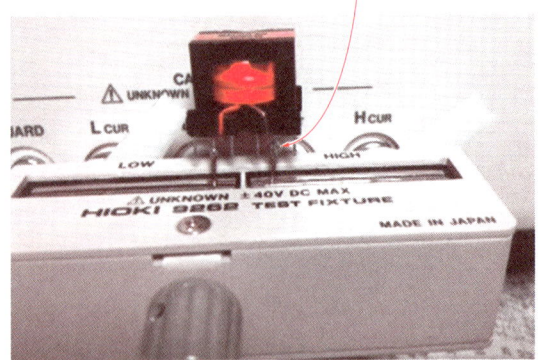

写真4 インダクタの測定（LCRメータの測定上限値：5 MHz）

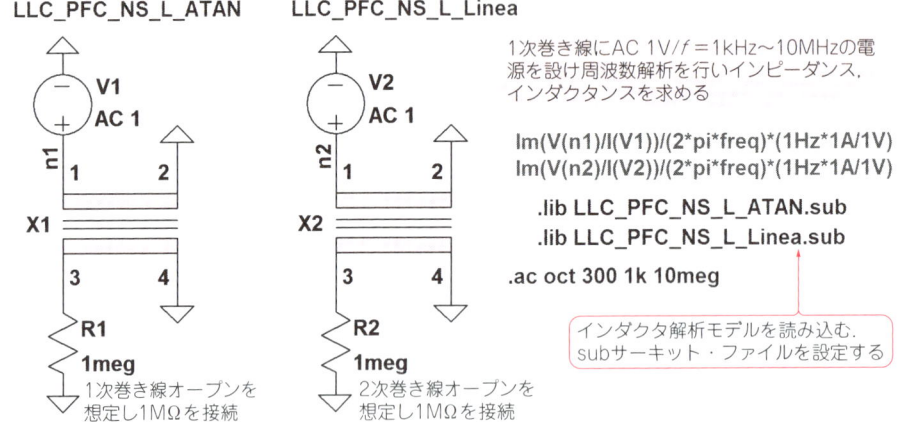

図20 インダクタの特性解析回路（LTspice_LLC¥PFCsim¥impedance¥PFC_L_Z_Linea_ATAN_Model.asc）
MDで算出したPFCインダクタの等価回路

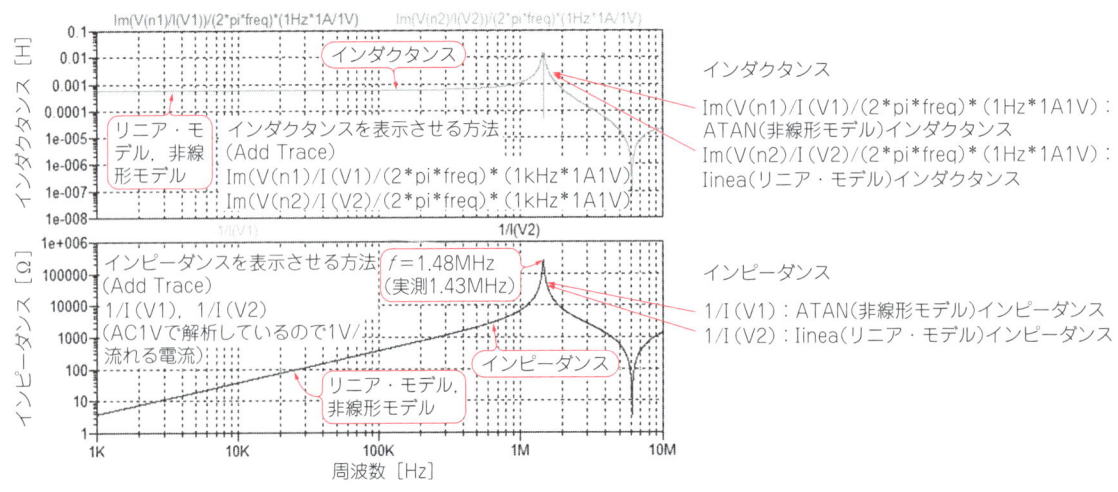

図21 MDで設計したインダクタの周波数特性
上段：インダクタンス［H］，Lnp1＝585μH＠100 kHz
下段：インピーダンス［Ω］，横軸：周波数［Hz］

Traceに記述します．2次巻き線側に接続している抵抗は開放を想定し，1 MΩの抵抗としています．

リニア，非線形モデルの解析結果は図21のように同じ特性になっています．評価ボードのPFCインダクタのコア形状，巻き数，ギャップ値と同じにしてMDで解析しているのですが，図22の実測値と図21の解析値ではインダクタンス値に相違が出ています．この要因として，解析に用いたコア・データ（PC40材）と評価ボードに搭載されているコア材の特性が違うためと考えています．

コア材の特性は不明ですが，高温度での磁気飽和を改善したHigh B材フェライト・コア（透磁率μが小さいタイプのコア材）と推測すると，MDで解析したインダクタンス値より低い実測インダクタンス値は納得できます．一方，図21，図22のインダクタンス，インピーダンス特性のピークの周波数はよく一致しており，MDのSPICEモデルは，巻き線の浮遊容量と磁界による影響まで考慮されたモデルであるといえます．

評価ボードで使用しているPFCインダクタのコア材の情報を入手してMDのデータベースに入れるか，またはコア条件入力画面で直接データを入れ込むかすれば，実測値に近づけることができるはずです．このようなツールは実測値と解析値のケース・スタディを重ねていき，実用に供することが必要です．巻き線構造が複雑で非線形コア特性までモデル化されたインダクタやトランス設計には，使いかたしだいでは設計時にはなくてはならないツールになるのではと考えています．MDの評価版を入手してお試しください．

● 臨界モードPFCコンバータのシミュレーション

オン・セミコンダクター社製のPFCコントローラ（MC33262）のモデルを実装した図23の回路は，評価ボードに搭載されているPFCインダクタ仕様をMDで設計したインダクタSPICEモデルに置き換えたシミュレーションになります．あとでデモボードの測定結果との特性比較を行います．

解析時間短縮のため，過電流検出抵抗値R_{sns}を下げ，出力電圧の立ち上がりを意図的に速くしています．

● 解析によるインダクタンスの測定

インダクタの電圧-電流の関係式

$$V = L \frac{dI}{dt} \quad \cdots\cdots(11)$$

より，インダクタ両端の電圧波形と電流波形から，インダクタンス値が得られます．式(11)を変形してシミュレーションでコイルの両端の電圧波形を積分し，式(12)よりLを求めるとことができます．

$$L = \int \frac{V}{\Delta I} \quad \cdots\cdots(12)$$

積分は，ビヘイビア電流源（BI）を用いて，B1シンボルにI=sdt(V(VRECT,VDS))と記述しています．解析後，スイッチング波形の1周期間の積分波形と電流値のピーク-ピーク値をカーソルで読み取るとL値が算出できます．

非線形SPICEモデルで解析すると，グラフ画面でコアの磁束密度BはV(x1:b)/1Vでテスラ[T]として表示できます．また，コアの磁界HはV(x1:h)/37.4e-3/1Vでアンペア・ターン/メートル[AT/m]として表示できますが，MDのサブサーキット等価回路モデルはコア磁路長で割っていないので，V(x1:h)/37.4e-3のようにコア磁路長で割る必要があります．

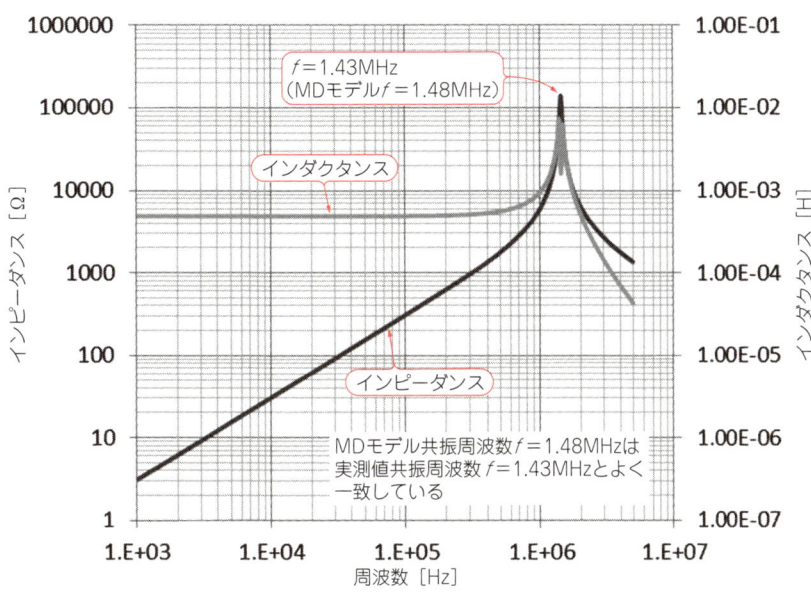

図22 インダクタの実測周波数特性
上段：インダクタンス[H]，Lpc1 = 490 μH @ 100 kHz
下段：インピーダンス[Ω]，横軸：周波数[Hz]

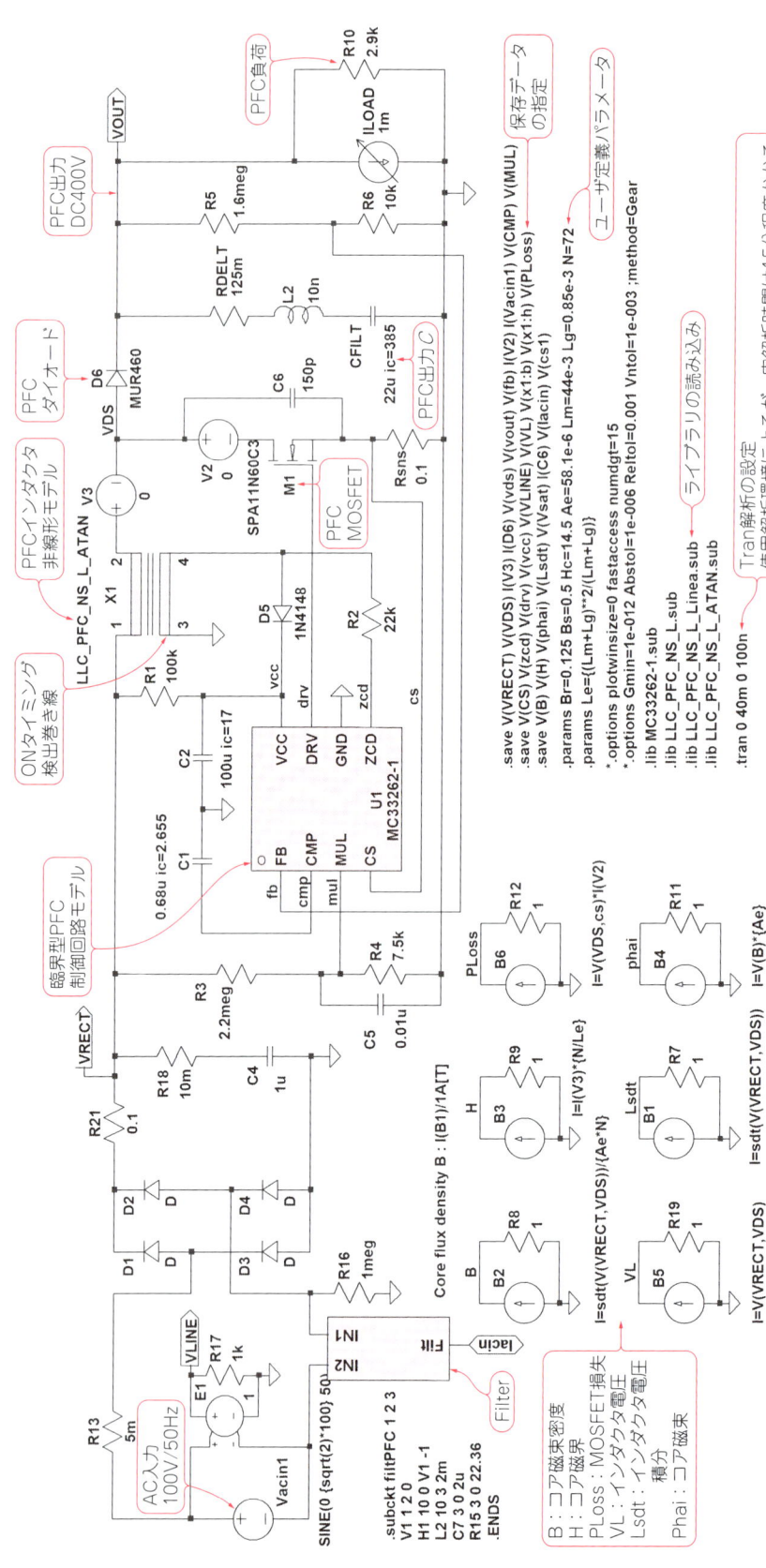

図23 臨界モードPFCコンバータのシミュレーション回路（LTspice_LLC¥PFCsim¥MD_model¥20140330-1_ATAN_LLC_PFC_MC33262_mode.asc）
LED電源評価ボードの仕様：入力電圧AC 90〜264 V, 出力DC 140 V, 0.39 A. PFC出力電圧はDC 400 V, PFCインダクタの仕様は473 μH（1 kHz）, PQ2016コア, スペーサ・ギャップ0.85 mm

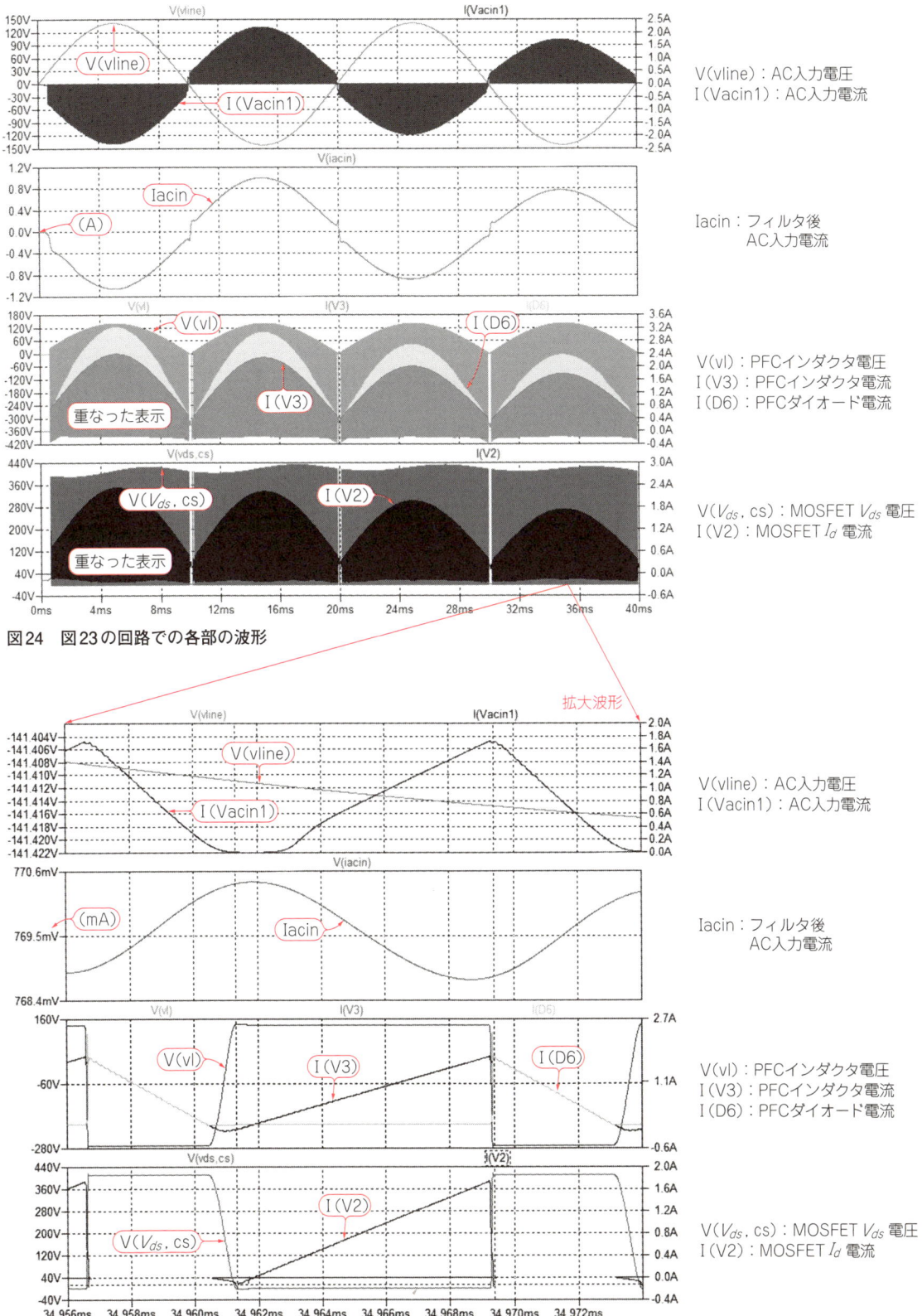

図24 図23の回路での各部の波形

図25 図24の拡大波形

臨界型PFCコンバータ

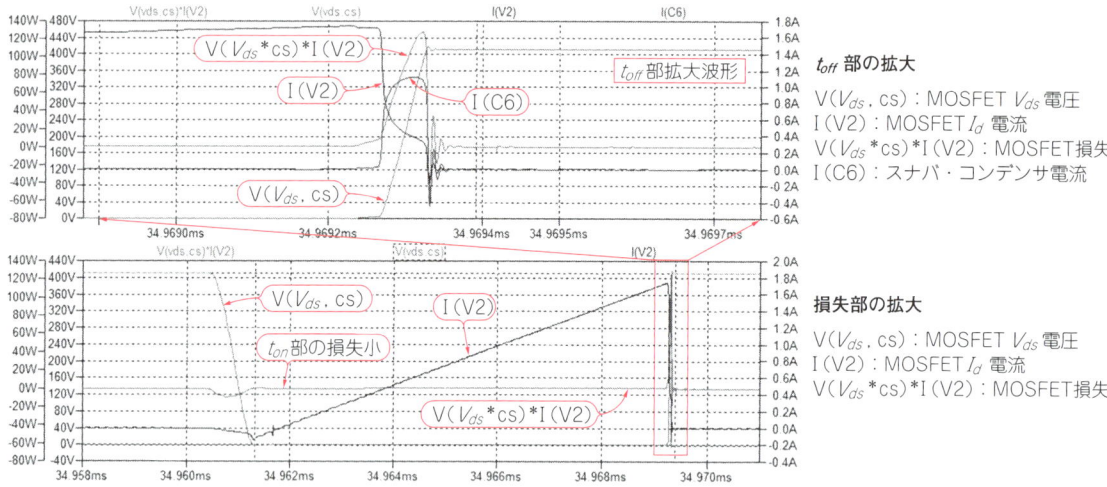

図26 PFC MOSFETの損失
PLoss＝941.5 mW（平均）

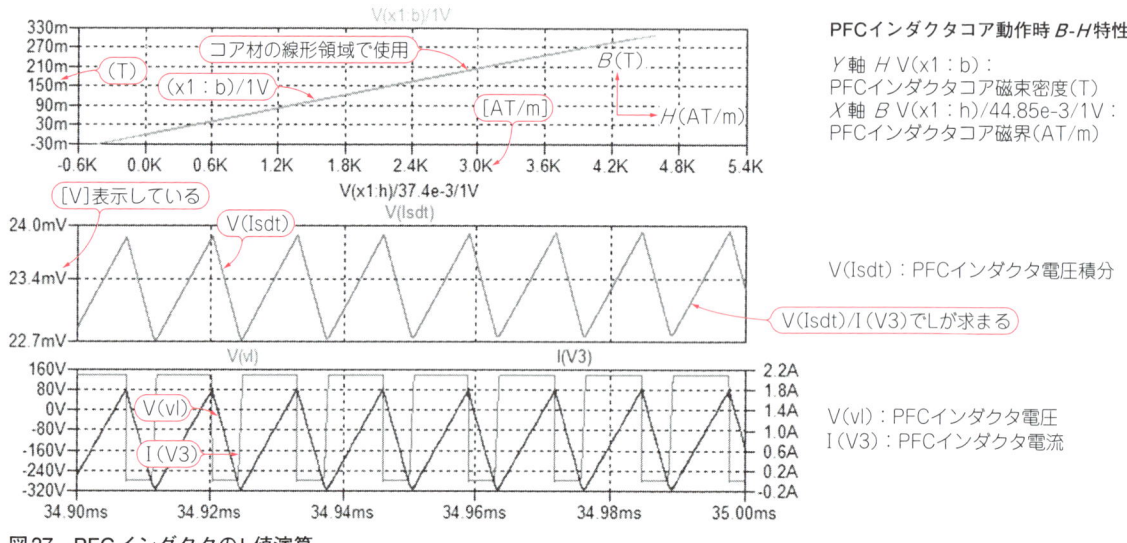

図27 PFCインダクタのL値演算
PFC_L＝1.126 m/1.86＝605μH

　リニア・モデルの解析では解析スイッチング区間を数周期に制限すると，回路図のV(B)，V(H)でコアのB-H特性は非線形モデルと同様な波形が得られます．周期が長いと積分値が蓄積された波形となり，違和感があります．解析結果は図24，図25，図26，図27の波形を参照してください．

臨界型PFCコンバータ評価ボードの測定

　半導体，磁性材料コアの動作時の損失，挙動などを正確に測定するために，測定にはテクトロニクス社のDPO5204パワー解析ソフトウェア（opt.PWR），高電圧差動プローブ，電流プローブを使用しました．**写真5**，**写真6**，**写真7**が測定機材と実際に測定した際のようすです．電流測定に際し，引き出しリード長が長すぎると感じると思いますが，ご容赦ください．

　「グリーン・エレクトロニクスNo.10」にパワー解析の技術と実際の記事が掲載されていますので，参考にしてください．今回の測定に用いた装置と同じです

ので，測定に関しての説明は省略します．

● 臨界型PFCコンバータ回路のインダクタ動作時の損失と*B-H*特性，インダクタンス値の把握

図28～図31は，解析結果の図27と同じ波形となっています．解析で求めるのが難しいコア・パラメータ値が，パワー解析ソフトウェア（opt.PWR）を用いることにより，簡便に動作時の磁性材料の損失やコアの詳細なパラメータ値として得られます．

MDで作成した非線形SPICEモデル（ATAN）適用でPFC回路の過電流設定を延ばし，インダクタ・コアの非線形特性を検証します．コア材の特性を，TDK社の資料「DATA BOOK NO.DLJ853-008B」より，

写真6　電流プローブと電圧プローブのスキュー調整（測定機材：テクトロニクスDPO5204型オシロスコープ，AFG3252C型任意信号発生器TCP0030A型電流プローブ，THDP0200型高電圧差動プローブ）

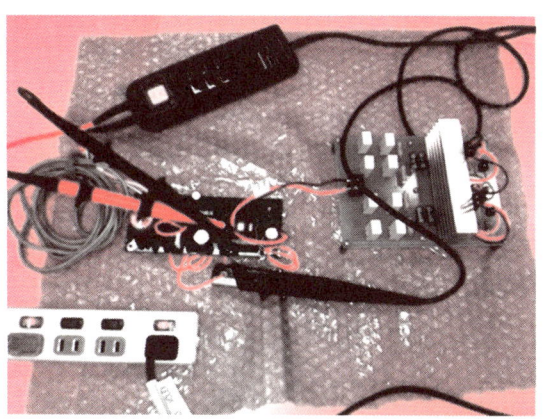

写真5　PFC部のV_{DS}, I_Dの測定

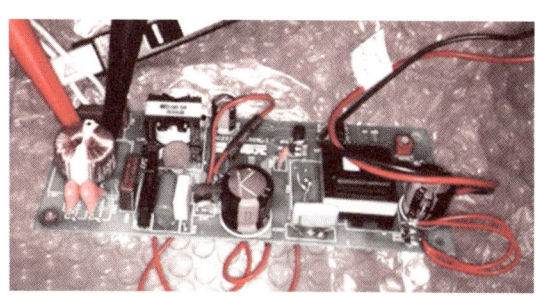

写真7　*THD*の測定（高調波電流測定）

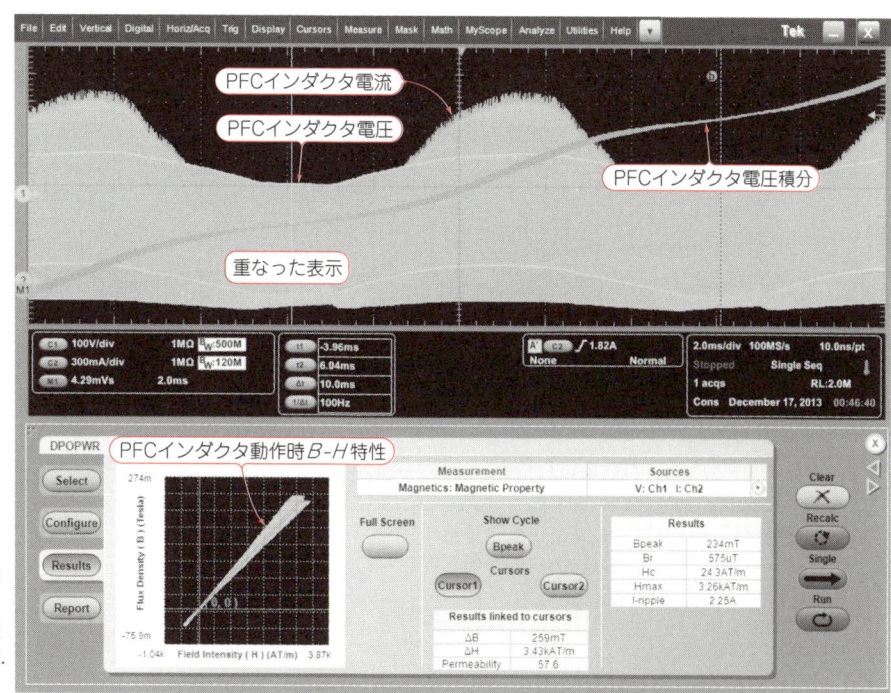

図28
動作時の磁性材コアの
*B-H*特性
［DPO5204型＋Opt.PWR
（DPOPWR）による測定．
以下同様］

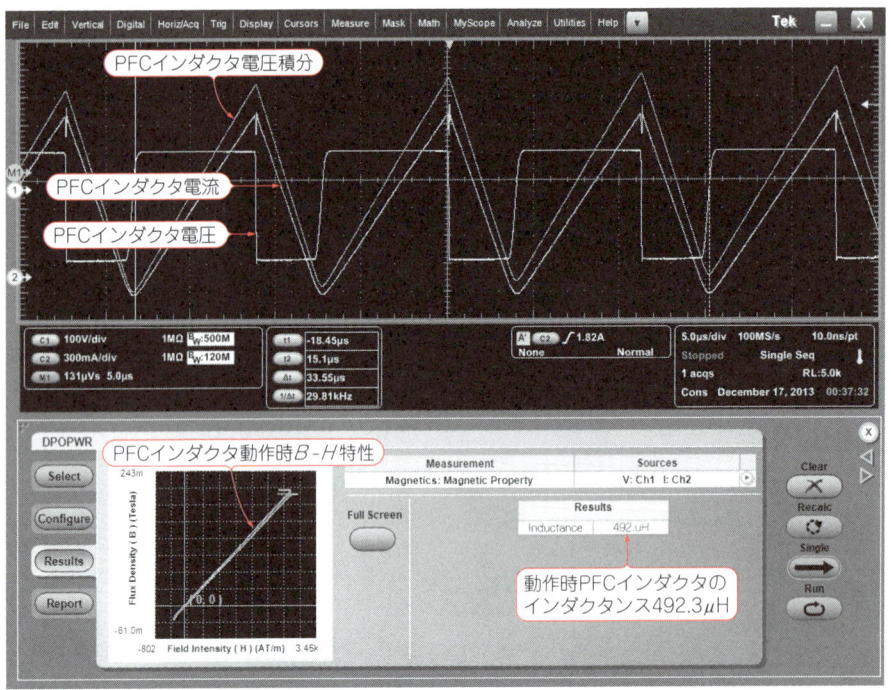

図29　動作時の磁性材コアのインダクタンス値
$L = 492.3\,\mu\text{H}$

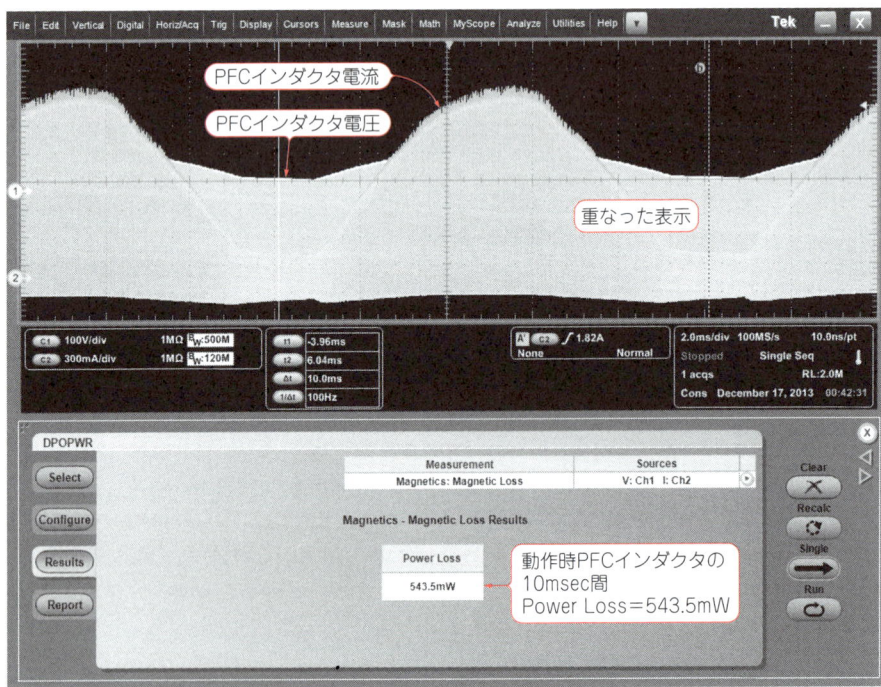

図30　動作時のMagnetic Loss（10 ms間）
Magnetic Loss ＝ 543.5 mW/10 ms間の平均

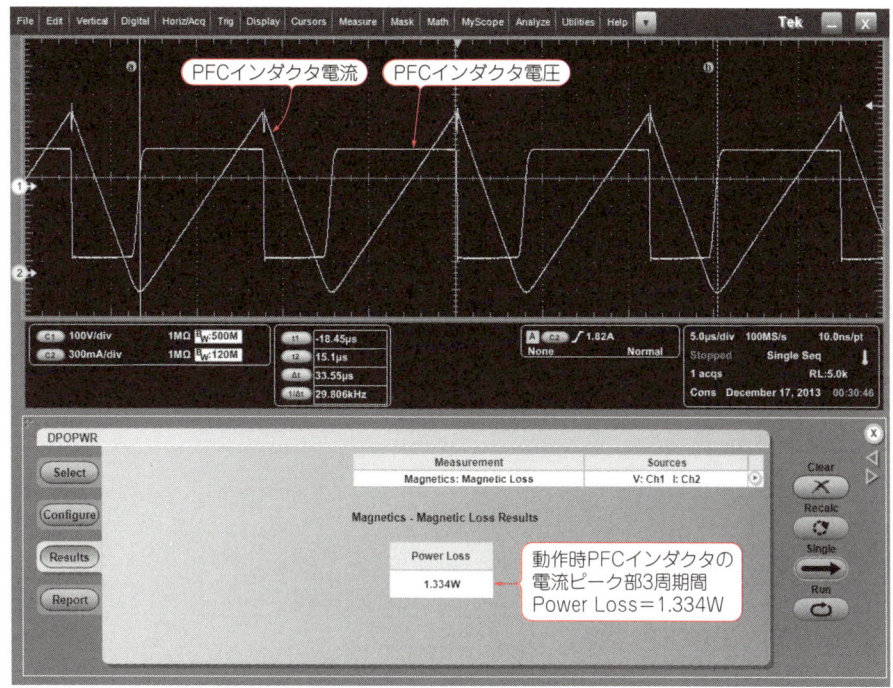

図31 動作時のMagnetic Loss（3周期間）
Magnetic Loss＝1.334 W/3周期間の平均

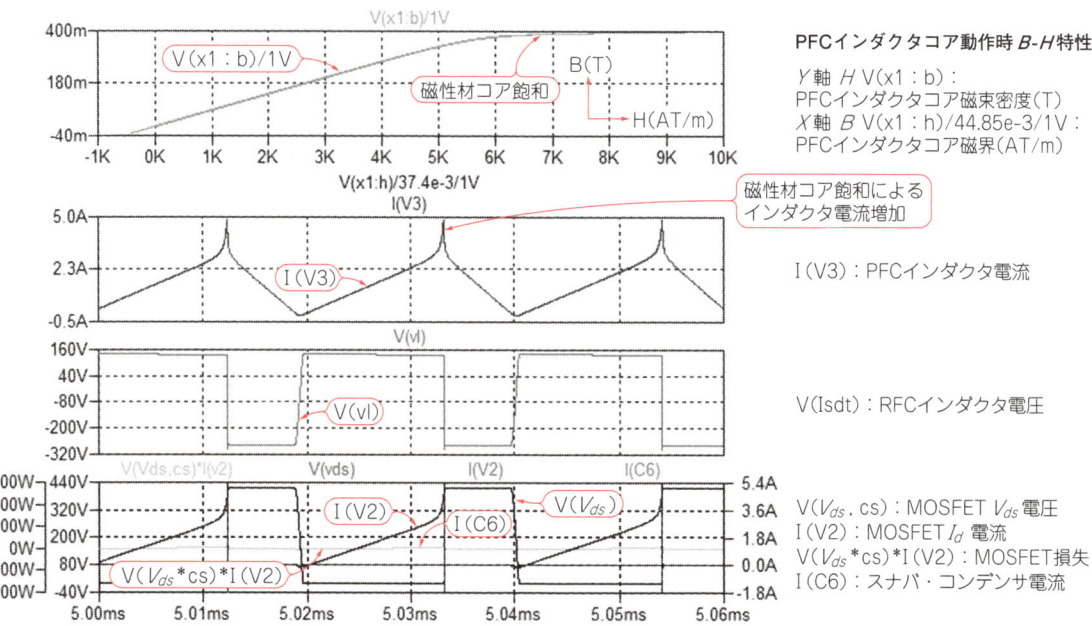

図32 MD非線形モデルで飽和再現

PQ20/16，H7C4材，ギャップ0.85 mmとして計算するとNI$_{\text{limit}(20\%)}$は，下式より240ATとなります．

$$A_L\,[\text{nH/N}^2] = 94.7 \times 0.85^{-0.833}$$
$$= 108.4$$

$$NI_{\text{limit}}\,[\text{AT}] = 28821 \times 108.4^{-1.022}$$
$$= 240$$

使用しているインダクタの巻き数72Tと，図32の飽和電流飽和ポイントを読み取り，計算すると

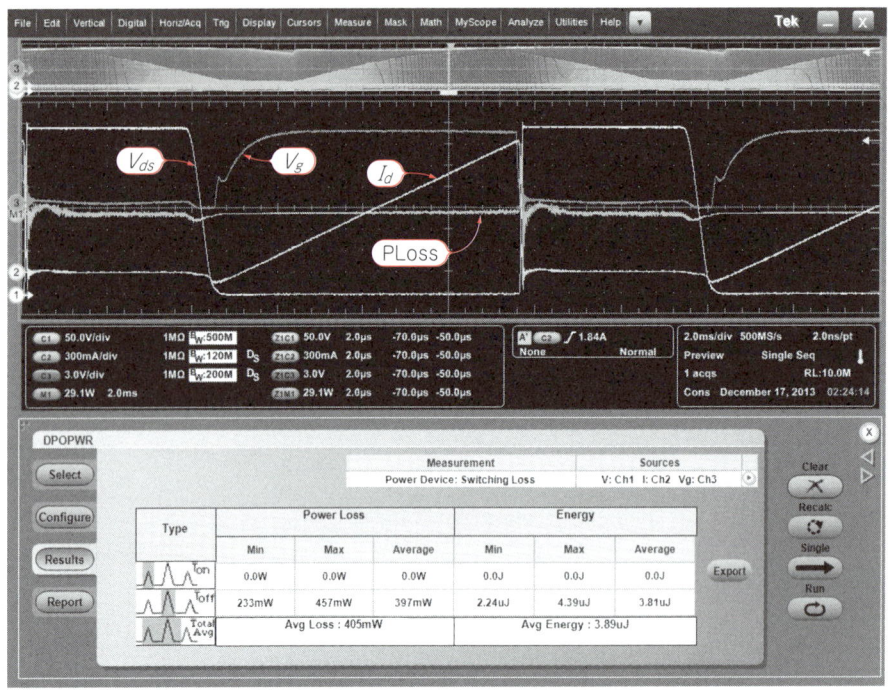

図33　実測したPFC MOSFETの損失（1周期）
平均損失 405 mW

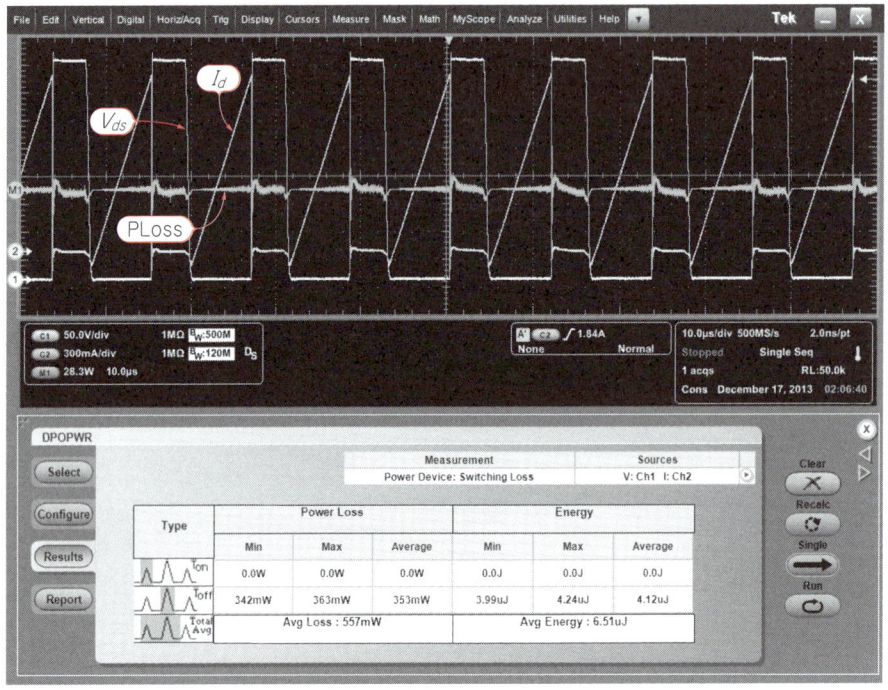

図34　実測したPFC MOSFETの損失（数周期）
平均損失 557 mW

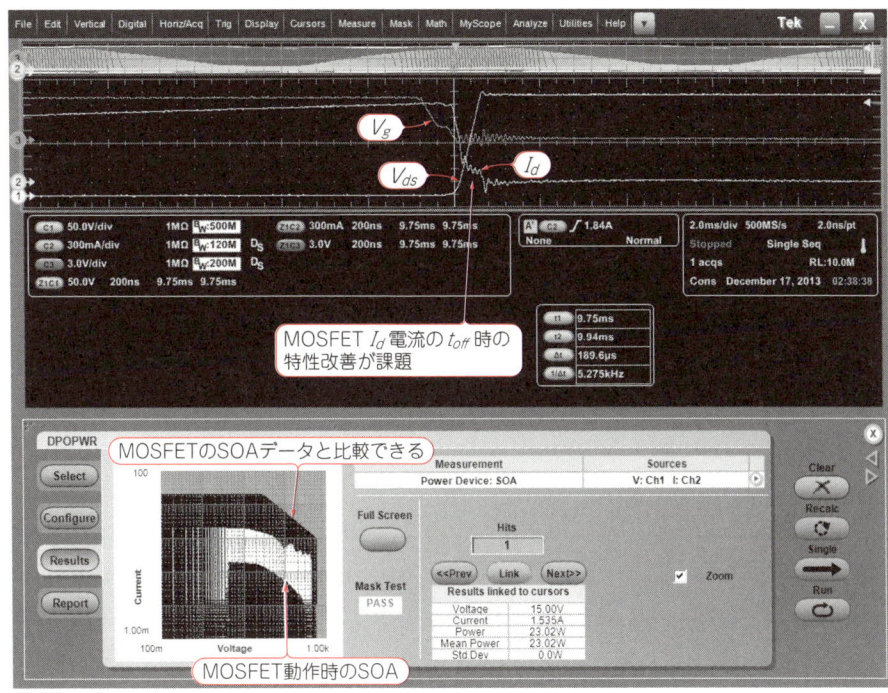

図35 t_{off}時の拡大波形とSOA波形

$NI_{limit} = 3.33 \times 72 = 240 \text{AT}$

となり，ピッタリ一致します．MDで設計した非線形SPICEモデル（ATAN）は動作現象を正しく表しており，コア飽和の見極めや実物によるカット＆トライの時間を大幅に短縮することができると言えます．

● 臨界型PFCコンバータ回路のMOSFETの損失

実測とシミュレーションで臨界型PFCコンバータ回路のMOSFET損失を比較します．

図33は1周期のスイッチング波形の拡大で，損失の大半はt_{off}時の損失になっています．図34は取り込み波形を増やしたときの波形となります．

図35より，t_{off}時のI_Dの低下に段があり，損失が増えています．ゲート電圧を測定するための配線リード長の影響による振動が発生し，I_Dが素直に低下していません．図36は解析による10 ms間のV_{DS}，I_D，P_{loss}波形となり，図33と同等な波形が得られています．

解析後でもデータがあればMEASUREコマンド機能は使えますので，下記をPFC_PLoss.measの名前で同じフォルダに保存すると，半導体素子の平均損失が演算できます．事前にカーソルでスイッチング1周期の演算する範囲を求め，図26のように範囲を指定します．

```
.meas PFC_PLoss_avg avg V(vds,cs)
    *I(v2) from 34.9613m to 34.9694m
```

グラフ画面をアクティブにして，「File」メニューより「Execute.MEAS Script」を選択し，先ほど保存したファイルを開くと，指定した区間の平均損失が表示されます．

```
PFC_PLoss_avg:AVG(V(vds,cs)*I(v2))
    =0.94273 FROM 0.0349613 TO 0.0349694
```

カーソル機能で範囲を指定して算出する方法もありますので，MEASUREコマンド機能と適時使い分けると便利です．

演算で求めたP_{loss}値（0.94 W）は実測値（0.4 W）との乖離がありますが，この要因はシミュレーションで使用している制御ICと半導体素子モデルなどが正確に合わせ込みできていないためです．メーカよりSPICEモデルが公開されておらず，入手できる特性の近いSPICEモデルを採用したにも関わらず，波形の挙動は実測波形と似た形となっているので，現象の把握はできていると考えます．

MOSFETの仕様上の比較は次のようになります．

- 評価ボードPFC回路に搭載されているMOSFET F11F60CPM（新電元工業）の仕様
    $V_{DSS}=600$ V，$I_D=11$ A，$R_{dson}=0.27$ Ω，
    $Q_g=22$ nC，$C_{iss}=1100$ pF，$t_{don}=20$ ns，
    $t_r=25$ ns，$t_{doff}=80$ ns，$t_f=25$ ns
- シミュレーションで使用したMOSFET SPI11N60C3の仕様（LTspiceのlibにある）
    $V_{DSS}=600$ V，$I_D=11$ A，$R_{dson}=0.34$ Ω，
    $Q_g=45$ nC，$C_{iss}=1200$ pF，$t_{don}=10$ ns，

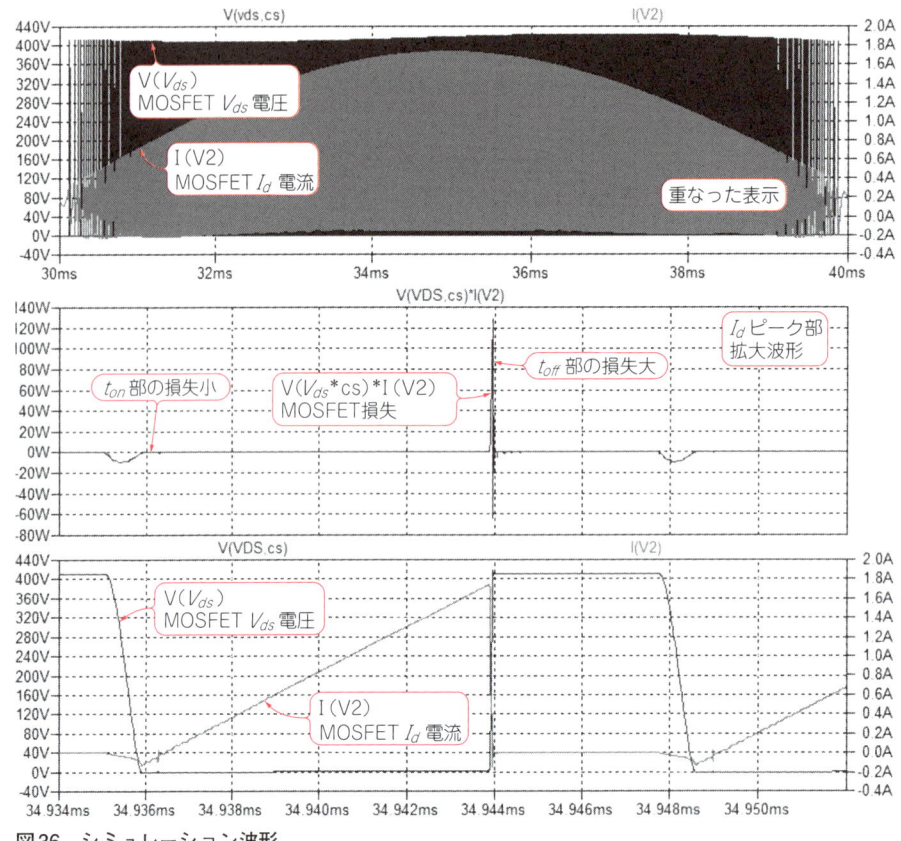

図36 シミュレーション波形
10 ms間のV_{DS}, I_D, P_{loss}波形

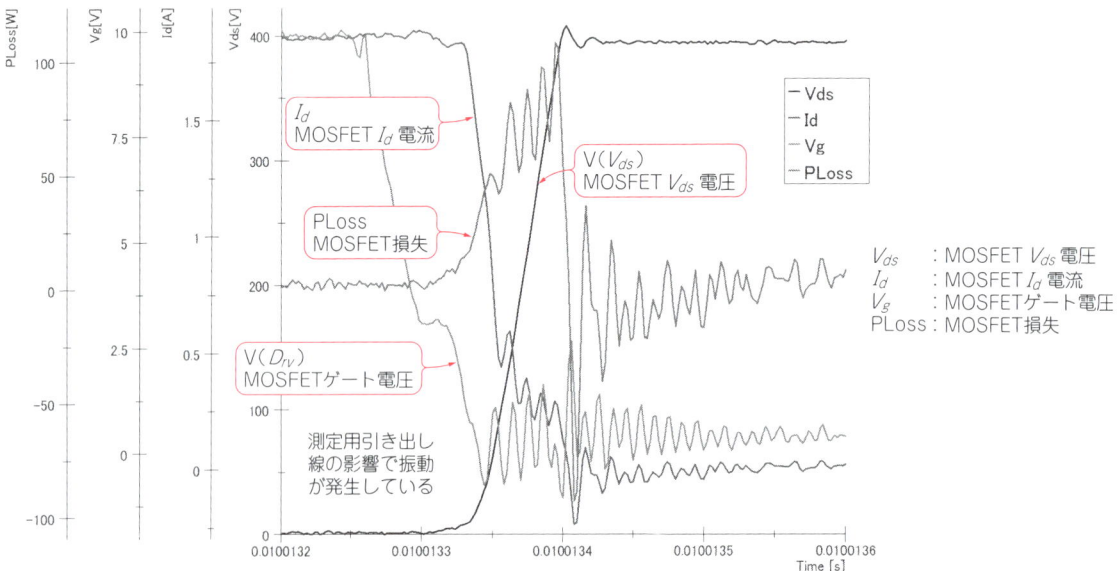

図37 実測によるt_{off}時の波形
V_{DS} [V], I_D [A], V_G [V], P_{loss} [W]
V_G波形がゼロVに低下後に振動している

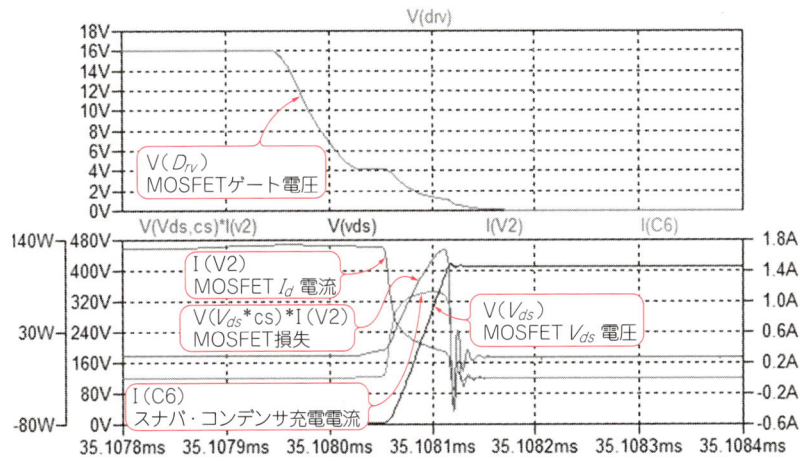

図38 シミュレーションによるt_{off}時の波形
V_{DS} [V], I_D [A], V_G [V], P_{loss} [W]
V_G波形がゼロVに低下するのに時間が掛かる

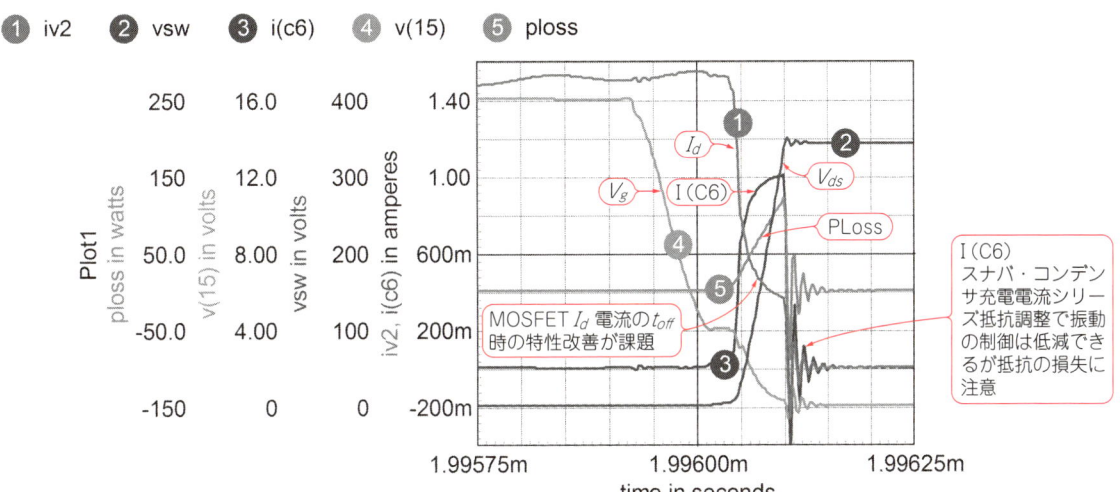

図39 ICAP4での解析t_{off}時の波形
①i(v2)：MOSFET I_d 電流，②VSW：MOSFET V_{ds} 電圧，③i(c6)：スナバ・コンデンサ電流，④v(15)：MOSFETゲート電圧，⑤ploss：MOSFET損失

$t_r = 5$ ns, $t_{doff} = 44$ ns, $t_f = 5$ ns
似たような特性であり，電流臨界動作方式の採用でt_{on}時の損失はなく，飽和時の損失も双方の波形より同等と見なすと，損失の大半の差異はt_{off}時の損失となります．図37の実測波形ではI_Dのt_{off}時の特性はスナバ・コンデンサの効果で0.5 Aまでは素直に低下し，その後スナバ・コンデンサの電流低下に応じた特性でI_Dが低下します．この間にV_{DS}のt_f特性が傾き，$V_{DS} \times I_D$のP_{loss}損失を低減させています．

一方，図38のシミュレーション波形ではt_{off}時のI_Dの低下に顕著な段が見られ，これがt_{off}時の損失増になっているのが確認できます．スイッチングのt_{off}時のインダクタに流れている電流はMOSFETの電流とダイオード電流およびスナバ・コンデンサの電流に振り分けられ，図38よりスナバ・コンデンサの充電電流も正常値であり，t_{off}時のI_Dの段付き現象は，解析に使用したMOSFET SPICEモデルに起因するものではないかと見ていますが，他のMOSFET SPICEモデルとの比較見極めはできておりません．

t_{off}時のI_D特性が改善できれば，t_{off}時の損失低減になります．

確認のため，他のツール（ICAP4）にてt_{off}時の波形を検証すると同様な図40の波形が得られたので，シミュレーション・ツールによる差異ではありません．

実測波形の図37はt_{off}時のゲート電圧低下が速く，図38のシミュレーションのゲート電圧波形では緩や

かに低下しているのが違いとしてわかりますが，図34の測定データの拡大部の位置をずらすとシミュレーションと同じような特性になりますが，電圧と電流のクロス・ポイントは解析結果より低い値です．

これらの現象から，t_{off}時の損失低減にはスナバ・コンデンサ，MOSFET，ダイオードの選択とゲート・ドライブ駆動方法の検討が重要なポイントになることがわかります．

評価ボードの臨界型PFC回路部は，MOSFET（F11F60C3M）の選定と制御IC（MCZ5205SE）のゲート・ドライブ特性は最適化されており，電流I_Dの高周波帯のノイズ成分も少なく，MOSFETの損失は0.5 W程度と放熱器なしの自立実装となっています．

● 臨界型PFCコンバータ回路のMOSFETのドレイン電流高周波ノイズ成分の把握

MOSFETのドレイン電流のt_{off}時に振動が確認されましたので，ノイズ成分の周波数をFFTで確認し，評価ボードとシミュレーションとの比較を行ってみます．図40，図41は実測波形で，図44，図45は同じ

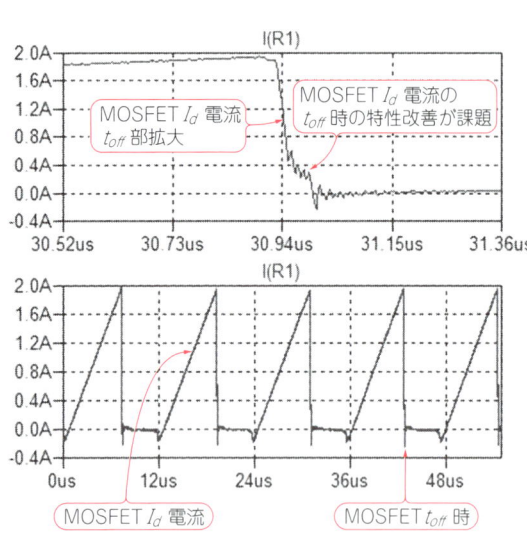

図40 実測によるMOSFET I_Dの波形

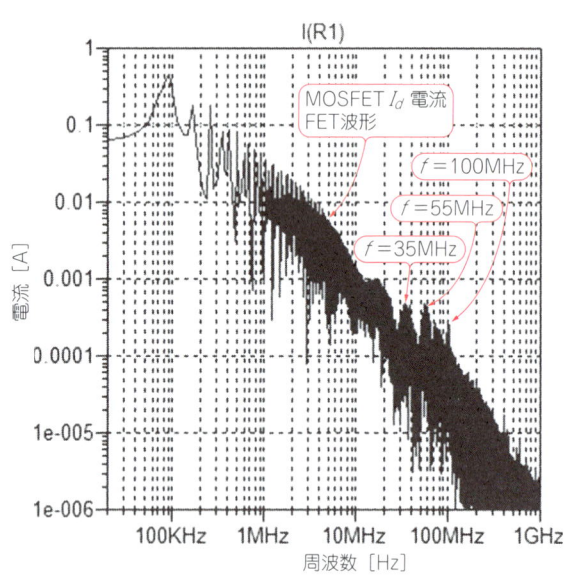

図41 実測によるMOSFET I_DのFFT波形

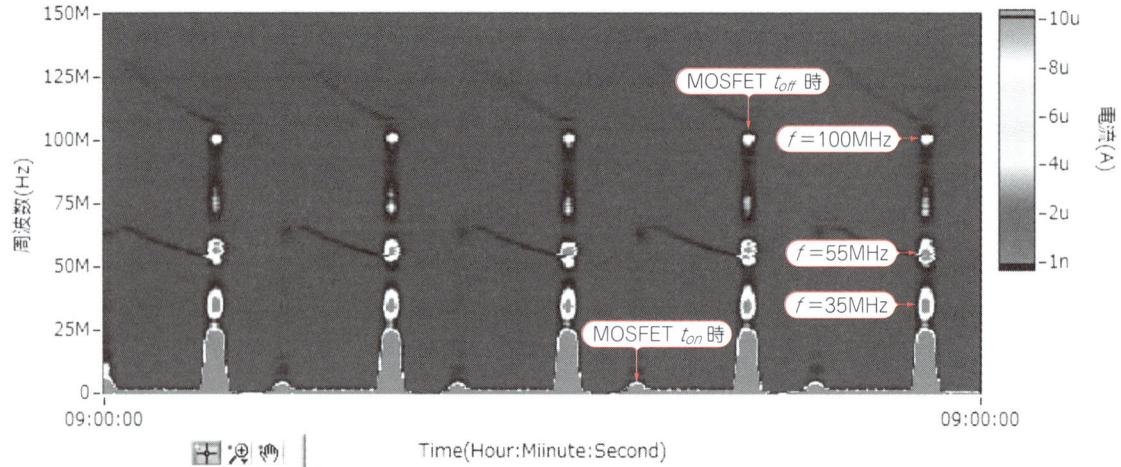

図42 実測によるMOSFET I_D波形のスペクトルグラム（ノイズ発生現象のタイミングと周波数レベルの把握にはSTFT手法が便利）
MOSFET I_D波形の時間周波数表現
X軸：時間，Y軸：周波数，Z軸：I_D

箇所の解析波形となります．

図42，図43は実測したMOSFETのI_D波形を短時間フーリエ変換(STFT)アルゴリズムを使用して，時間/周波数共同領域における信号エネルギー分布を計算し，2次元表示，3次元表示しています．図42より，I_D波形のt_{off}時のタイミングでノイズ成分のレベルが高く，図43でノイズ発生現象の時間と周波数，レベルが把握できます．t_{off}時の振動が10 MHz～20 MHz，36 MHz，60 MHz，75 MHz，100 MHzに見られます．

STFTの説明として下記は「小野測器DS-0230時間-周波数解析ソフトウェア」より引用となります[21]．「非定常信号の周波数成分の時間変化を捉えるために，短時間毎に信号を切り出しフーリエ変換したものがSTFT(Short Time Fourier Transform)です．短時間フーリエ変換は，非定常信号の解析としては最も単純で扱いやすい手法です．一般的にFFTでは，時間変動に対する精度(時間分解能)を良くするためには取り出す時間長を短くする必要があり，それに応じて周波数に対する精度(周波数分解能)は悪くなります．そこで，STFTでは，切

特集 LLC共振による低雑音スリム電源 現代設計法［シミュレータ＆データ付き］

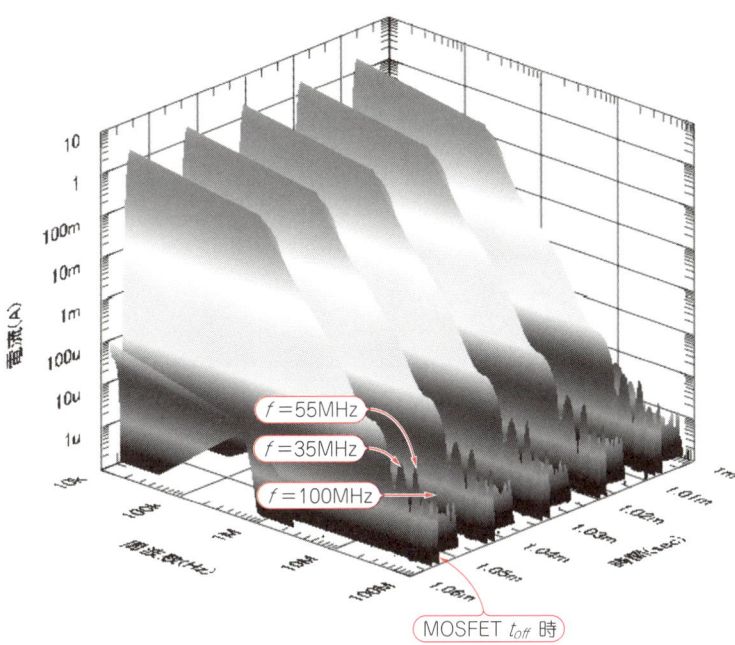

図43　実測によるMOSFET I_D波形
(3D表示)
X軸：時間，Y軸：周波数，Z軸：I_D

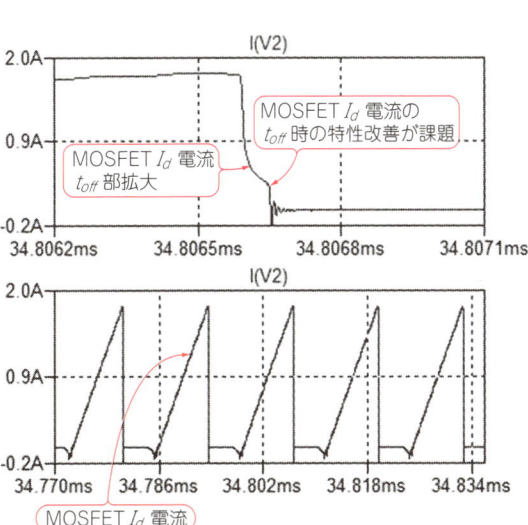

図44　シミュレーション解析によるMOSFET I_Dの波形

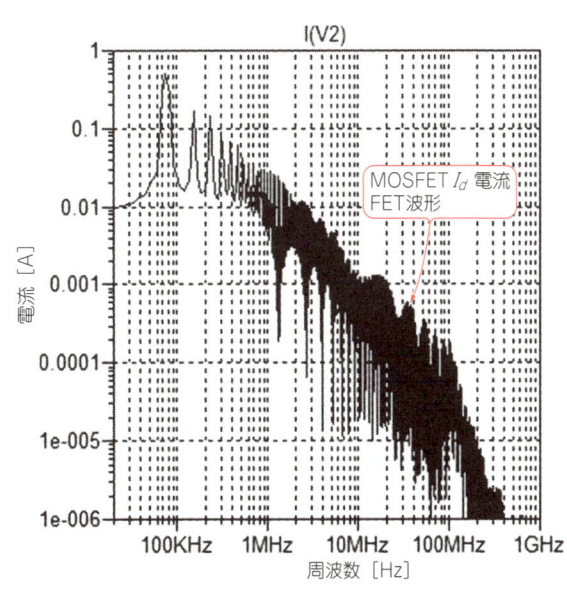

図45　シミュレーション解析によるMOSFET I_DのFFT波形

臨界型PFCコンバータ評価ボードの測定　33

り出し時間窓とフーリエ変換の長さを別に設定することにより必要な周波数分解能を保ったまま時間分解能を良くする工夫がなされています．なお，短時間フーリエ変換結果の絶対2乗値の分布を，スペクトログラムといいます．」

● 臨界型PFCコンバータ回路のダイオード電流高周波ノイズ成分の把握

MOSFETのドレイン電流ノイズ成分の把握は前項で確認ずみです．PFC回路でノイズの影響が高いと思われているダイオードに関しても測定しました．

測定リード線の影響がありますが，図46が測定結

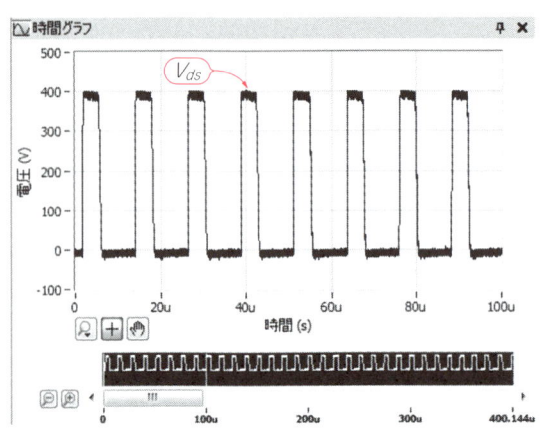
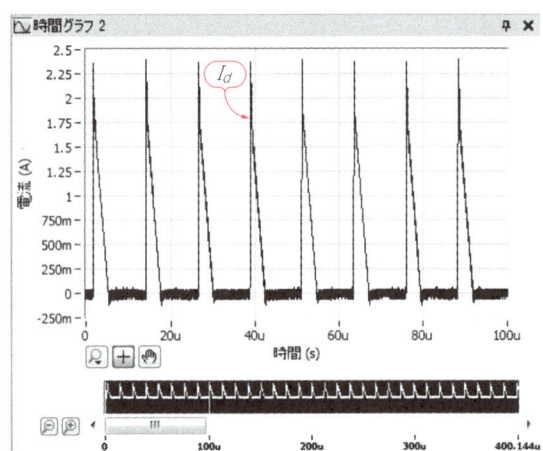
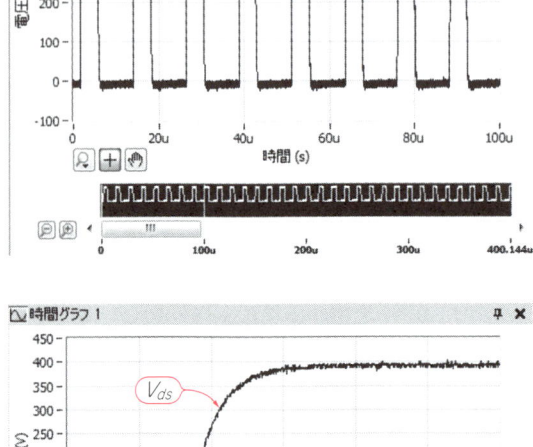
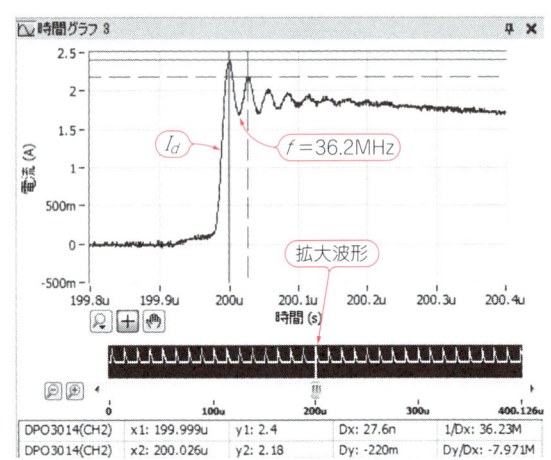
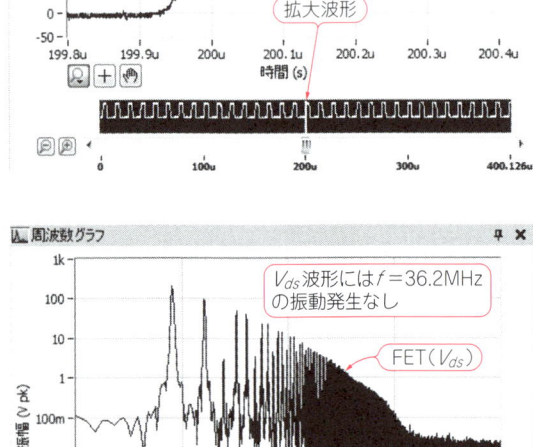
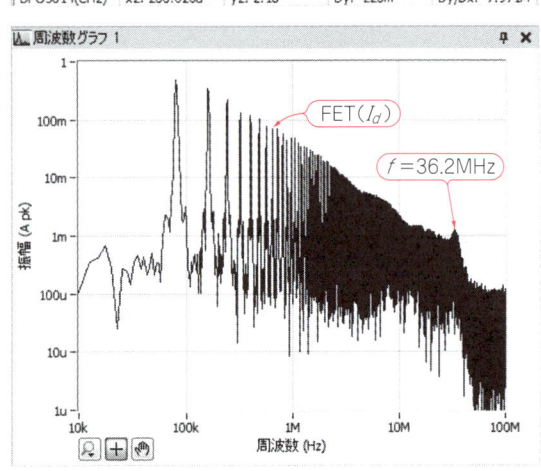

図46 臨界型PFCコンバータ回路の実測によるV_{DS}，ダイオード電流の高周波ノイズ成分

果になります．36 MHzの高周波振動成分が発生しており，ドレイン電流高周波ノイズ成分と同じで，ダイオードの高周波振動成分がドレイン電流I_Dの振動に影響を与えていると考えられます．

ノイズに関しては，評価ボード全体での評価となりますので，EMI試験で36 MHz帯が問題となるようでしたら，振動成分の低減検討は必要になります．

● **臨界型PFCコンバータ回路のインダクタンスとスイッチング周波数**

入出力条件と各スイッチング・サイクルでのオン期間，オフ期間は，理論上それぞれ式(13)～式(15)で表されます（オン・セミコンダクター社製PFCコントローラMC33262のアプリケーション・ノートより）．

$$t_{on} = \frac{2 P_{out} L_P}{\eta V_{AC}^2} \quad \cdots (13)$$

$$t_{off} = \frac{t_{on}}{\dfrac{V_{out}}{\sqrt{2} V_{AC} |\sin\theta|} - 1} \quad \cdots (14)$$

$$f = \frac{1}{t_{on} + t_{off}} \quad \cdots (15)$$

入出力条件が一定の場合，t_{on}は一定となります．スイッチング周波数はAC入力の瞬時値に対して常に変化していることがわかります．グラフにすると図47になります．図48，図49，図50，図52は動作時のスイッチング周波数の変調を確認した波形となり，制御系が安定に動作していることがわかります．図51，図53はPFC回路とLLC回路の起動特性の波形で，140 V出力電圧が約130 Vに立ち上がると定電流簡易負荷装置の電流が360 mA流れる特性となっており，定電流簡易負荷装置は設計どおりの動作をしています．

臨界型PFCコンバータの回路周波数の算出は，下記のパラメータによります．

$L_P = 5.73\mathrm{E} - 04$ [H]
$P_{out} = 56$ [W]
$V_{AC} = 100$ [V]
$\eta = 0.9$
$\omega = 314.16$
$f_{AC} = 50$ [Hz]
$V_o = 400$ [V]
$t = 5.00\mathrm{E} - 03$ [sec]
$t_{on} = 7.13\mathrm{E} - 06$ [sec]

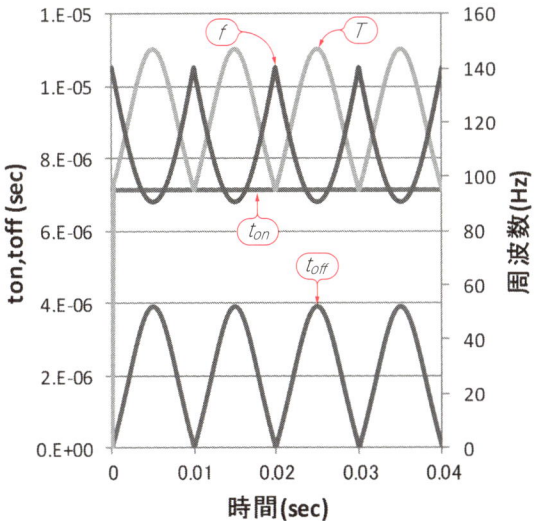

図47 臨界型PFCコンバータ回路周波数の関係

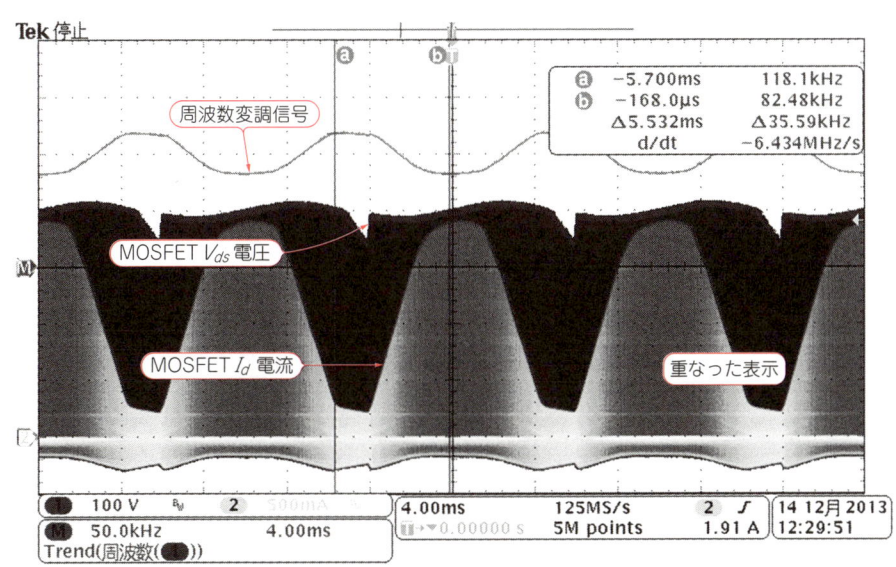

図48 実測によるPFC回路部スイッチング周波数の変調確認

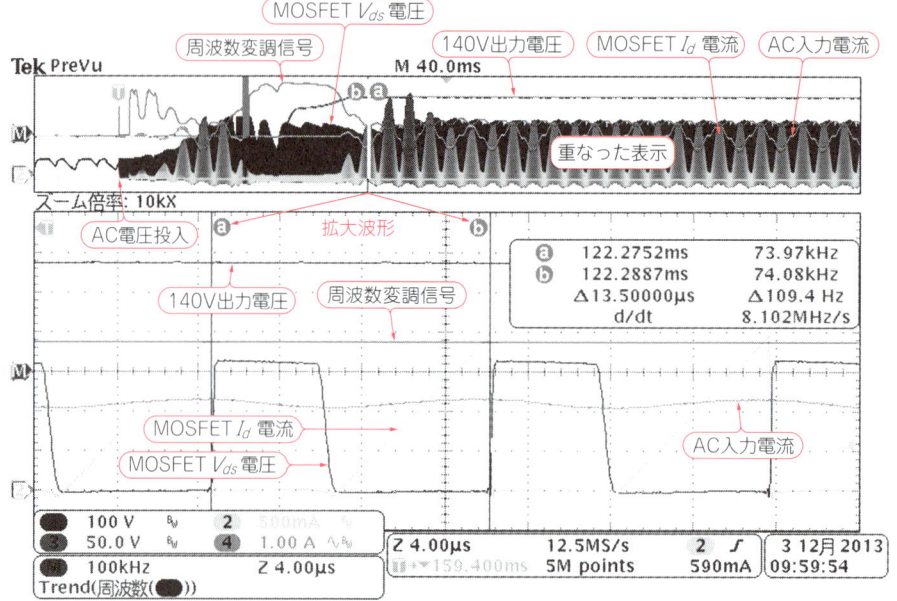

図49 起動時のPFC回路部スイッチング周波数変調確認

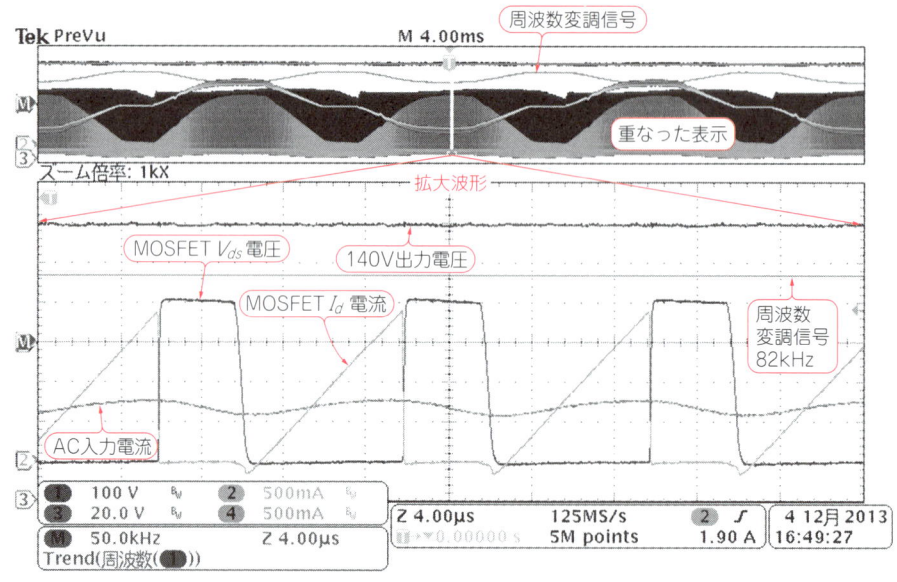

図50 実測によるPFCスイッチング変調f_{min}部拡大波形

$t_{off} = 3.90\mathrm{E}-06$ [sec]
$T = 1.10\mathrm{E}-05$ [sec]
$f_{SW} = 9.07\mathrm{E}+01$ [kHz]
$V_{out} = 140$ [V]
$I_{out} = 0.36$ [A]
$R_{load} = 388.89$ [Ω]
$PF_{load} = 2857.14$ [Ω]

● 評価ボードのTHD特性

　一般的な事務所のコンセントよりAC入力を供給していますので，供給側の電源品質は良くありませんが，図54，図55が電力品質の解析結果で，力率は0.976となりました．図50の実測PFCスイッチング変調f_{min}部拡大波形を見ると，スイッチングは連続動作しているがドレイン電流I_Dを平均してみるとゼロとなっており，この期間AC入力電流は流れていないと見ると

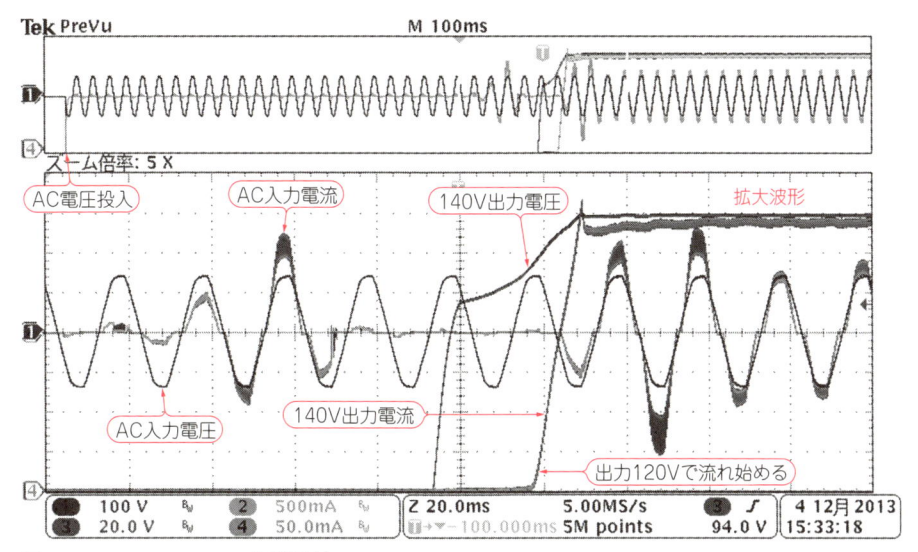

図51　140 V/0.36 Aでの起動特性

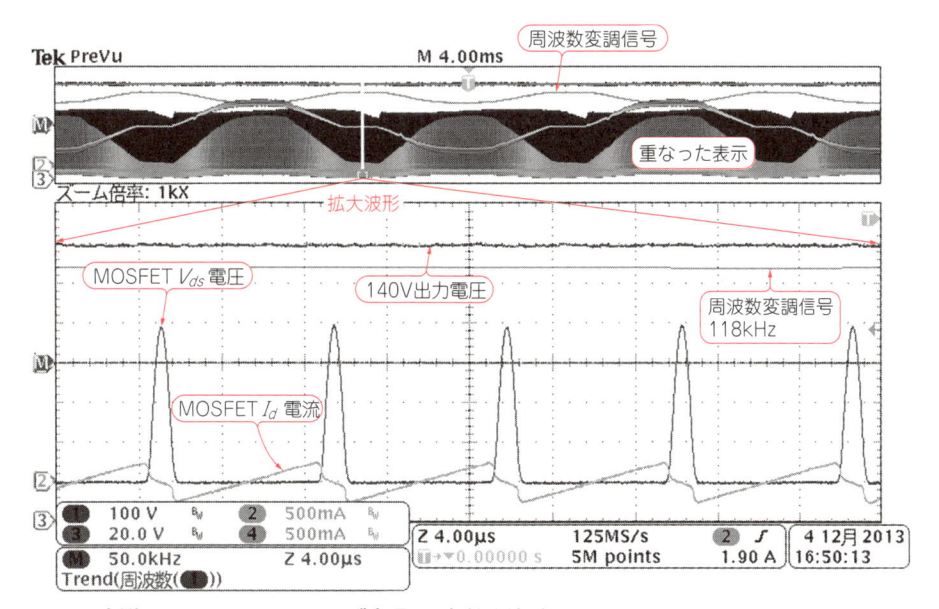

図52　実測によるPFCスイッチング変調f_{max}部拡大波形

力率は低下することになります．高調波電流特性（THD）は図56，図57となり，クラスCの規格内で問題ありません．

評価ボードには各種保護回路が具備されており，その影響で設計マージンをもった設計となっていると推測していますが，パラメータの調整で力率を上げることは可能と思います．制御ICの電源供給も定電圧化されて使い勝手の良い回路構成になっていますので，評価ボードを入手して検討することをお勧めします．

LLC電流共振コンバータ

LLC電流共振コンバータの動作原理については「グリーン・エレクトロニクス」誌や各社の制御ICのアプリケーション・ノートに詳しく説明されていますので，入手して参照してください．ここでは動作の説明

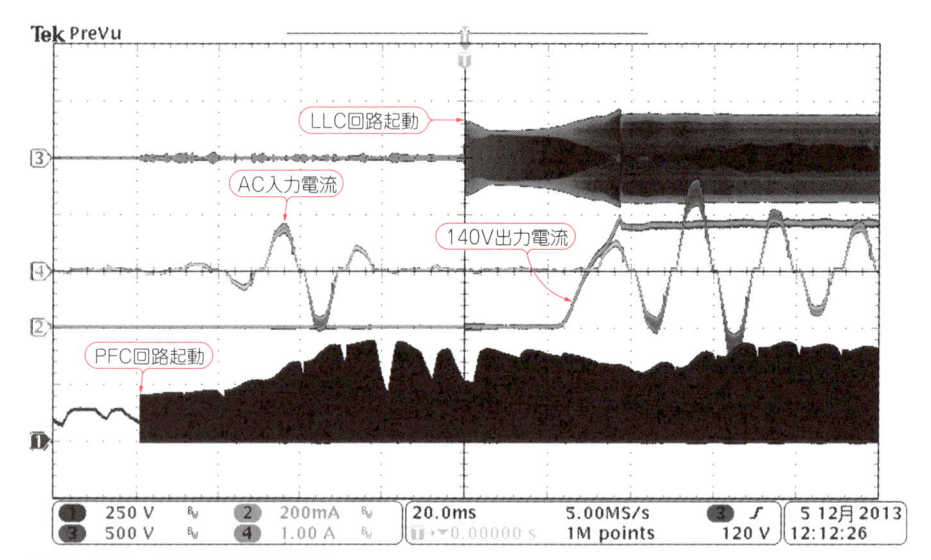

図53 PFC，LLC回路の起動特性

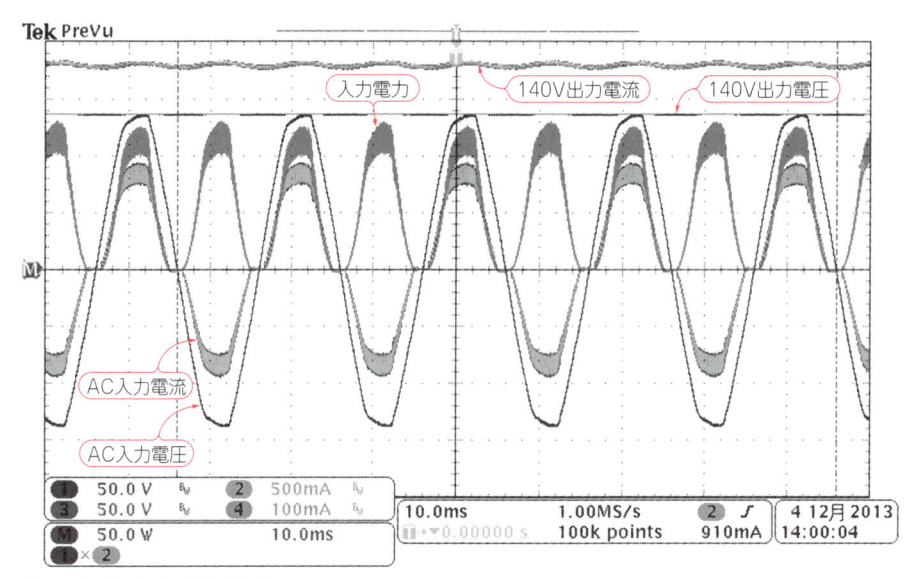

図54 電力品質の解析波形

は省略します．

LLC電流共振コンバータのシミュレーション

　LLC電流共振コンバータのシミュレーションを行うに際して参考にさせていただいたウェブ・サイトの一部が下記となります．オン・セミコンダクター社のChristophe Basso氏の電源に関する有益な文献や資料，SPICEモデルなどがダウンロードでき，大変勉強になります．このような資料を開示いただいたChristophe Basso氏に敬意を表するとともに，さらなる内容を加え，ご提供いただけることを期待しています．

　http://cbasso.pagesperso-orange.fr/Spice.htm
　余談ですが，同氏の著書，"Switch‑Mode Power Suppliy SPICE Cookbook"，およびパワー・コンバージョン・システム設計のガイドブック "Switch Mode Power Supplies：SPICE Simulations and Practical Designs" は購入しております．

● 共振モード・コントローラNCP1395のSPICEライブラリをLTspice用に変更する
　LLC電流共振コンバータ制御ICのLTspiceのSPICE

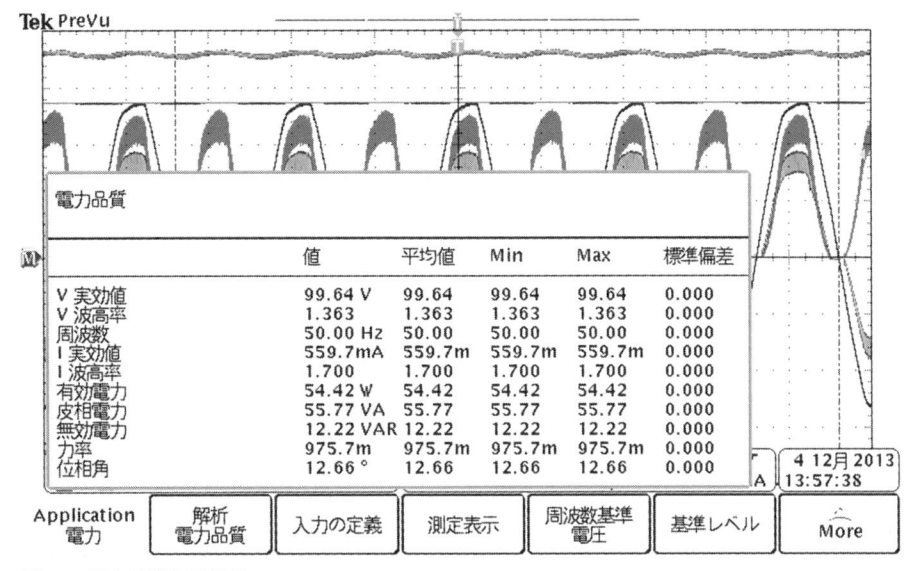

図55　電力品質の解析値

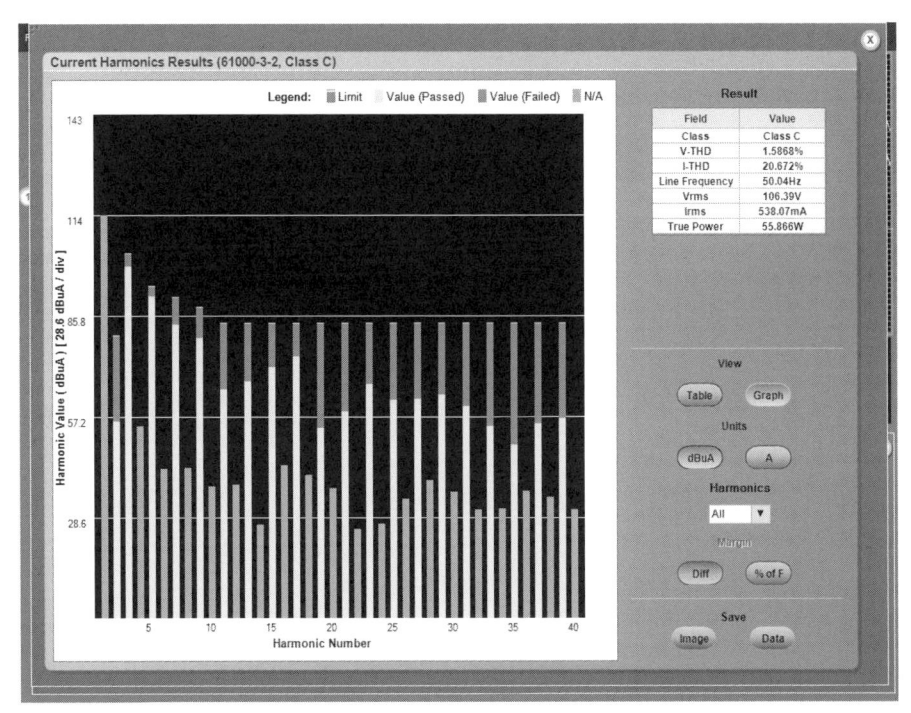

図56　高調波電流特性の実測値グラフ

モデルがないので，PSpice用モデルをLTspiceモデルに変更します．

オン・セミコンダクター社のホーム・ページよりPSpice用ライブラリapplication.libとNCP1395.libファイルをダウンロードし，LLC電流共振ブリッジ・コンバータの解析で使用するサブサーキットを一つのファイルにまとめ，LTspiceで読み込めるように変更し，NCP1395.libの名前で新規フォルダを作成して保存します．

国内メーカの制御ICはSPICEモデル化があまり進んでおらず，汎用SPICEモデルの提供を期待します．

PSpice用ライブラリから必要な箇所を取り出し，

LLC電流共振コンバータ　39

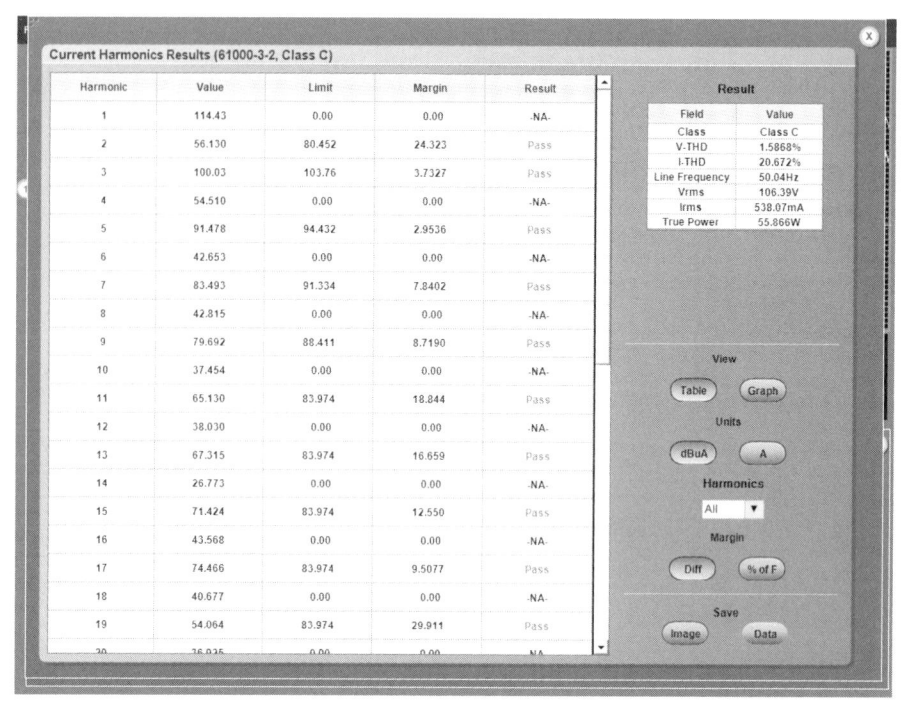

図57 高調波電流特性の実測値

リスト2 NCP1395のSPICEライブラリをLTspice用に変更した（NCP1395.lib）

```
*********************************************
*
* PSPice library for ON Semiconductor NCP1395
* Christophe Basso - February 2006
*
*********************************************
.SUBCKT VCO2 FB1 A B params: fmin=100k fmax=1Meg DT=50n SS=100u
*
GB4 0 3 Value = { {Fmin*2}*20p }
GB3 0 5 Value = { V(FBCC)*1.9*10p*({2*Fmax}/(1-{2*Fmax}*{DT})-{2*Fmin})/5 }
GB5 0 4 Value = { 2*10p/{DT} }
C1 8 0 10p IC=0
Xcomp 8 6 cmp COMPAR params: VHIGH=5
EB2 6 0 Value = { IF ( V(CMP) < 3, 3, 1 ) }
GB1 8 0 Value = { IF ( V(CMP) < 3, 0, I(VDT)+I(VFmin)+I(Vvco) ) }
VDT 4 0 0
X1 cmp 10 0 0 10 13 FFLOP
X2 13 14 A AND2
X3 10 14 B AND2
X4 cmp 14 INV
R3 FB1 0 20k
Vvco 5 8 0
X10 20 19 FB AMPSIMP params: VHIGH=6 VLOW=1m
V4 18 0 DC=100m
R4 18 19 10k
R5 19 FB 10k
X12 FB1 17 GAIN
R8 17 20 10k
R9 20 0 10k
Vfmin 3 8 0
R6 29 FB 10k
D1 29 28 _D1_mod
V5 28 0 DC=5
CSS 31 0 {10u*SS}
I1 28 31 DC=50u
D2 31 28 DN4148
D3 29 FBCC _D1_mod
D4 30 FBCC _D1_mod
E1 30 0 28 31 1
*
```

リスト2　NCP1395のSPICEライブラリをLTspice用に変更した（NCP1395.lib）（つづき）

```
.MODEL DN4148 D BV=100V CJO=4PF IS=7E-09 M=.45 N=2 RS=.8
+ TT=6E-09 VJ=.6V
.MODEL _D1_mod D N=10m
*
.ENDS
**********
.SUBCKT LLC err in out params: N=8 Cs=33n Lm=600u Ls=100u Eta=0.8
*
.param pi=3.14159
.param Z0={sqrt(Ls/Cs)}
.param ratio={Lm/Ls}
*
EB1 M 0 Value = { sqrt(1/(V(w)**2*{Ls}**2/(V(Rac)**2+1u)+1-2*{Z0}**2/(V(Rac)**2+1u)+2/{Ratio}+1/{Ratio}**2+
+ 1/(V(Rac)**2*{Cs}**2*V(w)**2+1u) -2/({Lm}*{Cs}*V(w)**2+1u) -
+ 2*{Z0}**2/({Lm}**2*V(w)**2+1u)+1/({Lm}**2*{Cs}**2*V(w)**4+1u))+1u) }
GBIn in 0 Value = { (I(Vrac)*V(out)/{ETA})/V(in) }
EB2 w 0 Value = { 2*{pi}*V(fsw) }
GB4 0 6 Value = { abs((V(M)*V(fund)/(V(Rac)+1u))*2/{pi}) }
EB3 fund 0 Value = { V(in)*2/{pi} }
Vrac 6 out 0
EB6 Rac 0 Value = { (V(out)/I(Vrac))*8/({pi}**2+1u) }
EB5 fsw 0 Value = { V(err)*100k }
R4 err 0 100k
.nodeset V(6) = 190
.ENDS
*********
.SUBCKT POWERVCO err out params: Fmin=50k Fmax=400k Vout=350
*
GB4 0 1 Value = { 2*100p*{Fmin} }
Rdum 1 0 1G
R1 err 0 100k
GB1 0 1 Value = { 2*100p*({Fmax}-{Fmin})*V(CTRL)/5 }
GB2 1 0 Value = { IF ( V(osc) > 2.5, (4*100p*{Fmin})+2*2*100p*({Fmax}-{Fmin})*V(CTRL)/5, 0 ) }
C1 1 0 100p IC=0
EB3 CTRL 0 Value = { IF ( V(ERR)<100m, 0, IF ( V(ERR)>5, 5, V(ERR) )) }
X2 1 4 osc COMPARHYS params: VHIGH=5 VHYS=1
V2 4 0 DC=2
EB5 out 0 Value = { IF ( V(osc)>2.5, {Vout}, 0 ) }
V3 3 0 DC={Vout}
D1 0 out MUR3060
D2 out 3 MUR3060
*
.MODEL MUR3060 D BV=600 CJO=517P IBV=10U IS=235U M=.333
+ N=3.68 RS=35M TT=86.4N VJ=.75
*
.ENDS
*********
.SUBCKT 1395MOD in out params: Fmax=500k Fmin=50k
*
V16 1 0 DC=1
R19 1 2 10k
R20 2 out 10k
R21 in 4 10k
R22 4 0 10k
X6 4 2 out AMPSIMP params: VHIGH={Fmax/100k} VLOW={Fmin/100k}
.ENDS
*******
.SUBCKT COMPAR NINV INV OUT params: VHIGH=12 VLOW=100m
EB1 4 0 Value = { IF ( V(NINV,INV) > 0, {VHIGH}, {VLOW} ) }
RO 4 OUT 10
CO OUT 0 10PF
.ENDS
*
.SUBCKT COMPARHYS NINV INV OUT params: VHIGH=12 VLOW=100m VHYS=50m
EB2 HYS NINV Value = { IF ( V(OUT) > {(VHIGH+VLOW)/2}, {VHYS}, 0 ) }
EB1 4 0 Value = { IF ( V(HYS,INV) > 0, {VHIGH}, {VLOW} ) }
RO 4 OUT 10
CO OUT 0 100PF
.ENDS
*
.SUBCKT FFLOP 1   2 11 12 5  6
*            CLK  D  R  S QB  Q
X1 7 4 2 8 NAND30_05
X2 8 3 10 9 NAND30_05
X3 1 8 10 7 NAND31_05
X4 9 1 10 NAND30_05
X5 4 7 6 5 NAND31_05
```

リスト2　NCP1395のSPICEライブラリをLTspice用に変更した（NCP1395.lib）（つづき）

```
X6 5 10 3 6 NAND30_05
X7 11 4 INV_05
X8 12 3 INV_05
.ENDS FFLOP
***** INTERNAL FFLOP DEFINITION ****
.SUBCKT NAND30_05 1 2 3 4
E1 5 0 VALUE = { IF ( (V(1)>800mV) & (V(2)>800mV) & (V(3)>800mV), 100m, 10 ) }
R1 5 4 10
C1 4 0 10P IC=100m
.ENDS NAND30_05
*
.SUBCKT NAND31_05 1 2 3 4
E1 5 0 VALUE = { IF ( (V(1)>800mV) & (V(2)>800mV) & (V(3)>800mV), 100m, 10 ) }
R1 5 4 10
C1 4 0 10P IC=10
.ENDS NAND31_05
*
.SUBCKT INV_05 1 2
E1 3 0 VALUE = { IF ( V(1)>800mV, 100m, 10 ) }
R1 3 2 10
C1 2 0 10P IC=10
.ENDS INV_05
*
.SUBCKT AND2 1 2 3
EB1 4 0 Value = { IF ( (V(1)>2.5) & (V(2)>2.5), 5V, 100m ) }
RD 4 3 10
CD 3 0 10P
.ENDS AND2
*
.SUBCKT AMPSIMP 1 5 7  params: POLE=30 GAIN=30000 VHIGH=4V VLOW=100mV
*                + - OUT
G1 0 4 1 5 100u
R1 4 0 {GAIN/100u}
C1 4 0 {1/(6.28*(GAIN/100u)*POLE)}
E1 2 0 4 0 1
Ro 2 7 10
Vlow 3 0 DC={VLOW}
Vhigh 8 0 DC={VHIGH}
Dlow 3 4 DCLP
Dhigh 4 8 DCLP
.MODEL DCLP D N=0.01
.ENDS
*
.SUBCKT INV 1 2
EB1 4 0 Value = { IF ( V(1)>2.5, 0, 5V ) }
RD 4 2 10
CD 2 0 10P
.ENDS INV
*
.SUBCKT GAIN  1  2
*Connections: In Out
*Parameters: K Gain
E1 2 0 1 0 1
.ENDS
*
```

LTspice用に変更した同じファイル名でNCP1395.libを新たに作成しました（**リスト2**）．

● 共振モード・コントローラNCP1395のSPICEモデル・シンボル作成

　図58のシンボルを作成し，NCP1395.libを保存したフォルダにVC2.asyと1395MOD.asyの名前で保存します．回路図に配置しシンボル上で右クリックして，「Value」の欄にVCO2，1395MODを入力すればライブラリと関連付けできます．また，回路図にSPICE directiveとして，

　　　.include NCP1395.lib

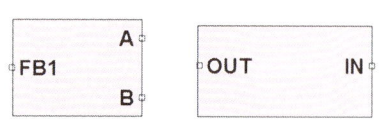

図58　VCO2と1395MODのモデル・シンボル

を記入してください．

● LLC電流共振トランスの印加電圧，電流をシミュレーションしてMD入力データを把握

　図59のトランスのインダクタンスは理想的なLとして，評価ボードと同じ$L_P=1$ mH，$L_S=230\,\mu$Hを用

図59 LLC電流共振トランスの印加電圧／電流を把握するためのシミュレーション回路（LTspice_LLC¥LLCsim¥20140105-1.1mH_LLC_140VLED_AN-116 0J).asc）
トランスのインダクタンスは理想的なしとして評価ボードと同じで$L_P=1mH$、$L_S=230\mu H$を用いて、T型トランス等価回路定数を演算で求めていL_S、L_Mの値を入力する。使用する解析環境によるが解析時間は3分程度かかる

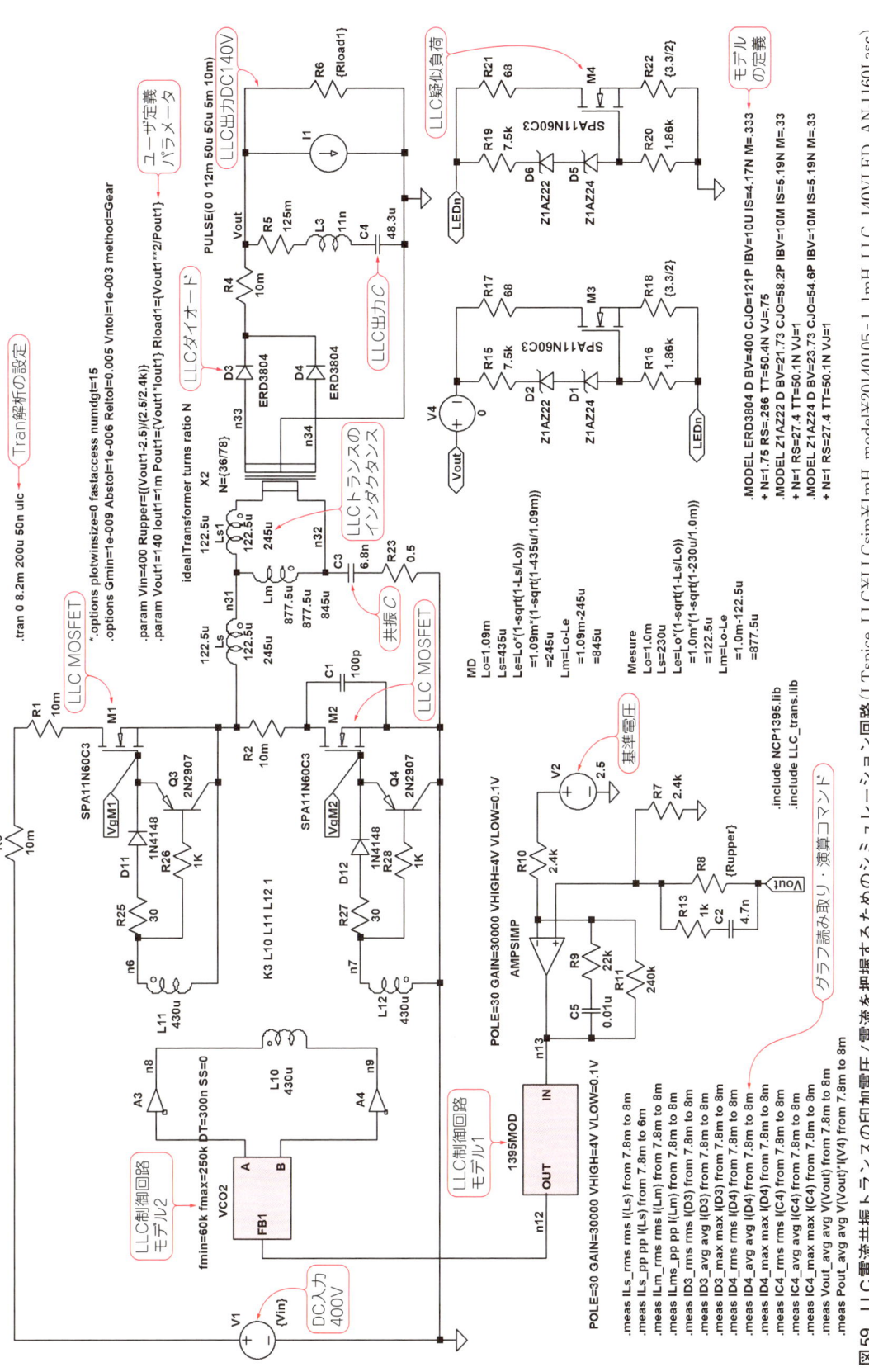

特集 LLC共振による低雑音スリム電源 現代設計法[シミュレータ&データ付き]

LLC電流共振コンバータ

リスト3 グラフ読み取り・演算コマンドによる測定結果
（MD入力データとして利用）

```
ils_rms:  RMS(i(ls))=0.583679 FROM 0.0078 TO 0.008
ils_pp:   PP(i(ls))=1.69794 FROM 0.0078 TO 0.006
ilm_rms:  RMS(i(lm))=0.507101 FROM 0.0078 TO 0.008
ilms_pp:  PP(i(lm))=1.67139 FROM 0.0078 TO 0.008
id3_rms:  RMS(i(d3))=0.346814 FROM 0.0078 TO 0.008
id3_avg:  AVG(i(d3))=0.188863 FROM 0.0078 TO 0.008
id3_max:  MAX(i(d3))=0.958253 FROM 0.0078 TO 0.008
id4_rms:  RMS(i(d4))=0.339842 FROM 0.0078 TO 0.008
id4_avg:  AVG(i(d4))=0.182796 FROM 0.0078 TO 0.008
id4_max:  MAX(i(d4))=1.02243 FROM 0.0078 TO 0.008
ic4_rms:  RMS(i(c4))=0.311292 FROM 0.0078 TO 0.008
ic4_avg:  AVG(i(c4))=0.0046063 FROM 0.0078 TO 0.008
ic4_max:  MAX(i(c4))=0.653766 FROM 0.0078 TO 0.008
vout_avg: AVG(v(vout))=139.721 FROM 0.0078 TO 0.008
pout_avg: AVG(v(vout)*i(v4))=51.0002 FROM 0.0078 TO 0.008
```

いて，T型トランス等価回路定数を演算で求め，値を入力して解析します．

グラフ読み取り・演算コマンドによる測定結果（MD入力データとして利用）は，メニュー・バーの「View」より「SPICE Error Log」をクリックすると**リスト3**の内容が記述されています．

LLC電流共振トランスのMD入力データを手計算で行うのは面倒であり，解析で直接求める方法が容易です．各部電圧，電流波形は**図60**で，時間軸の拡大波形が**図61**となります．

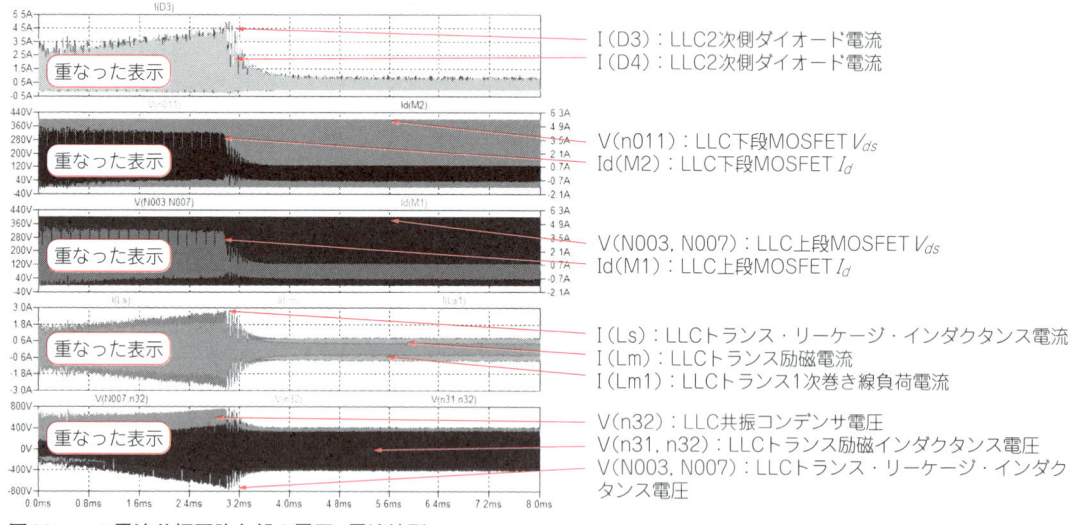

図60 LLC電流共振回路各部の電圧/電流波形

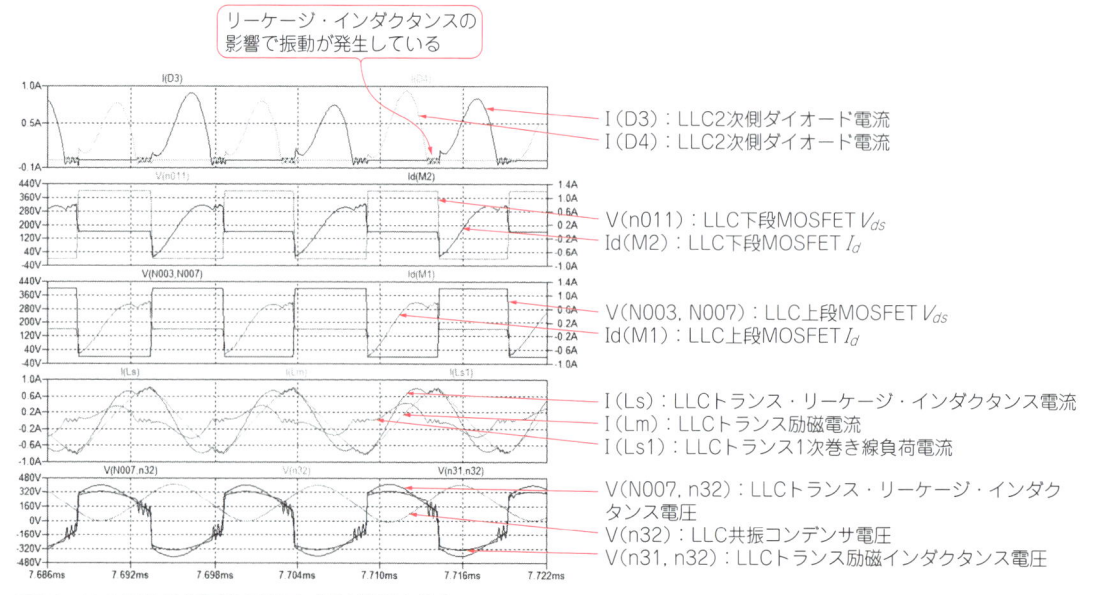

- I(D3)：LLC2次側ダイオード電流
- I(D4)：LLC2次側ダイオード電流
- V(n011)：LLC下段MOSFET V_{ds}
- Id(M2)：LLC下段MOSFET I_d
- V(N003, N007)：LLC上段MOSFET V_{ds}
- Id(M1)：LLC上段MOSFET I_d
- I(Ls)：LLCトランス・リーケージ・インダクタンス電流
- I(Lm)：LLCトランス励磁電流
- I(Lm1)：LLCトランス1次巻き線負荷電流
- V(n32)：LLC共振コンデンサ電圧
- V(n31, n32)：LLCトランス励磁インダクタンス電圧
- V(N003, N007)：LLCトランス・リーケージ・インダクタンス電圧

図61 LLC電流共振回路の電圧/電流波形の拡大

リーケージ・インダクタンスの影響で振動が発生している

- I(D3)：LLC2次側ダイオード電流
- I(D4)：LLC2次側ダイオード電流
- V(n011)：LLC下段MOSFET V_{ds}
- Id(M2)：LLC下段MOSFET I_d
- V(N003, N007)：LLC上段MOSFET V_{ds}
- Id(M1)：LLC上段MOSFET I_d
- I(Ls)：LLCトランス・リーケージ・インダクタンス電流
- I(Lm)：LLCトランス励磁電流
- I(Ls1)：LLCトランス1次巻き線負荷電流
- V(N007, n32)：LLCトランス・リーケージ・インダクタンス電圧
- V(n32)：LLC共振コンデンサ電圧
- V(n31, n32)：LLCトランス励磁インダクタンス電圧

LLC電流共振トランスの設計

● MDによるLLC電流共振トランスの設計

MDの入力画面は図62～図65になります．

図62は，コア条件の入力画面です．コア・データベースに該当するものがなく，写真8～写真11の測定サンプル分解，スペーサ・ギャップの写真のようにノギスで測定しながら寸法などを推測値として代入しているので，解析結果の精度は低下します．

図63は，巻き線の断面簡易磁界マップの表示です．誌面ではわかりにくいのですが，中心線は磁界の強度を示し，グレイ・スケールで表されており黒が強く，白が弱くなっています．灰色はそれらの中間です．赤い線は電流密度の強いほうが表示されています．ギャップ付近で磁界が強くなり，離れたワイヤは磁界が弱くなっていることを確認できます．

● MDで設計したLLC電流共振トランスのSPICEモデルのネット・リスト

表4に，非線形ATANモデルとリニア・モデルとを掲載します．MDの評価版はリニア・モデルのみ作成できます（図64，図65）．

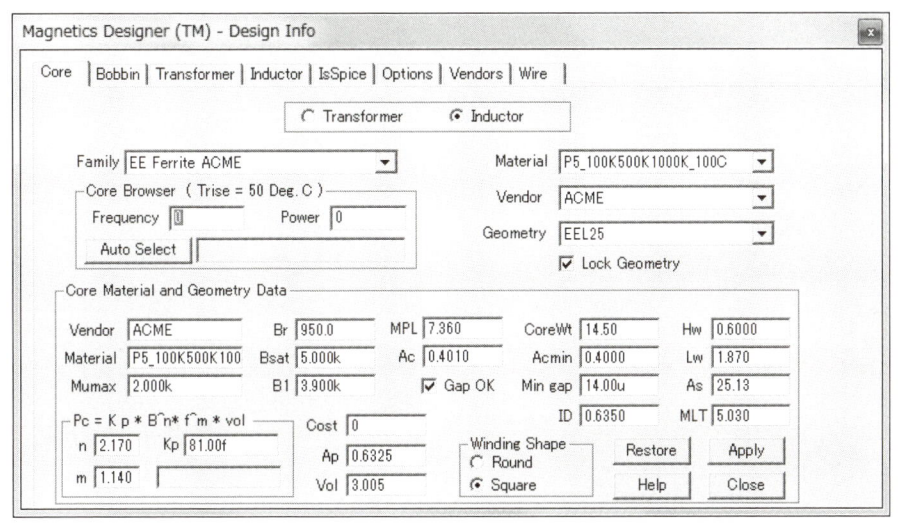

図62 コア条件の入力画面

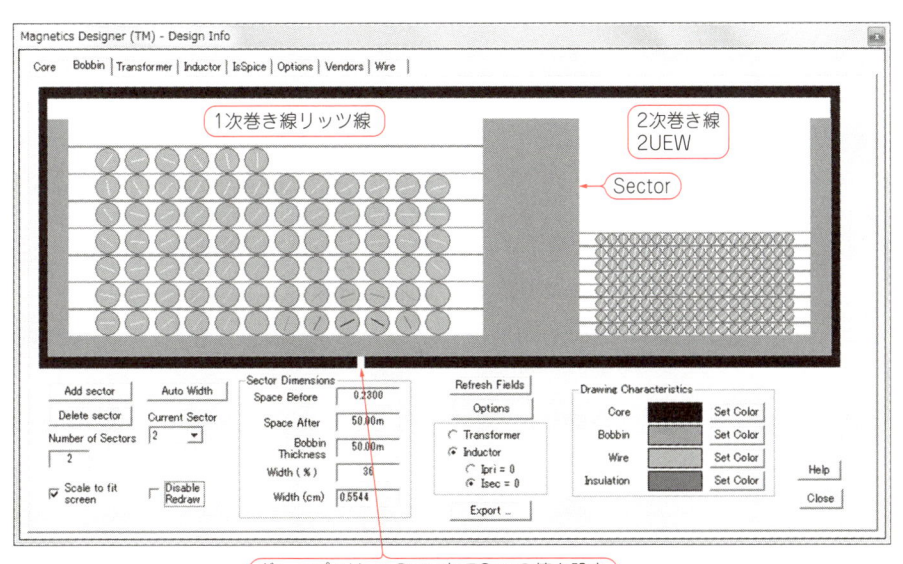

図63 巻き線の断面簡易磁界マップ

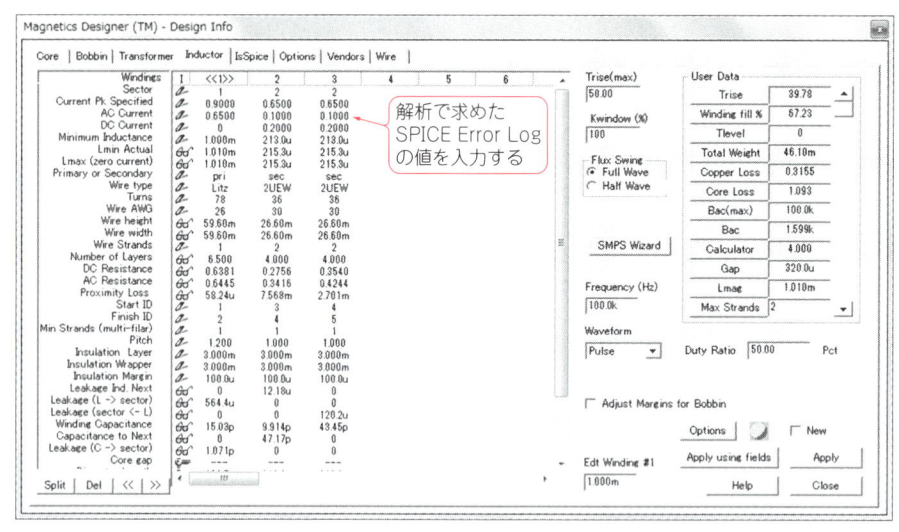

図64 インダクタ条件の入力画面

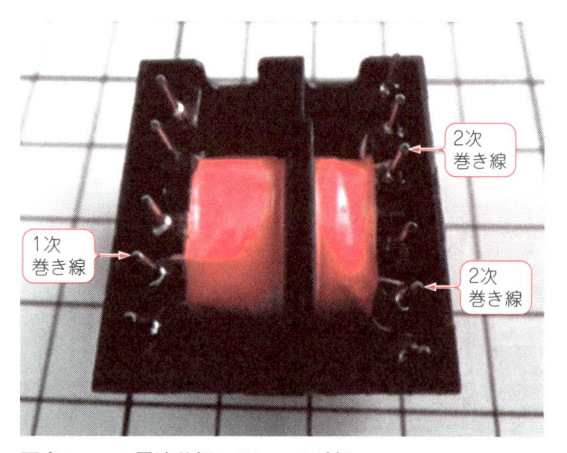

解析で求めた SPICE Error Log の値を入力する

写真8 LLC電流共振トランスの外観
2次巻き線を短絡して1次巻き線のインダクタンスを測定すると，1次巻き線の漏れインダクタンスが測定できる

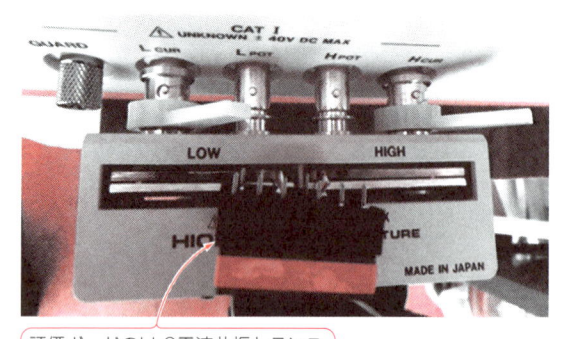

写真9 *LCR*メータによる測定（周波数上限：5 MHz）

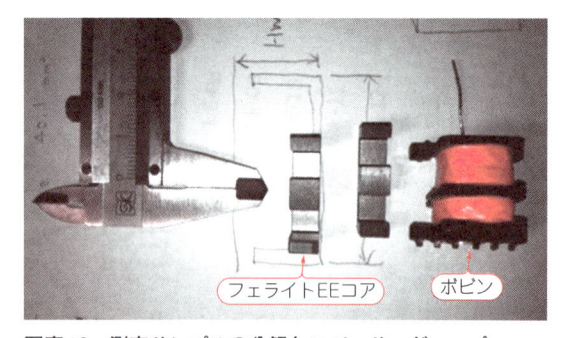

評価ボードのLLC電流共振トランス1次巻き線，2次巻き線のインダクタンス，インピーダンスを測定するHIOKI LCRハイテスタ3532-50

写真10 測定サンプルの分解とスペーサ・ギャップ

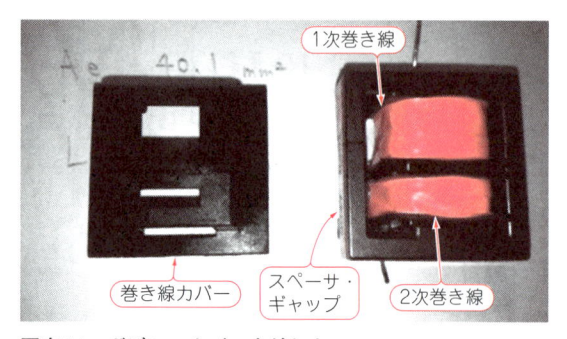

写真11 ボビン・カバーを外した

46　第1章　小型化のための高効率/低ノイズ・スイッチング電源技術の応用

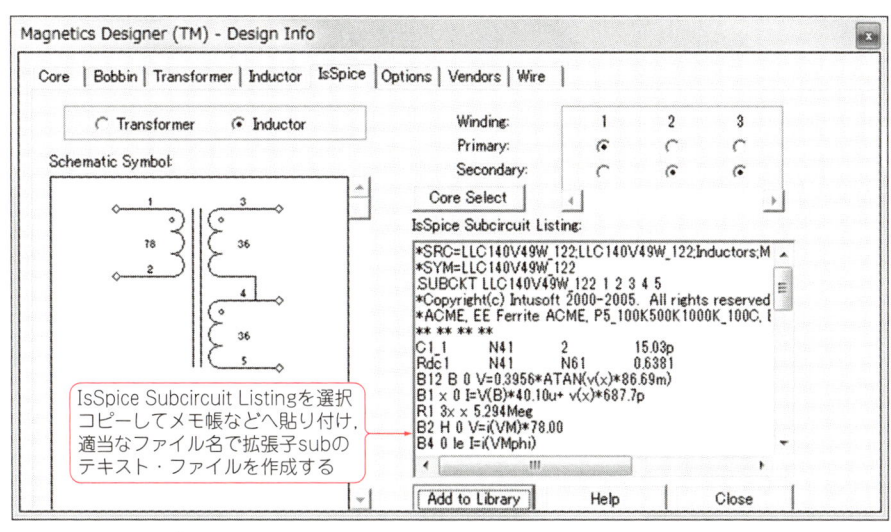

図65 SPICEモデル

(図中注釈:IsSpice Subcircuit Listingを選択コピーしてメモ帳などへ貼り付け,適当なファイル名で拡張子subのテキスト・ファイルを作成する)

表4 LLC電流共振トランスのSPICEモデルのネット・リスト

非線形モデル LLC140V49W_122.sub	リニア・モデル LLC140V49W_123.sub
.SUBCKT LLC140V49W_122 1 2 3 4 5 *Copyright(c) Intusoft 2000-2005. All rights reserved, redistribution prohibited. *ACME, EE Ferrite ACME, P5_100K500K1000K_100C, EEL25 ** ** ** ** C1_1 N41 2 15.03p Rdc1 N41 N61 0.6381 B12 B 0 V=0.3956*ATAN(v(x)*86.69m) B1 x 0 I=V(B)*40.10u+ v(x)*687.7p R1 3x x 5.294Meg B2 H 0 V=i(VM)*78.00 B4 0 le I=i(VMphi) L1 le 0 1 VMphi H 3x Rser=1u VM N41 6x Rser=1u Be 6x 2 V=v(le)*78.00 Rcore N41 2 36.61k Rac1 N61 1 0.6445 Lac1 N61 1 3.077u LS12 N41 NS12 564.4u RS12 NS12 ins2 6.381m ** ** ** ** Rdc2 N42 N62 0.2756 Efwd2s N8S2 4 ins2 2 0.4615 Vsens2s N8S2 N42 Rser=1u Ffbk2s ins2 2 Vsens2s 0.4615 Rac2 N62 3 0.3416 Lac2 N62 3 1.631u ** ** ** ** L23 N42 in3 12.18u C1_3 in3 4 25.64p C2_33 4 5 -11.79p C3_33 4 N43 58.96p Efwd3 N83 5 in3 4 1.000 Vsens3 N83 N43 Rser=1u Ffbk3 in3 4 sens3 1.000 Rdc3 N43 N63 0.3540 LS31 in3s N41 564.4u Efwd3s N8S3 5 in3s 2 0.4615 Vsens3s N8S3 N43 Rser=1u Ffbk3s in3s 2 Vsens3s 0.4615 Rac3 N63 4 0.4244 Lac3 N63 4 2.026u .ENDS	.SUBCKT LLC140V49W_123 1 2 3 4 5 *Copyright(c) Intusoft 2000-2005. All rights reserved, redistribution prohibited. *ACME, EE Ferrite ACME, P5_100K500K1000K_100C, EEL25 ** ** ** ** C1_1 N41 2 15.03p Rdc1 N41 N61 0.6381 Lmag N41 2 1.010m Rcore N41 2 36.61k Rac1 N61 1 0.6445 Lac1 N61 1 3.077u LS12 N41 NS12 564.4u RS12 NS12 ins2 6.381m ** ** ** ** Rdc2 N42 N62 0.2756 Efwd2s N8S2 4 ins2 2 0.4615 Vsens2s N8S2 N42 Rser=1u Ffbk2s ins2 2 Vsens2s 0.4615 Rac2 N623 0.3416 Lac2 N62 3 1.631u ** ** ** ** L23 N42 in3 12.18u C1_3 in3 4 25.64p C2_33 4 5 -11.79p C3_33 4 N43 58.96p Efwd3 N83 5 in3 4 1.000 Vsens3 N83 N43 Rser=1u Ffbk3 in3 4 Vsens3 1.000 Rdc3 N43 N63 0.3540 LS31 in3s N41 564.4u Efwd3s N8S3 5 in3s 2 0.4615 Vsens3s N8S3 N43 Rser=1u Ffbk3s in3s 2 Vsens3s 0.4615 Rac3 N63 4 0.4244 Lac3 N63 4 2.026u .ENDS

● LLC電流共振トランスのSPICEモデル・シンボル作成

シンボル作成に関しては『電子回路シミュレータLTspice入門編』（CQ出版社）などの図書やヘルプを参考に作成してください．

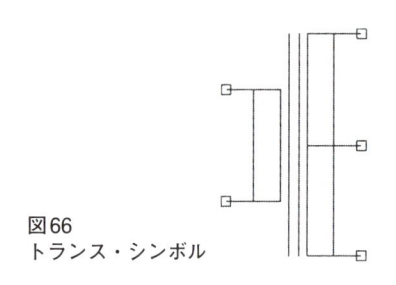

図66のように作成したシンボルをLLC_Trans.asyの名前で，ネット・リスト・ファイルはリニア・モデルをLLC140V49W_123.subの名前で，非線形ATANモデルはLLC140V49W_122.subの名前でシミュレーションするフォルダに保存します（付属CD-ROMではLTspice_LLC¥LLCsim¥impedanceフォルダにある）．

作成したシンボルの名前を回路図上で変更することにより，両モデルのネット・リストを切り替えて使用することができます．

回路図には，下記のようにライブラリを読み込むコマンドを配置します．

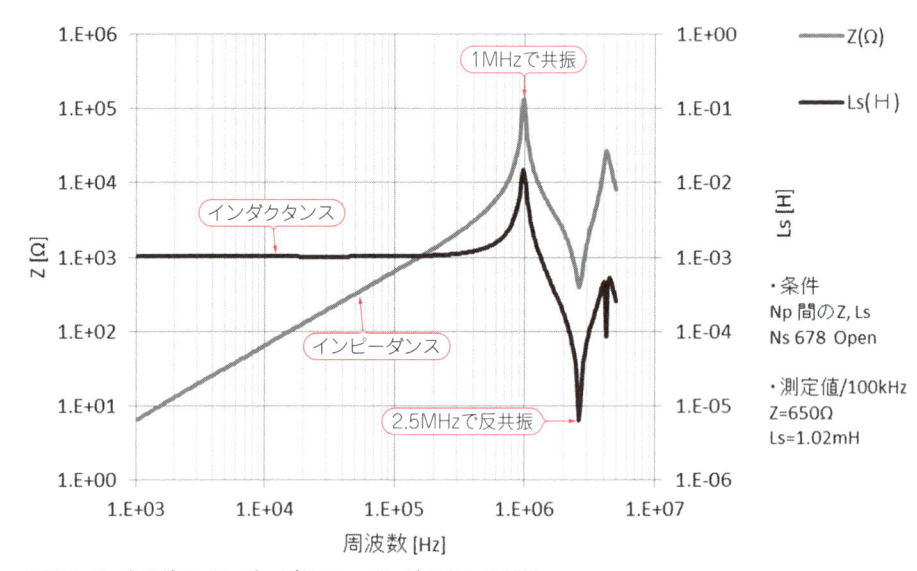

図66 トランス・シンボル

図67 N_P巻き線のインピーダンス，インダクタンス特性

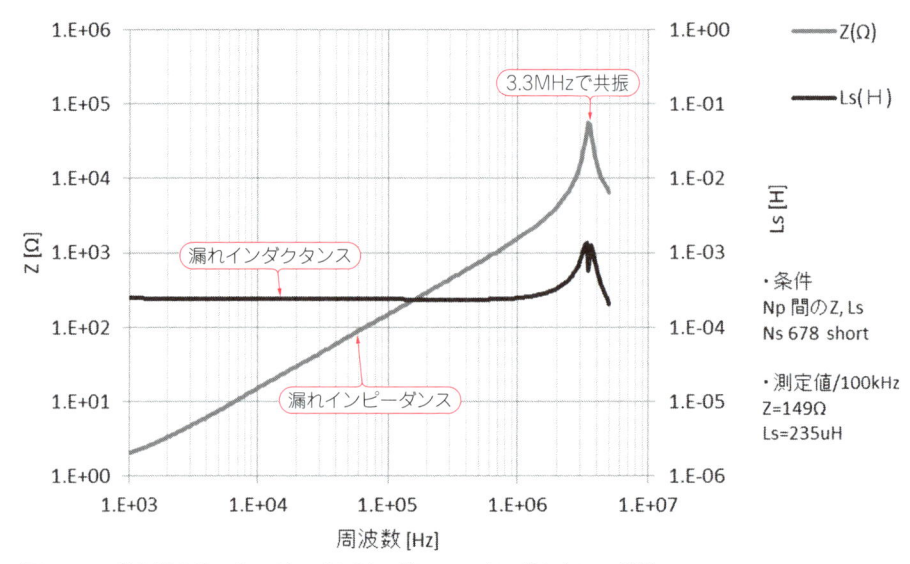

図68 N_P巻き線のリーケージ・インピーダンス，インダクタンス特性

```
.lib LLC140V49W_123.sub
.lib LLC140V49W_122.sub
```

● **評価ボード上のLLC電流共振トランスの小信号周波数特性の測定結果**

図67～図72は測定したN_P, N_{S1}, N_{S2}巻き線のインピーダンス，インダクタンスの特性データで，表5から評価ボードと同じ$L_P=1$ mH, $L_S=230\mu$Hが算出されているのがわかります．

図69，図71のL_P特性で3MHz共振特性に差異が見られるのは，N_{S1}巻き線の上にN_{S2}巻き線を巻いている影響でリーケージ・インダクタンスと巻き線間の浮遊容量が異なるためと推測します．

● **LLC電流共振トランスの非線形SPICEモデルの等価回路**

MDで求めた表4のサブサーキットLLC140V49W_222.subのネット・リストを等価回路に表すと図73になります．

図73から各素子が何を表している理解しづらいと思われる方は，『インダクタ／トランスの解析 Magnetics Designer入門』（CQ出版社）のpp.61～63を参照してください．

LLC電流共振トランスの2次巻き線はセンタ・タッ

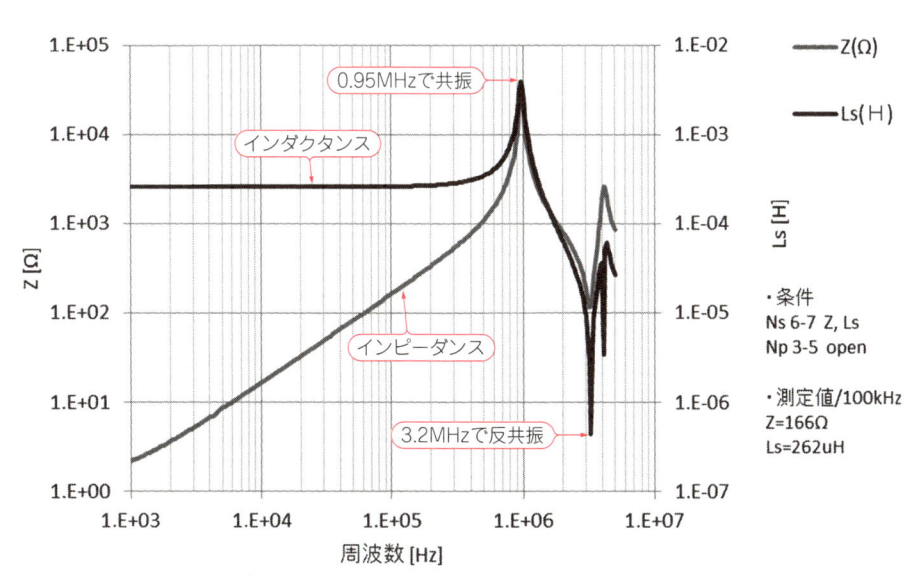

図69 N_{S1}巻き線インピーダンス，インダクタンス特性

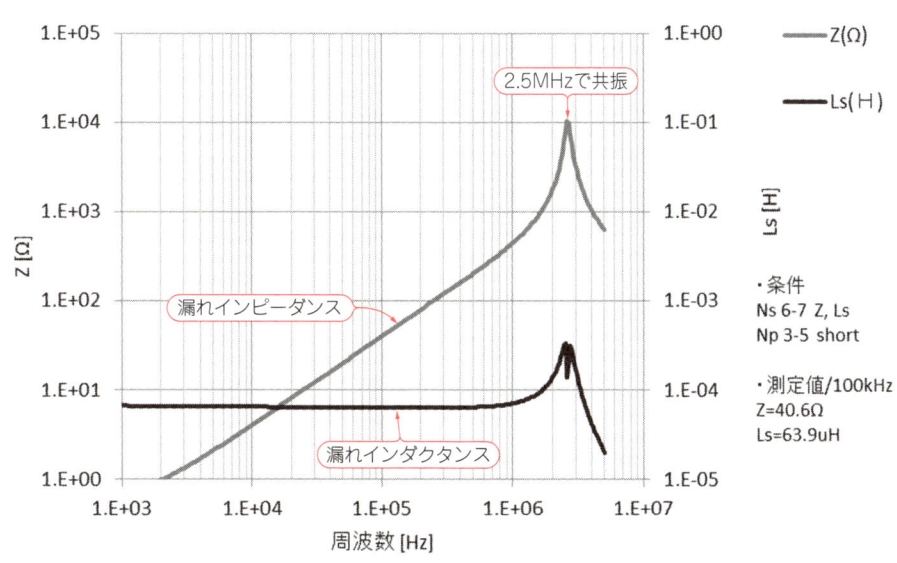

条件
Ns 6-7 Z, Ls
Np 3-5 open

測定値/100kHz
Z=166Ω
Ls=262uH

図70 N_{S1}巻き線のリーケージ・インピーダンス，インダクタンス特性

条件
Ns 6-7 Z, Ls
Np 3-5 short

測定値/100kHz
Z=40.6Ω
Ls=63.9uH

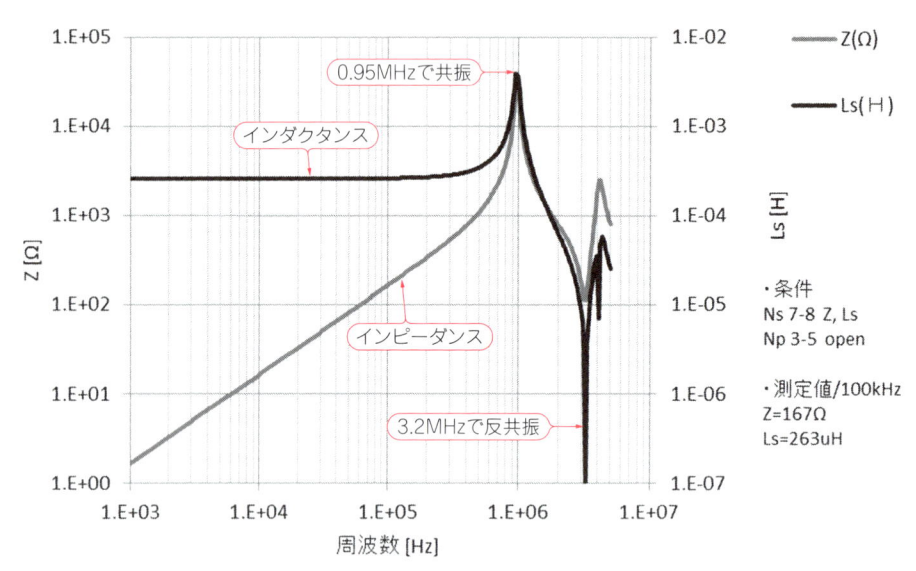

図71 N_{S2}巻き線のインピーダンス，インダクタンス特性

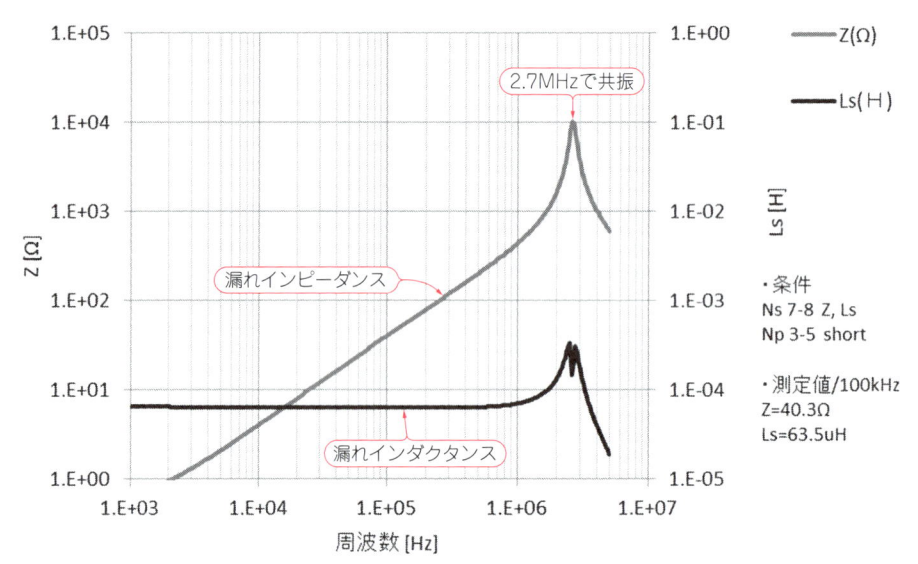

図72 N_{S2}巻き線リーケージ・インピーダンス，インダクタンス特性

表5 LLC電流共振トランスの測定値

巻き線	インダクタンス	リーケージ・インダクタンス
N_P巻き線	1.02 mH@100 kHz	235 μH@100 kHz
N_{S1}巻き線	262 μH@100 kHz	63.9 μH@100 kHz
N_{S2}巻き線	263 μH@100 kHz	63.5 μH@100 kHz

プ方式となっており，図73の等価回路定数からセンタ・タップ巻き線間には微妙なパラメータ値の違いがありますので，小信号周波数特性の各巻き線のインピーダンス値とインダクタンス値を算出し，実測値と比較してみます．

このパラメータ値の違いが特性にどのような影響として現れてくるのかは解析で確認します．

● LLC電流共振非線形トランス・モデルの小信号周波数特性解析

図74，図75，図76，図77はLLCトランスの1次巻き線N_{P1}の等価回路特性です．図78，図79，図80，図81はLLCトランスの2次巻き線N_{S1}の等価回路特性で，図82，図83，図84，図85はLLCトランスの2次巻き線N_{S2}の等価回路特性です．N_{S1}巻き線とN_{S2}巻き線の特性に違いがあり，N_{S1}巻き線の上にN_{S2}巻き線を巻いているので，リーケージ・インダクタンス，浮遊容量の影響が特性に表れています．

表6に，N_{P1}巻き線，N_{S1}巻き線，N_{S2}巻き線のLLC

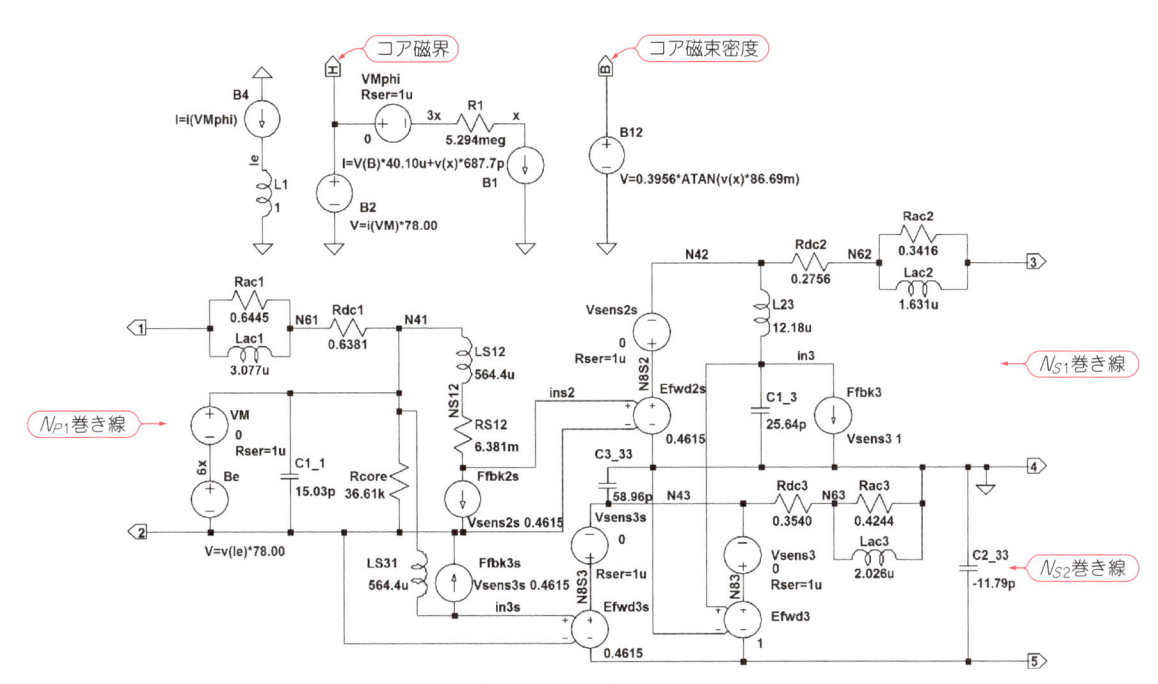

図73 LLC電流共振トランスの非線形SPICEモデルの等価回路（LTspice_LLC¥LLCsim¥impedance¥test_LLC_140V49W_T-subckt.asc）＊
表4の非線形モデルLLC140V49W_122.subのネット・リストから等価回路を作成している（シミュレーションは動作しない）

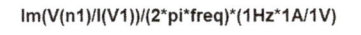

図74 2次巻き線を開放して1次巻き線のインダクタンスを解析すると1次巻き線のインダクタンスが求まる（LTspice_LLC¥LLCsim¥impedance¥AC_test-1_LLC140V49W_122_subck.asc）＊
以下，図83までは共通の解析ファイルを使用

図75 2次巻き線を短絡して1次巻き線のインダクタンスを解析すると1次巻き線の漏れインダクタンスが求まる（LTspice_LLC¥LLCsim¥impedance¥AC_test-1_LLC140V49W_122_subck.asc）＊
図74と共通の解析ファイルを使用．電圧源V1を移動し，抵抗値を変更して解析

電流共振非線形トランス・モデルの小信号周波数特性解析結果を示します．

表5の実測値と表6のMD設計の解析結果を比較すると，MD設計モデルはN_{P1}巻き線のリーケージ・インダクタンスが14μH低く，N_{S1}巻き線とN_{S2}巻き線のインダクタンスが17μH高い値となっています．コア，ボビン，巻き線のデータに推測値を入力したにも関わらず，かなり実測値と合っていると見なすのかどうかは回路解析の結果で判断します．

図80，図82より，N_{S1}巻き線に10.3MHzの共振に

よるインダクタンスとインピーダンスの低下があり，N_{S2}巻き線には発生していないので，これはN_{S1}巻き線の上にN_{S2}巻き線を巻いている巻き線構造による現象と捉えており，回路動作においても何らかの特性が表れるはずです．

使用したLCRメータでの実測は測定器の周波数上限制約があり5MHzまでしか測定できていませんが，伝導ノイズ規制値周波数範囲の30MHz程度までは測定するのがベターです．意外と見落としがちなトランスの巻き線構造に起因する共振現象でノイズを誘発し

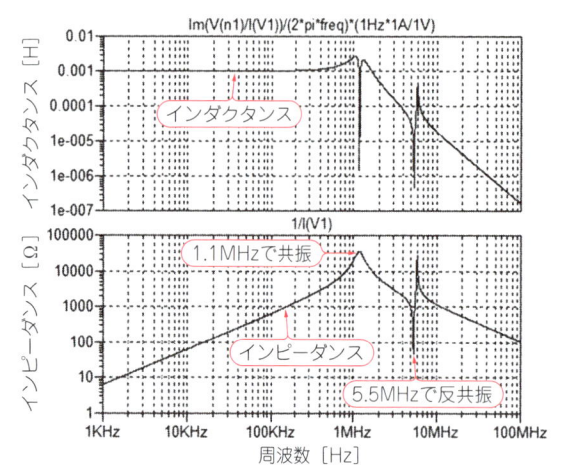

図76 図74で求めた1次巻き線の特性

図77 図75で求めた1次巻き線の漏れインダクタンスの特性

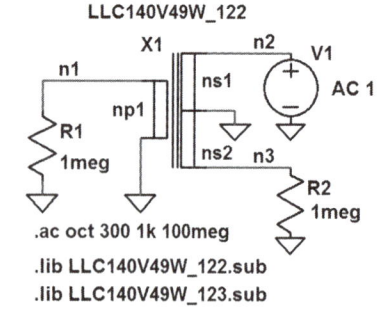

図78 1次巻き線を開放して2次巻き線N_{S1}のインダクタンスを解析すると2次巻き線N_{S1}のインダクタンスが求まる（LTspice_LLC¥LLCsim¥impedance¥AC_test-1_LLC140V49W_122_subck.asc）＊
図74と共通の解析ファイルを使用．電圧源V1を移動し，抵抗値を変更して解析

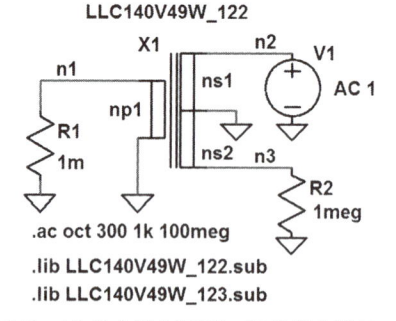

図79 1次巻き線を短絡して2次巻き線N_{S1}のインダクタンスを解析すると2次巻き線N_{S1}の漏れインダクタンスが求まる（LTspice_LLC¥LLCsim¥impedance¥AC_test-1_LLC140V49W_122_subck.asc）＊
図74と共通の解析ファイルを使用．電圧源V1を移動し，抵抗値を変更して解析

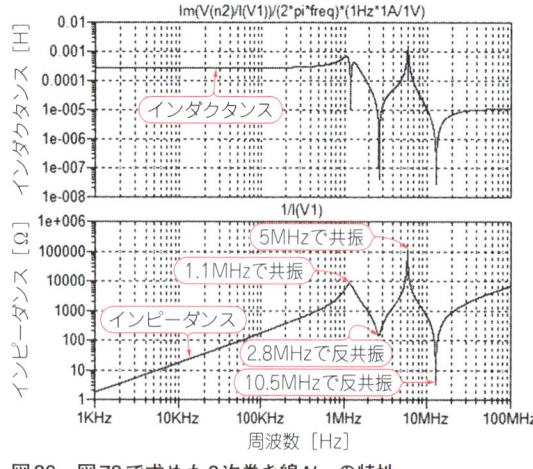

図80 図78で求めた2次巻き線N_{S1}の特性

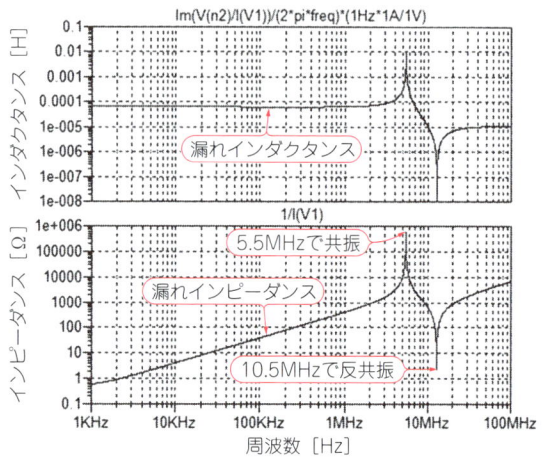

図81 図79で求めた2次巻き線N_{S1}の漏れインダクタンスの特性

52 第1章 小型化のための高効率/低ノイズ・スイッチング電源技術の応用

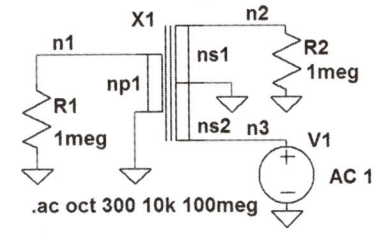

図82 1次巻き線を開放して2次巻き線N_{S2}のインダクタンスを解析すると2次巻き線のインダクタンスが求まる（LTspice_LLC¥LLCsim¥impedance¥AC_test-1_LLC140V49W_122_subck.asc）＊
図74と共通の解析ファイルを使用．電圧源V1を移動し，抵抗値を変更して解析

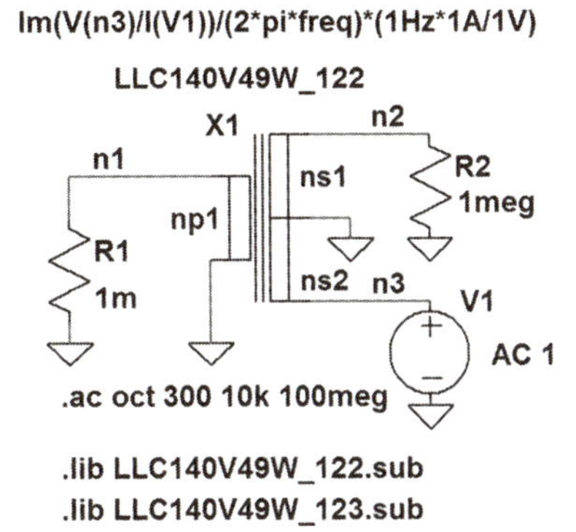

図83 1次巻き線を短絡して2次巻き線N_{S2}のインダクタンスを解析すると2次巻き線N_{S2}の漏れインダクタンスが求まる（LTspice_LLC¥LLCsim¥impedance¥AC_test-1_LLC140V49W_122_subck.asc）＊
図74と共通の解析ファイルを使用．電圧源V1を移動し，抵抗値を変更して解析

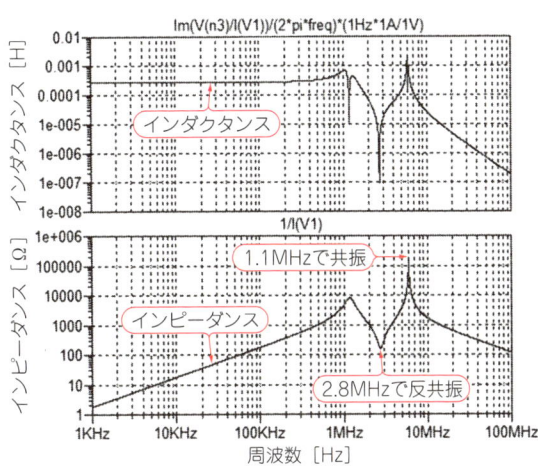

図84 図82で求めた2次巻き線N_{S2}の特性

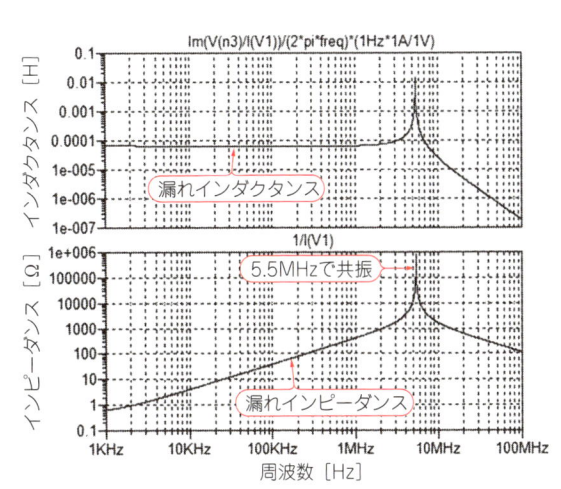

図85 図83で求めた2次巻き線N_{S2}の漏れインダクタンスの特性

表6 LLC電流共振非線形トランス・モデルの小信号周波数特性解析結果

巻き線	インダクタンス	リーケージ・インダクタンス
N_{P1}巻き線	1.02 mH @ 100 kHz	221.4 μH @ 100 kHz
N_{S1}巻き線	280 μH @ 100 kHz	63.2 μH @ 100 kHz
N_{S2}巻き線	280 μH @ 100 kHz	63.3 μH @ 100 kHz

ているのに，トランスがノイズ発生原因と特定できずに，対策に多大な工数と費用が発生する場合がありますのでご注意ください．

● LLC電流共振コンバータのMDで設計した非線形トランス・モデル適用シミュレーション

図86の回路図にはトランスN_{S1}巻き線，N_{S2}巻き線間にノイズ抑制対策としてCRスナバの効果を確認で

きるようにあらかじめCRスナバ素子を配置してあります．回路には保護回路は設けていません．

制御系も最適になっているとは言えませんので，トランス動作検証としての位置づけになります．解析による回路動作などの不都合に関しては保証しておりませんので，PFC回路も含め，使う側の責任においてお使いください．

● LLC電流共振コンバータ非線形トランス・モデル解析結果

図87，図88でダイオード電流I(D3)，I(D4)の変動は制御系の応答によるもので，解析ではトランス2次巻き線N_{S1}，N_{S2}のリーケージ・インダクタンスの特性差異の影響によるダイオードのアンバランス電流は

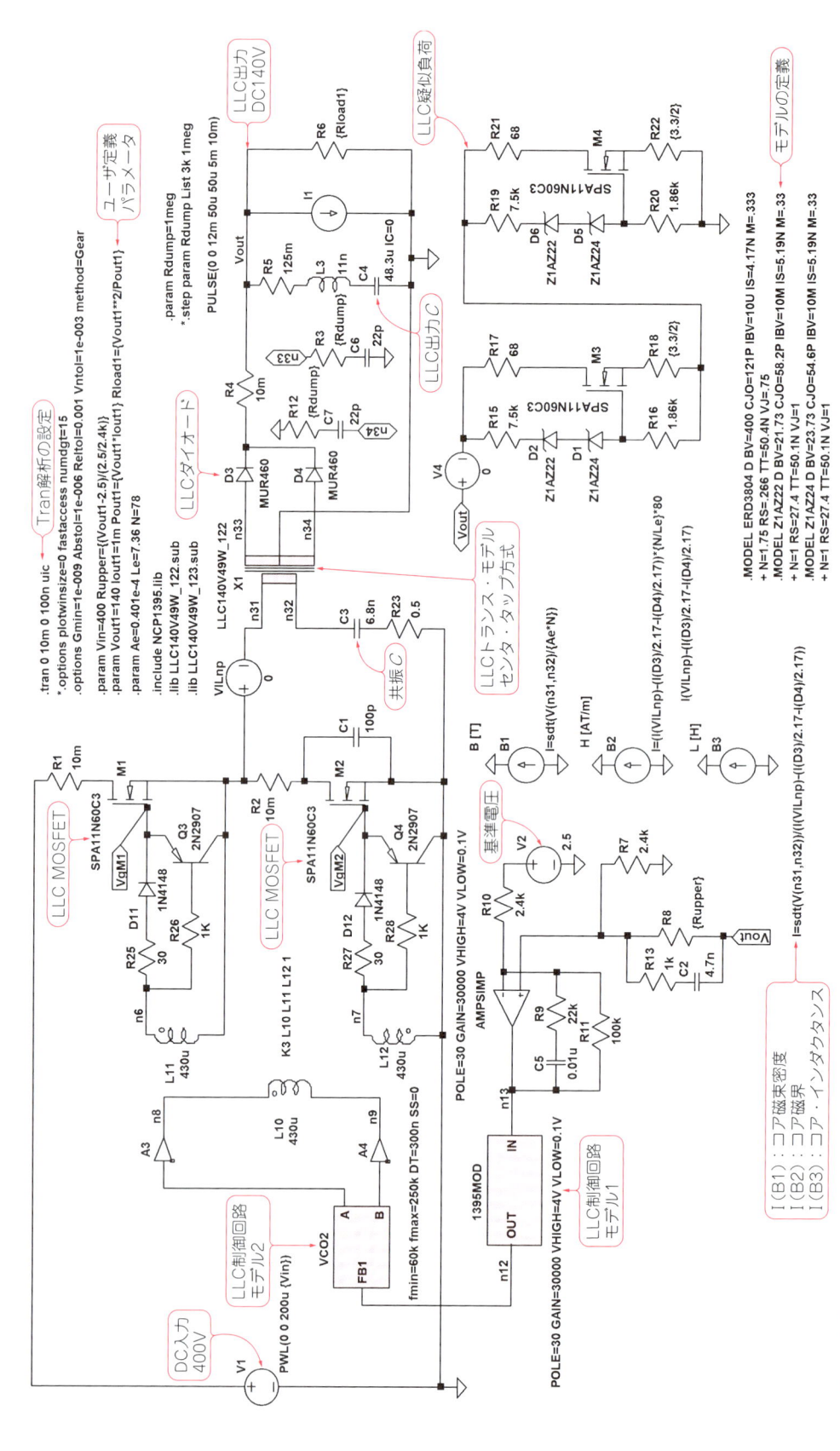

図86　LLC電流共振コンバータの非線形トランス・モデル適用シミュレーション回路（LTspice_LLC¥LLCsim¥MD_model¥20140106-1_MD_122_ATAN_Linea_LLC_140VLED_AN-1160J.asc）

使用する解析環境によるが解析時間は4分程度かかる

図87 LLC電流共振コンバータのシミュレーション波形

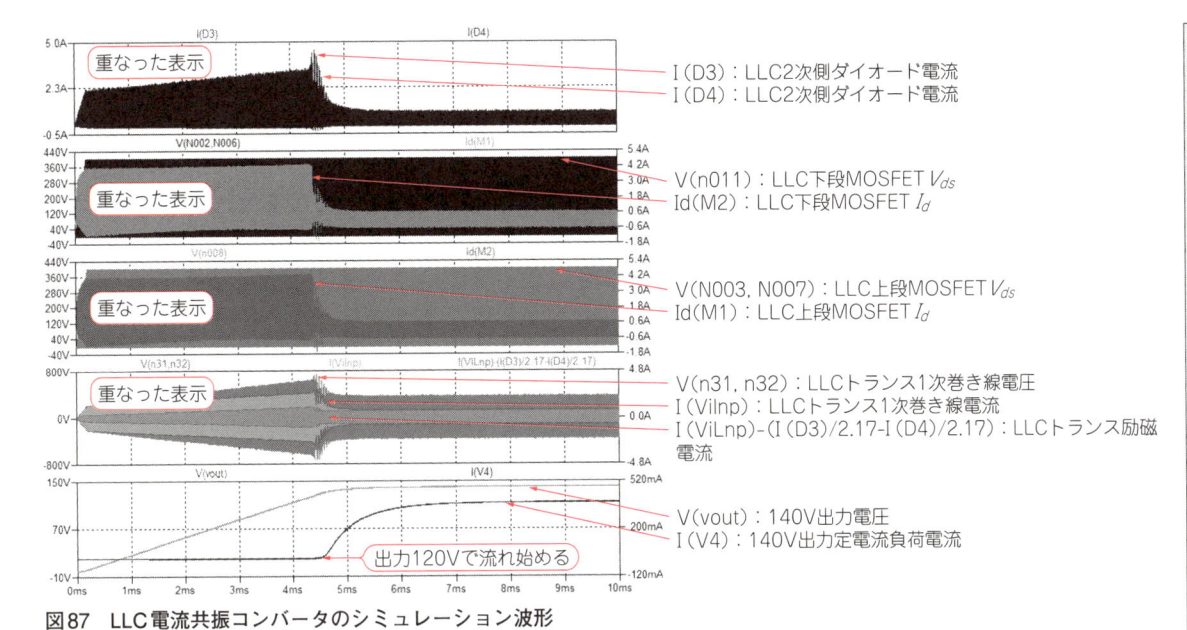

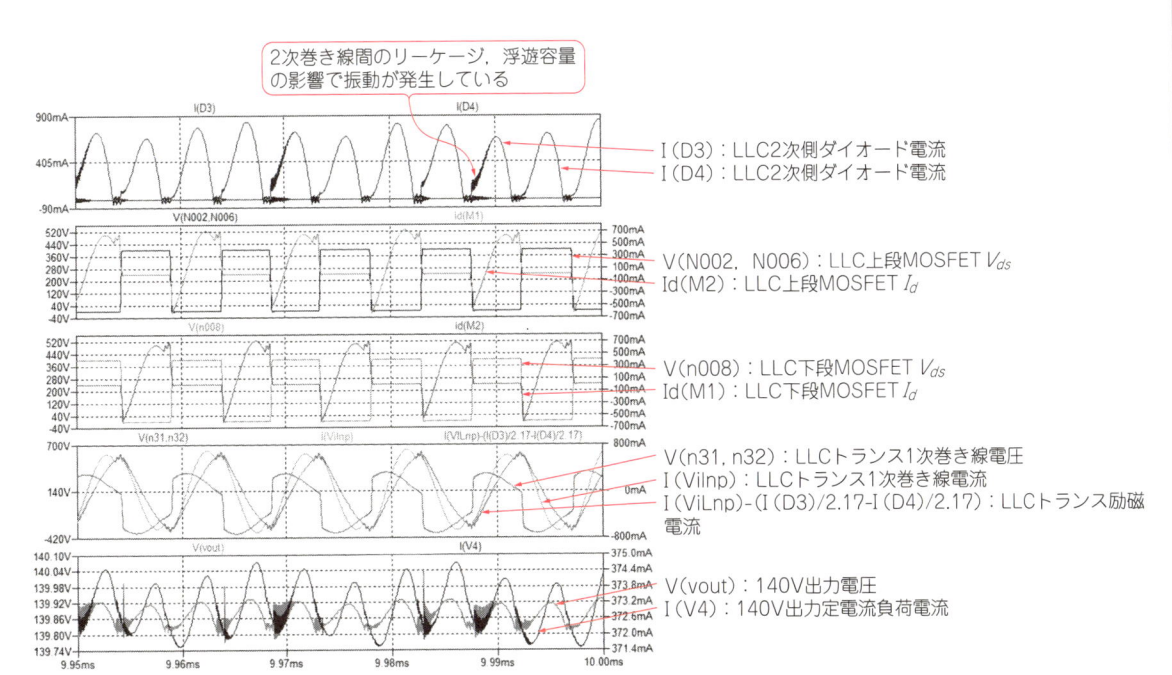

（図中ラベル）
- I(D3)：LLC2次側ダイオード電流
- I(D4)：LLC2次側ダイオード電流
- V(n011)：LLC下段MOSFET V_{ds}
- Id(M2)：LLC下段MOSFET I_d
- V(N003, N007)：LLC上段MOSFET V_{ds}
- Id(M1)：LLC上段MOSFET I_d
- V(n31, n32)：LLCトランス1次巻き線電圧
- I(Vilnp)：LLCトランス1次巻き線電流
- I(ViLnp)-(I(D3)/2.17-I(D4)/2.17)：LLCトランス励磁電流
- V(vout)：140V出力電圧
- I(V4)：140V出力定電流負荷電流
- 出力120Vで流れ始める

図88 LLC電流共振コンバータのシミュレーション拡大波形

（図中ラベル）
- 2次巻き線間のリーケージ，浮遊容量の影響で振動が発生している
- I(D3)：LLC2次側ダイオード電流
- I(D4)：LLC2次側ダイオード電流
- V(N002, N006)：LLC上段MOSFET V_{ds}
- Id(M2)：LLC上段MOSFET I_d
- V(n008)：LLC下段MOSFET V_{ds}
- Id(M1)：LLC下段MOSFET I_d
- V(n31, n32)：LLCトランス1次巻き線電圧
- I(Vilnp)：LLCトランス1次巻き線電流
- I(ViLnp)-(I(D3)/2.17-I(D4)/2.17)：LLCトランス励磁電流
- V(vout)：140V出力電圧
- I(V4)：140V出力定電流負荷電流

確認できていません．t_{off}時のダイオード電流I(D3)の高周波振動は，**図80**，**図81**の10.3 MHzの共振特性により発生しており，N_{S2}側のダイオード電流I(D4)には高周波振動成分は少なく，**図84**，**図85**のインダクタンスとインピーダンス特性からも10.3 MHzの共振特性は誘発されていないのがわかります．

この10.3 MHzの振動成分を抑制させるには，トランス2次巻き線間にCRスナバ（3 kΩ＋22 pF程度）を接続する方法がありますが効率低下の問題もあり，高周波EMCの規格内であれば現状で問題ありません．**図89**で，評価ボードのダイオード電流測定結果から電流のアンバランスと11.9 MHzの共振電流が確認できます．**表5**，**表6**から評価ボード・トランスとMDによる解析トランスではインダクタンス値の違いがあり，また解析に用いた制御回路特性の違いにより解析ではアンバランス電流が再現できていないと考えています．

LLC電流共振コンバータ　55

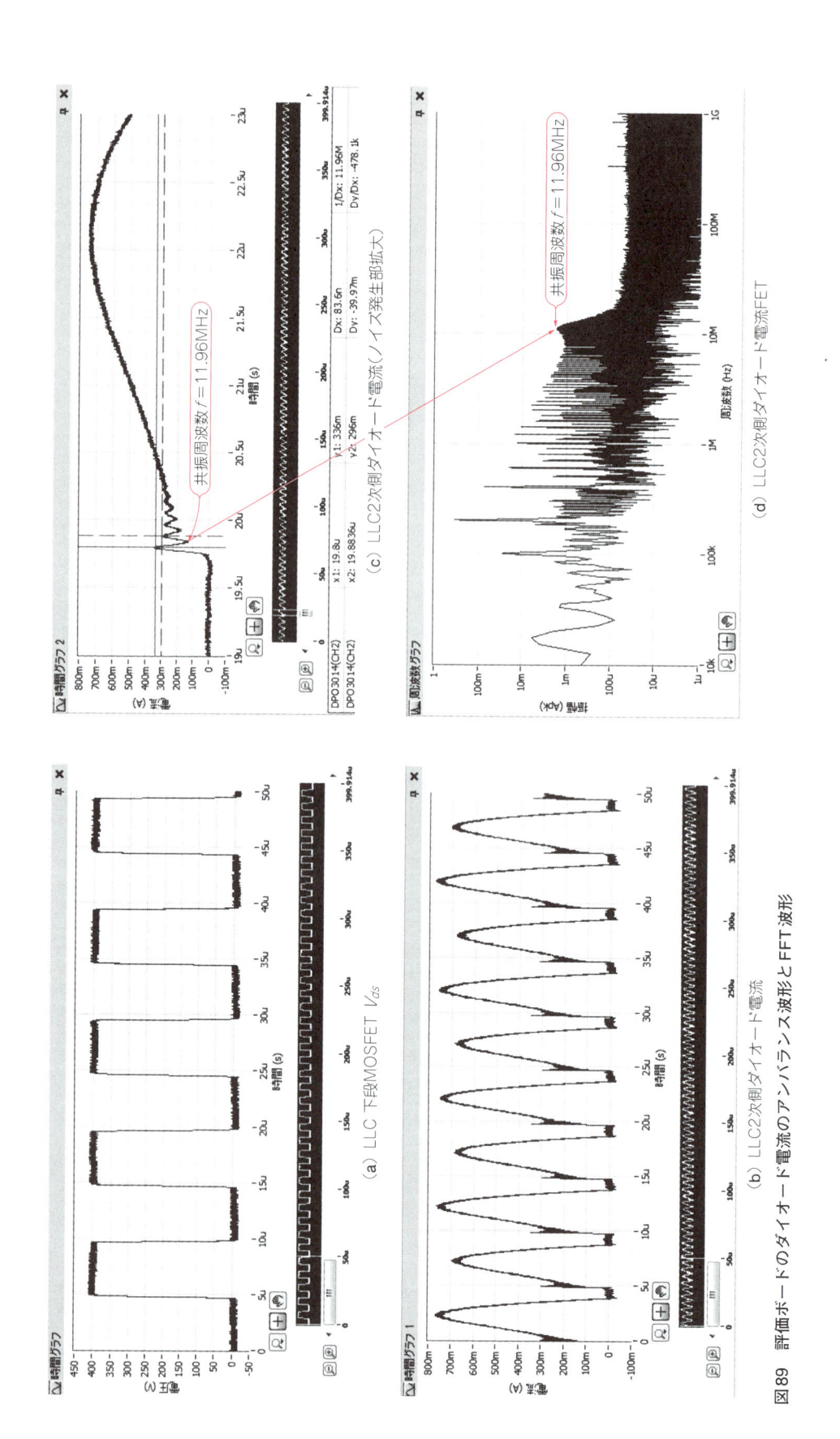

図89 評価ボードのダイオード電流のアンバランス波形とFFT波形

(a) LLC下段MOSFET V_{ds}

(b) LLC2次側ダイオード電流

(c) LLC2次側ダイオード電流(ノイズ発生部拡大)

(d) LLC2次側ダイオード電流FET

56　第1章　小型化のための高効率/低ノイズ・スイッチング電源技術の応用

LLCトランス・コア起動時 B-H 特性

Y軸 B V(x1:b)/1V：
LLCトランス・コア磁束密度(T)
X軸 H V(x1:h)/73.6e-3/1V：
LLCトランス・コア磁界(AT/m)

- LLCトランス・コア起動時 B-H 特性
- LLCトランス・コア磁界
- LLCトランス・コア磁束密度

V(x1:h)/73.6e-3/1V：
LLCトランス・コア磁界(AT/m)

V(x1:b)/1V：
LLCトランス・コア磁束密度(T)

- 重なった表示
- LLCトランス1次巻き線電圧
- LLCトランス2次巻き線電圧(ns1+ns2)
- LLCトランス1次巻き線電流
- 重なった表示
- LLCトランス励磁電流

V(n31,n32)：LLCトランス1次巻き線電圧
V(n33,n34)：LLCトランス2次巻き線電圧
　　　　　　(ns1+ns2)

V(Vilnp)：LLCトランス1次巻き線電流
I(ViLnp)-I(D3)/2.17-I(D4)/2.17
：LLCトランス励磁電流

図90 起動から定常状態までのコア B-H 特性

LLCトランス・コア起動時 B-H 特性

Y軸 B V(x1:b)/1V：
LLCトランス・コア磁束密度(T)
X軸 H V(x1:h)/73.6e-3/1V：
LLCトランス・コア磁界(AT/m)

- コア材の線形領域で使用
- LLCトランス・コア定常時 B-H 特性
- LLCトランス・コア磁界
- LLCトランス・コア磁束密度

H V(x1:h)/73.6e-3/1V：
LLCトランス・コア磁界(AT/m)

B V(x1:b)/1V：
LLCトランス・コア磁束密度(T)

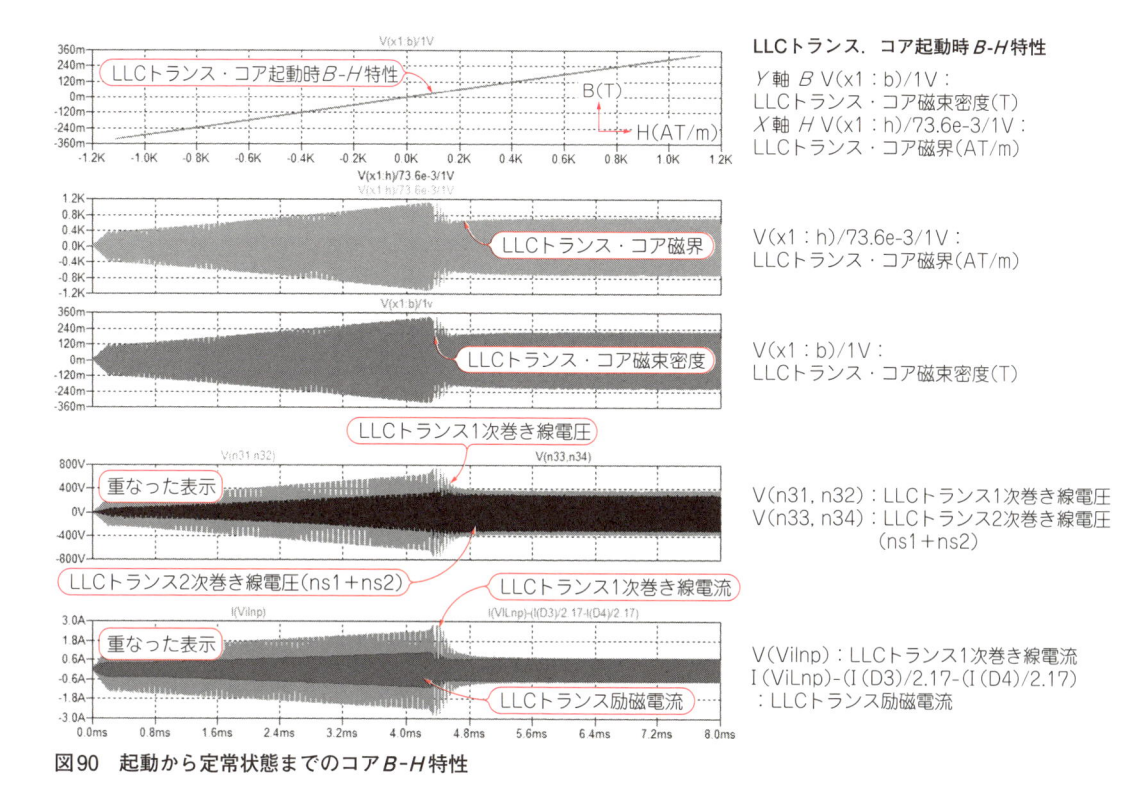

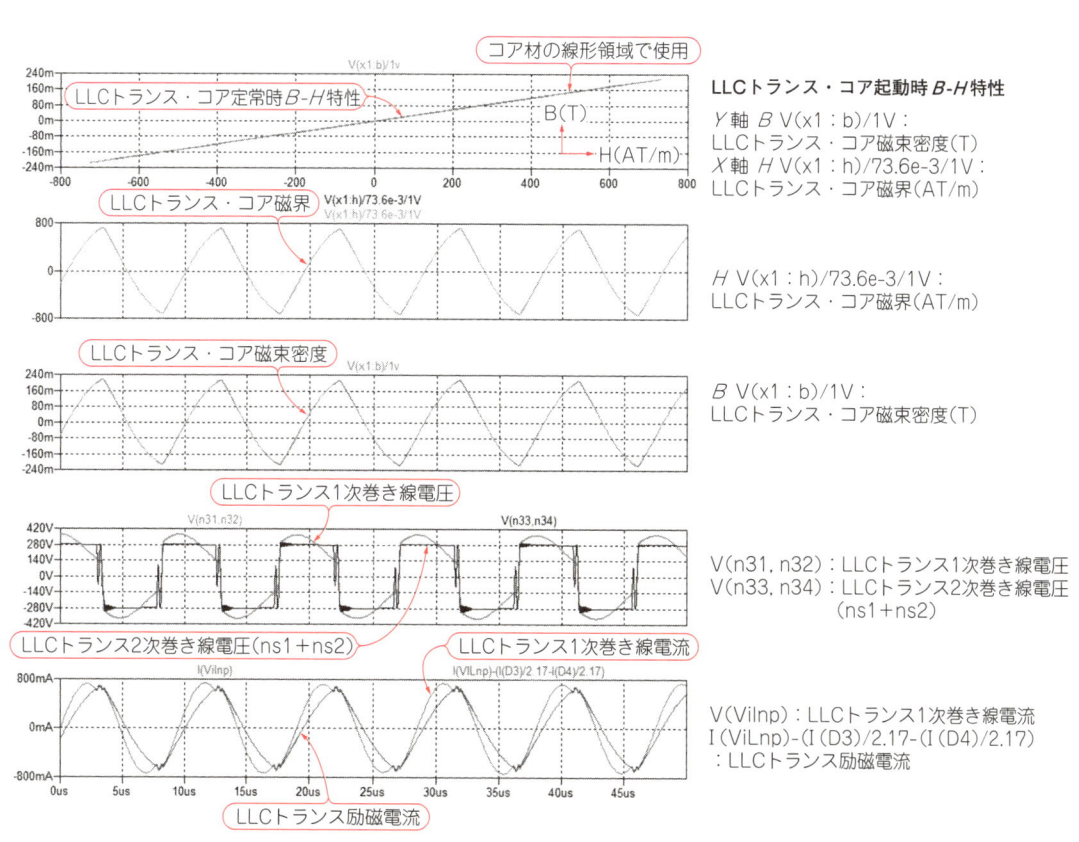

- LLCトランス1次巻き線電圧
- LLCトランス2次巻き線電圧(ns1+ns2)
- LLCトランス1次巻き線電流
- LLCトランス励磁電流

V(n31,n32)：LLCトランス1次巻き線電圧
V(n33,n34)：LLCトランス2次巻き線電圧
　　　　　　(ns1+ns2)

V(Vilnp)：LLCトランス1次巻き線電流
I(ViLnp)-I(D3)/2.17-I(D4)/2.17
：LLCトランス励磁電流

図91 定常状態のコア B-H 特性

特集　LLC共振による低雑音スリム電源 現代設計法 [シミュレータ&データ付き]

LLC電流共振コンバータ

● LLC電流共振コンバータ非線形トランス・モデルのコア B-H 特性の解析と実測波形

制御系の応答特性の最適化と過電流保護回路などで，コアの磁束密度を飽和させずに動作させることは可能です．回路解析を活用することにより，図90，図91に示す今まで確認が難しかった動作状態でのトランス・コアの B-H 特性が，MDで設計することによって簡便にコアの飽和見極めができるようになります．

コアに印加された電圧を積分演算して B-H 特性をオシロスコープで表示させる方法は，取り込み時間が

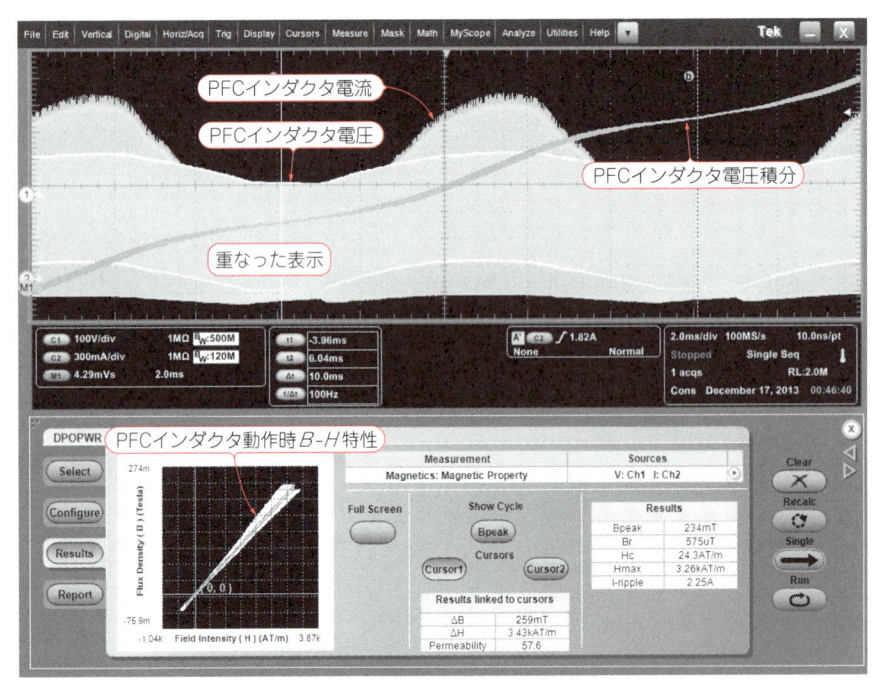

(a) PFC回路

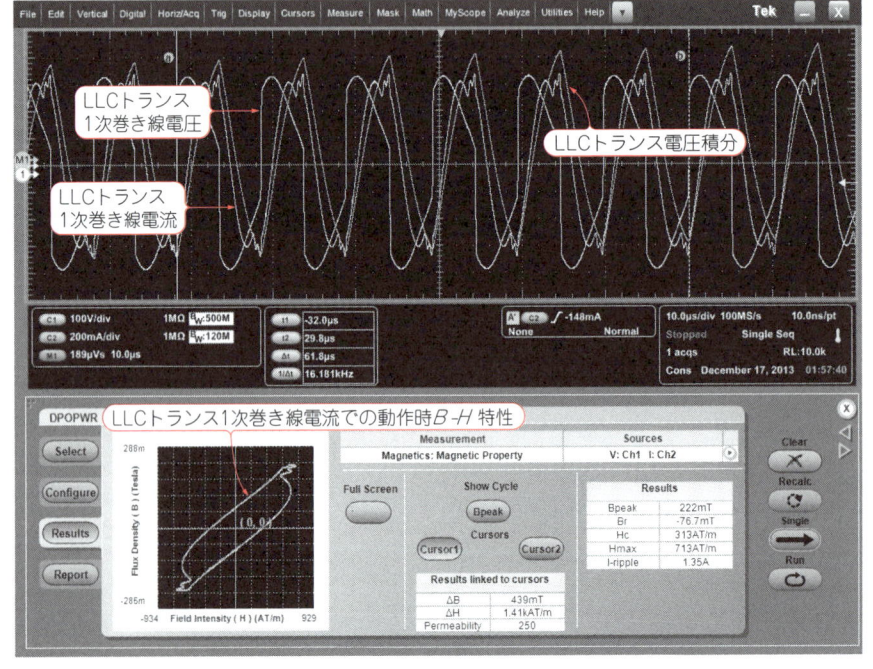

(b) LLC回路

図92 評価ボードの実測動作時の B-H 波形表示

長いと積分結果が蓄積され，想定しているような原点での動作波形とはなりません．パワー解析ソフトウェアでは，演算でこのような問題を回避して，図92(a)に示す原点での表示としています．

図92(b)は正確には，トランス励磁電流でのB-H特性を確認するべきですが，1次巻き線電流でB-H特性を測定していますので，負荷電流を含んだB-H特性と捉えてください．使用したパワー解析ソフトウェアは，起動時の過渡特性などのコアの飽和の見極めやコア・パラメータが簡便に把握できます．回路解析ツールLTspiceやMDとパワー解析ソフトウェアは，スイッチング電源設計，評価には必須の道具であると考えます．

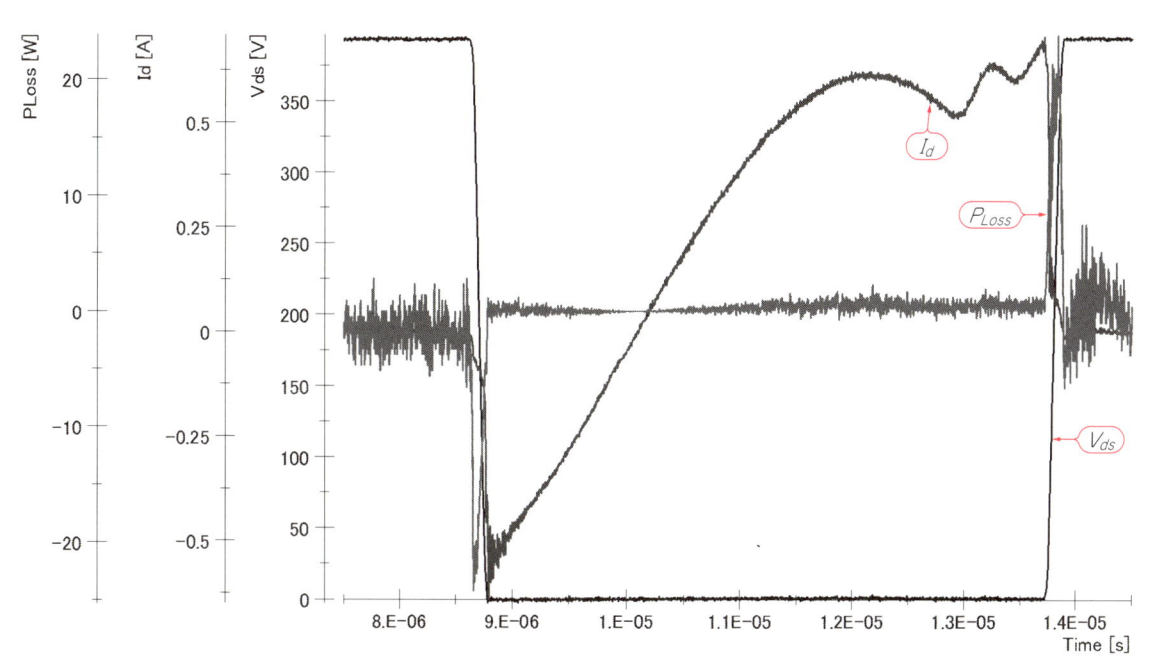

図93 実測値P_{loss}＝0.19 W

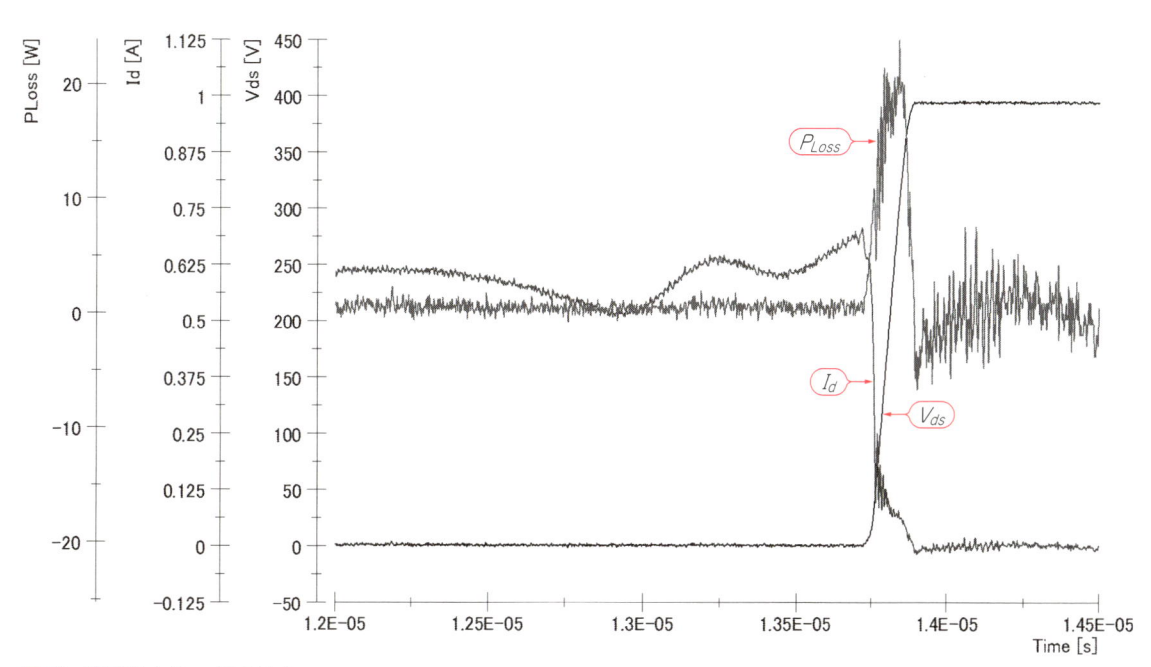

図94 実測によるt_{off}時の拡大

LLC電流共振コンバータのMOSFET損失とノイズ

● **MOSFET損失の実測値と解析値の比較**

MOSFET損失の実測値と解析値を，図93～図98で比較します．

一般的には，オシロスコープ上で電圧波形と電流波形を掛け算して損失を求めると，図99の垂直軸分解能不足問題に遭遇し，アベレージングを行っても満足に演算できない状態になっていると思われます．特に，

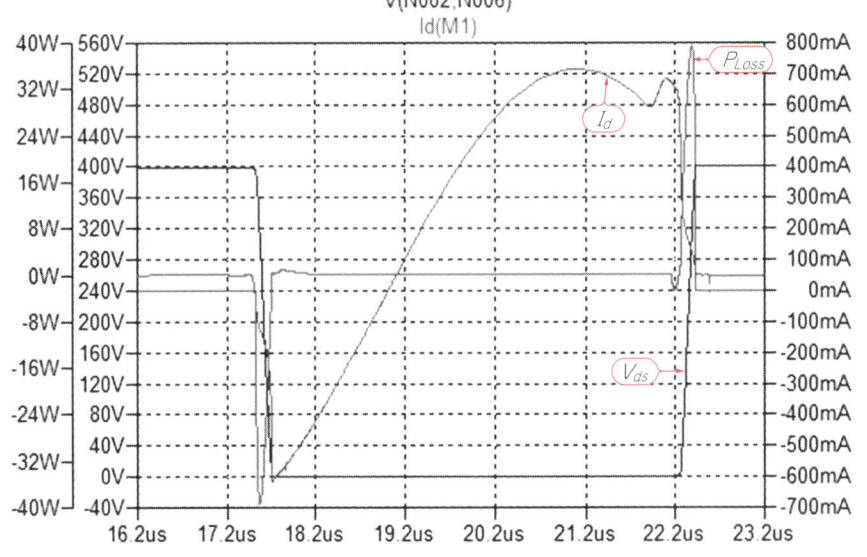

図95 解析値P_{loss} = 0.56 W
V(N002，N006)＊Id(M1)＋V(VgM1，N006)＊Ig(M1)：LLC上段MOSFET損失
V(N002，N006)：LLC上段MOSFET V_{DS}
Id(M1)：LLC上段MOSFET I_D

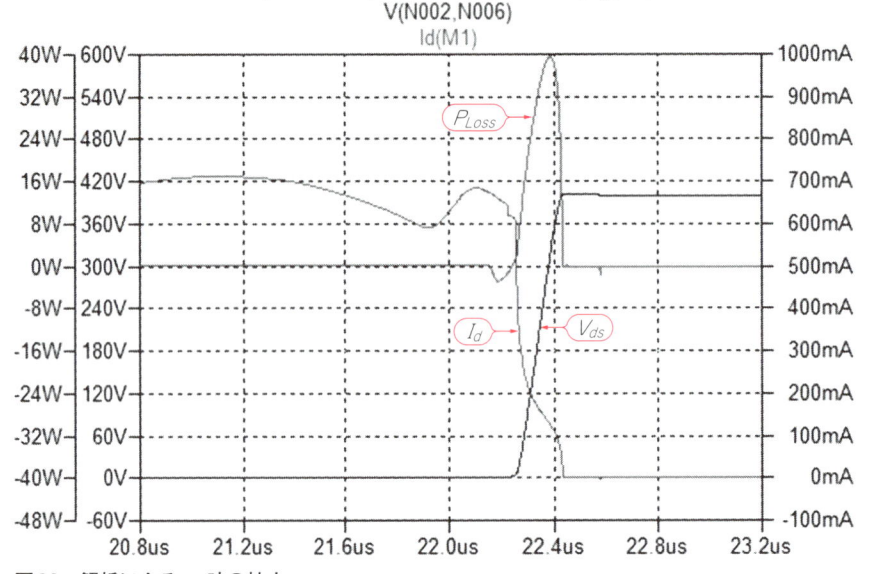

図96 解析によるt_{off}時の拡大
V(N002，N006)＊Id(M1)＋V(VgM1，N006)＊Ig(M1)：LLC上段MOSFET損失
V(N002，N006)：LLC上段MOSFET V_{DS}
Id(M1)：LLC上段MOSFET I_D

60 第1章 小型化のための高効率/低ノイズ・スイッチング電源技術の応用

数百ボルトのV_{DS}電圧波形の導通部の1V以下の電圧を正確に測定したい場合は，垂直軸の分解能と差動プローブの特性で正確な測定は難しくなります．しかし，オシロスコープのオプション・ツールにパワー解析ソフトウェアがあり，このツールでは演算処理することで損失を求める手法を用いており，活用することにより今までの測定難に対しての解決策の一つになります．

パワー解析ソフトウェアなどの詳細は「グリーン・

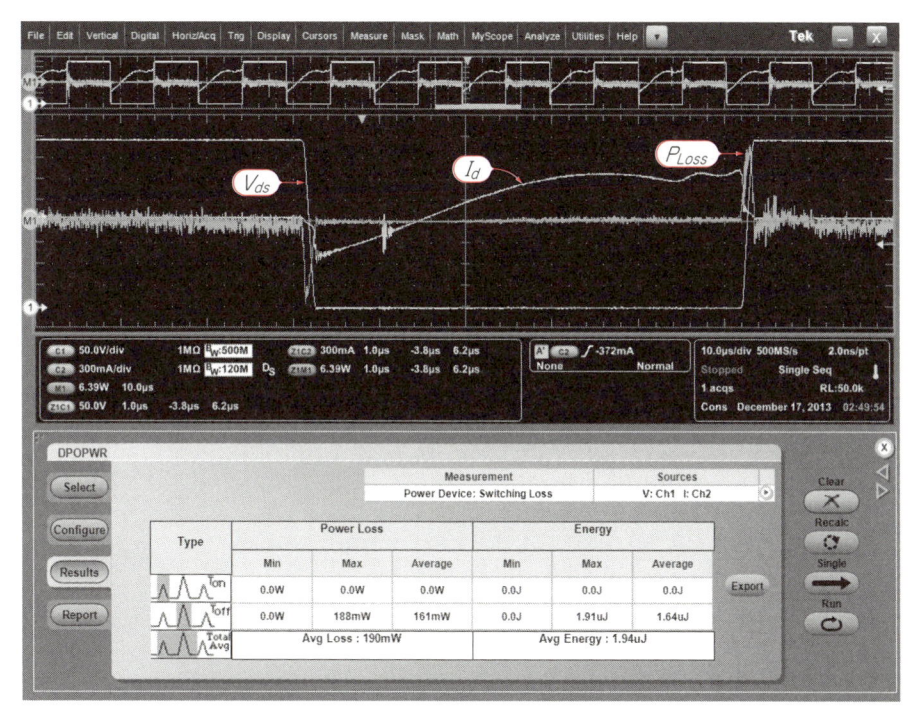

図97 実測値P_{loss}＝0.19 W（スイッチングの1周期）

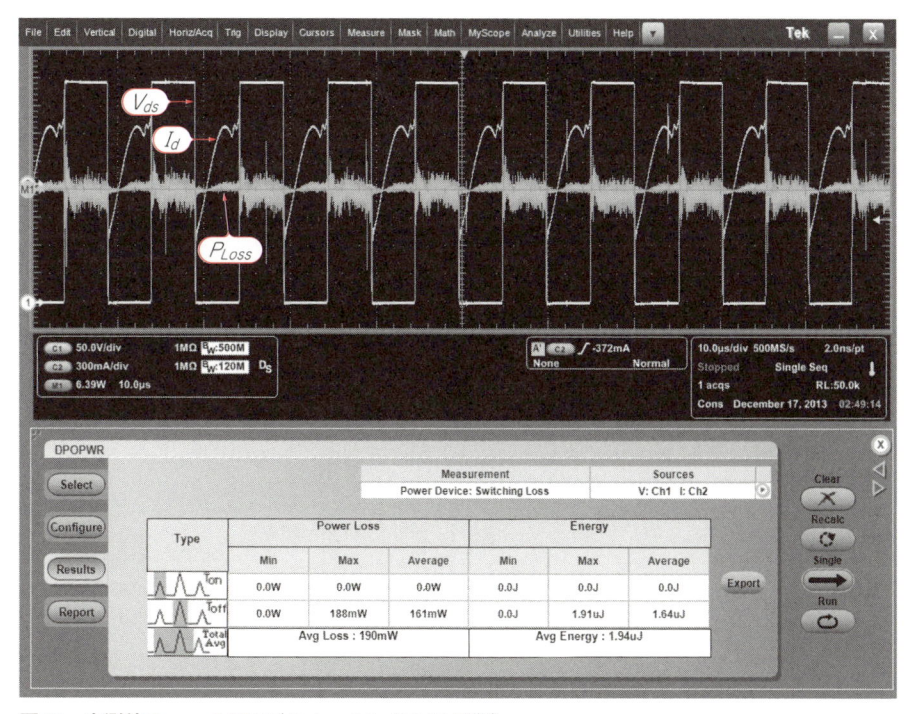

図98 実測値P_{loss}＝0.19 W（スイッチングの10周期）

特集 LLC共振による低雑音スリム電源 現代設計法［シミュレータ＆データ付き］

LLC電流共振コンバータ　61

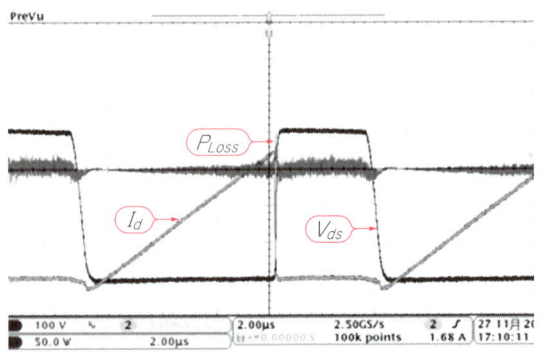

(a) 垂直軸分解能不足

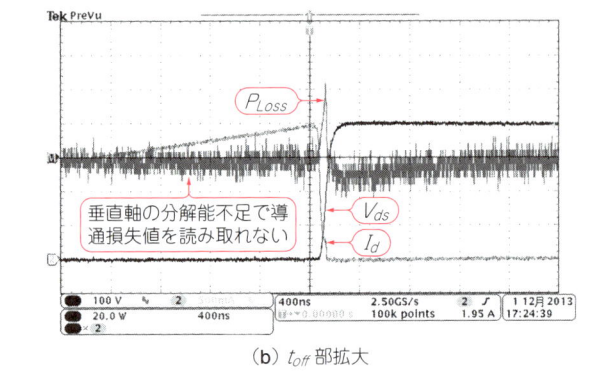

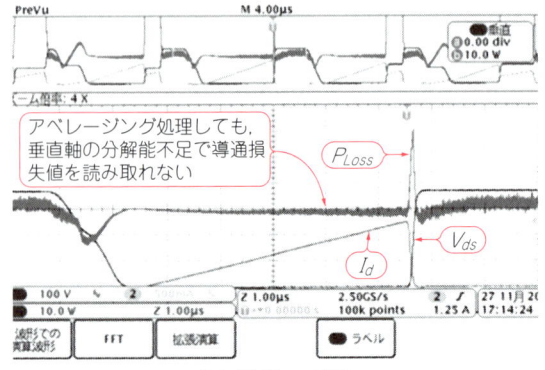

(b) t_{off} 部拡大

(c) アベレージ32

図99
損失測定での懸念

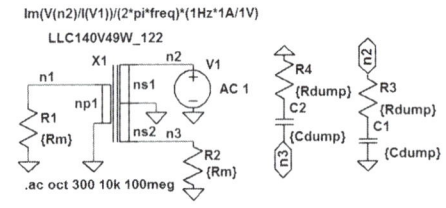

(a) N_{S1} 巻き線のインピーダンス解析回路
（LTspice_LLC¥LLCsim¥impedance¥AC_test1_LLC140V49W_122_subck.asc）

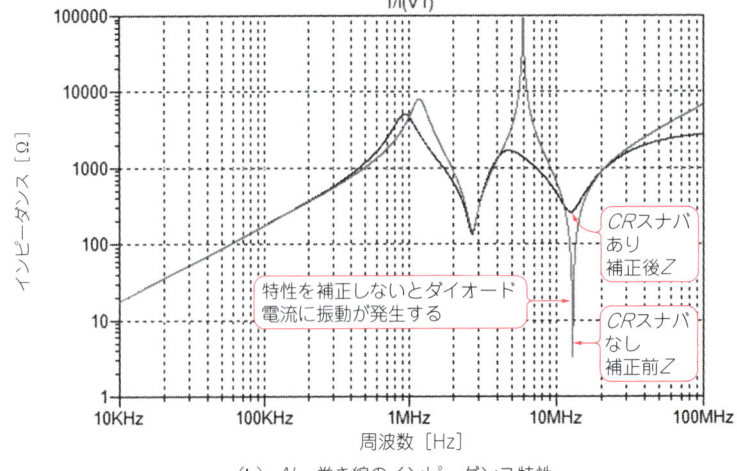

(b) N_{S1} 巻き線のインピーダンス特性

図100
トランス2次巻き線間に実装した
CRスナバのインピーダンス特性
補正効果

62　第1章　小型化のための高効率/低ノイズ・スイッチング電源技術の応用

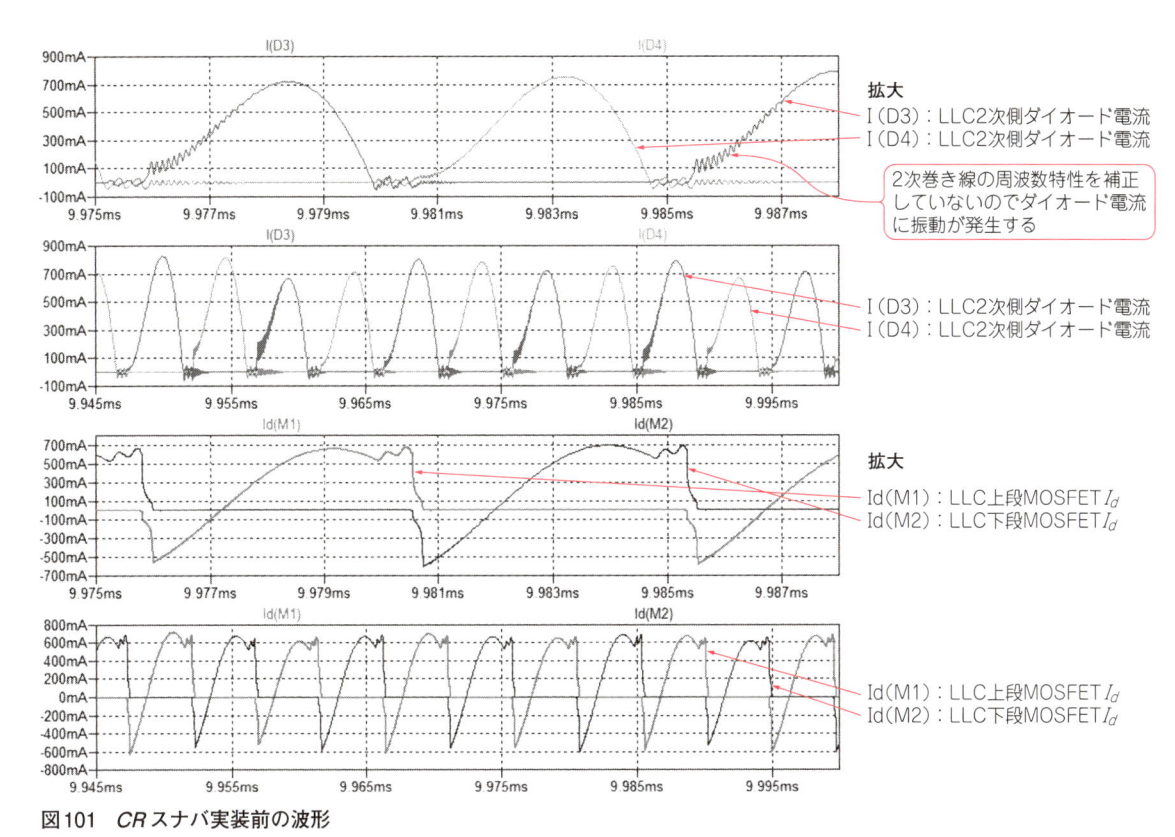

図101 CRスナバ実装前の波形

図102 CRスナバ実装前のFFT波形

図103 CRスナバ実装後の波形

図104 CRスナバ実装後のFFT波形

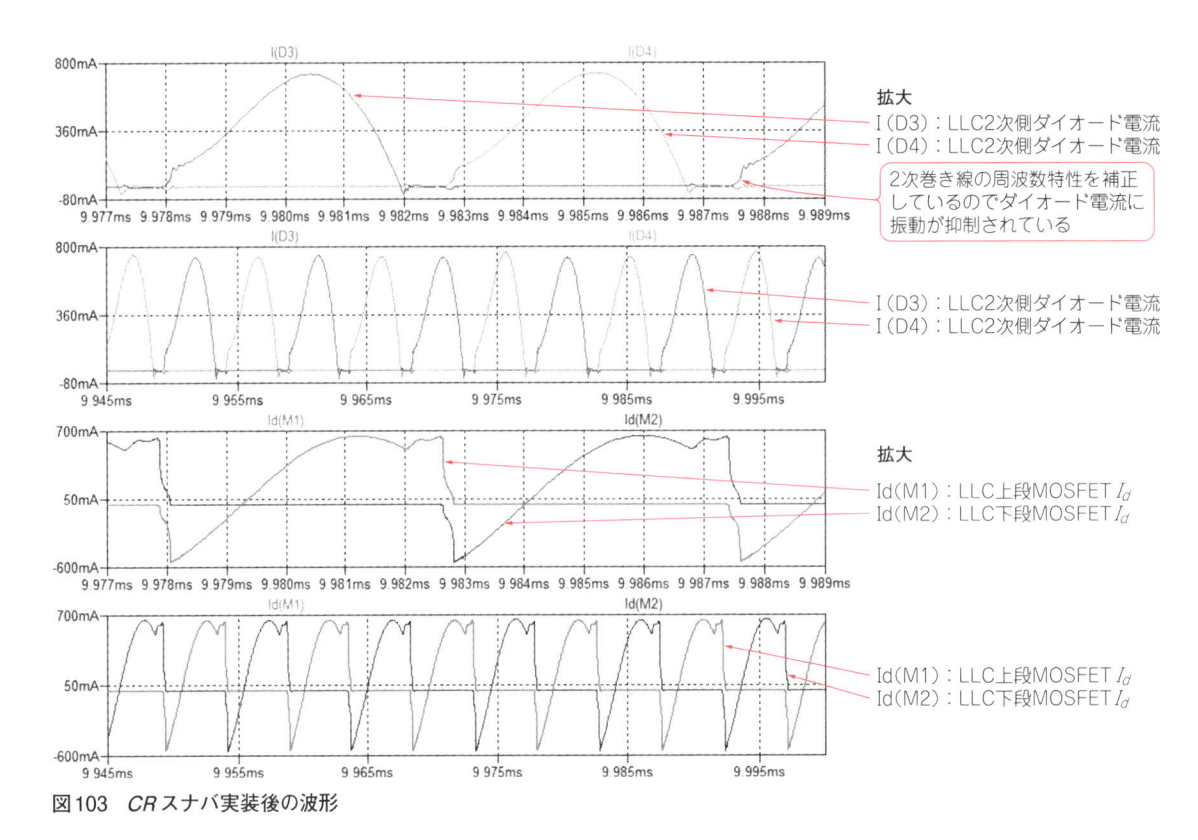

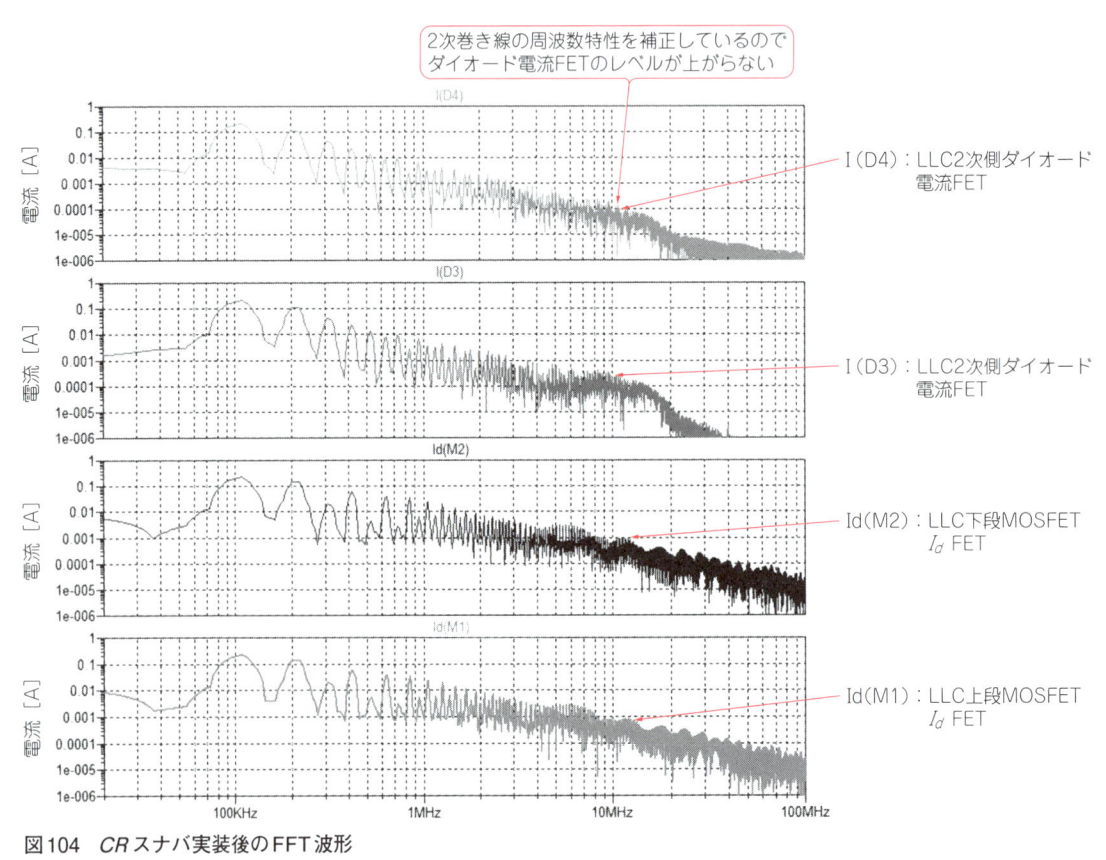

64　第1章　小型化のための高効率/低ノイズ・スイッチング電源技術の応用

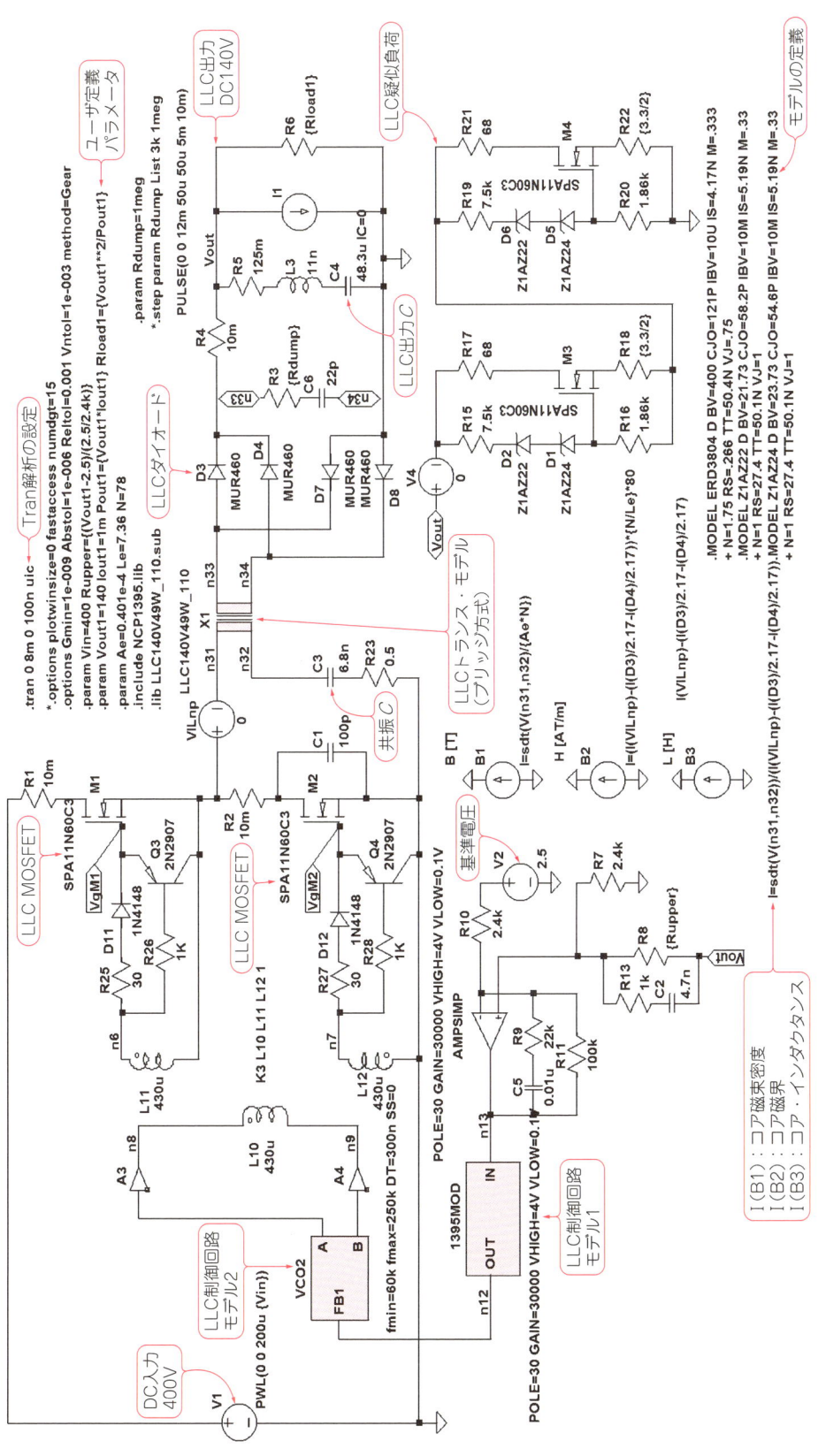

特集 LLC共振による低雑音スリム電源 現代設計法 [シミュレータ&データ付き]

図105 LLC電流共振コンバータの2次巻き線ブリッジ方式の解析回路（LTspice_LLC¥LLCsim¥MD_model¥FB_model¥20140102-110_MD_ATAN_Linea_LLC_140VLED_AN-1160J.asc）
使用する解析環境によるが解析時間は4分程度かかる

LLC電流共振コンバータ　65

エレクトロニクス No.10」を参照してください．

図93で実測値P_{loss}＝0.19 Wに対して，図95の解析結果P_{loss}＝0.56 Wとの差は，MOSFET解析モデルやパワー解析ソフトウェアの演算手法の違いであり，最終的には実機での温度上昇試験での評価で確認する必要があります．拡大波形図94，図96の実測波形と解析波形を比較しても，数Wも違う結果ではないことが納得でき，コンマ数Wの差であり，回路に搭載したMDのトランス・モデルやMOSFET損失の動作評価や見極め把握には問題ないレベルであると考えます．

図106　ダイオード電流

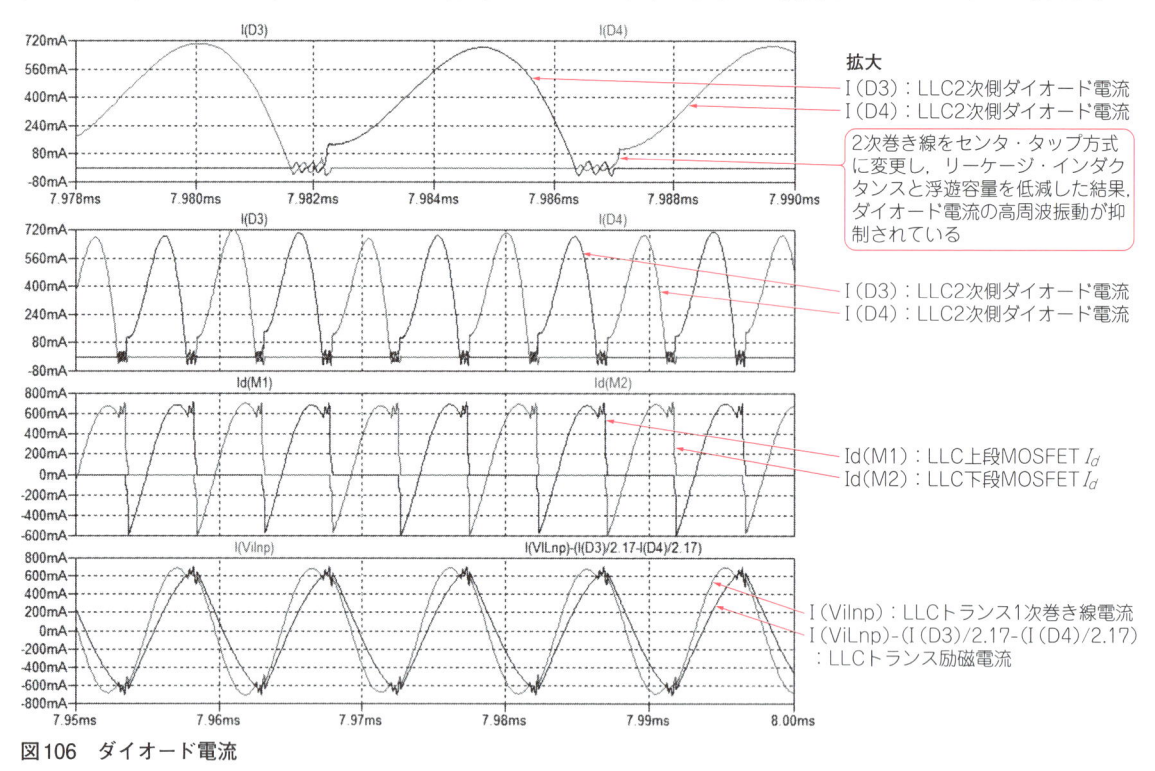

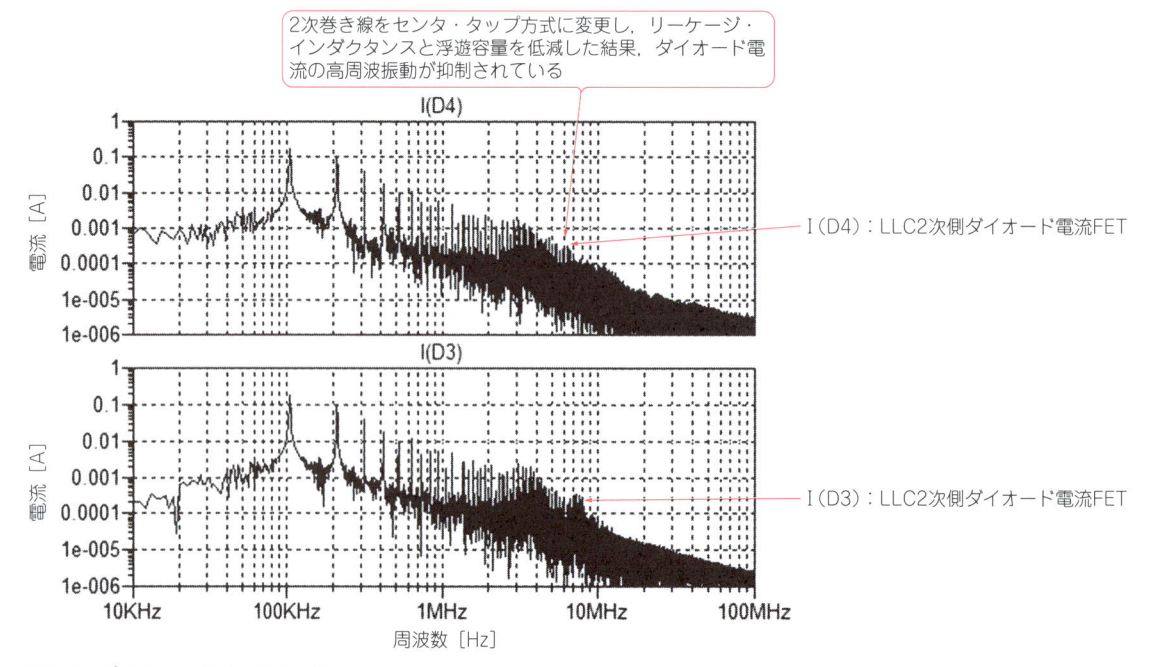

図107　ダイオード電流のFFT結果

66　第1章　小型化のための高効率/低ノイズ・スイッチング電源技術の応用

● **LLC電流共振コンバータのMOSFETとダイオードで発生するノイズ**

LLC電流共振コンバータのMOSFETとダイオードで発生するノイズ解析回路は，前出の**図86**になります．

トランス2次巻き線間にCRスナバ(3kΩ+22pF程度)を接続する方法でダイオードに流れるノイズ成分を抑制しています．トランス2次巻き線N_{S1}側に10.3MHzでの共振特性が把握できており，この周波数のインピーダンスを補正させるのにCRスナバを実装しています．

10.3MHzの共振によるインピーダンス低下をCRスナバを実装し，補正されているのが**図100**よりわかります．

ノイズ成分の発生箇所を特定することにより，問題箇所をピンポイントで補正して対策できます．

リスト4 ブリッジ方式の非線形トランスのネット・リスト

```
.SUBCKT LLC140V49W_110 1 2 3 4
C1_1    N41 2   16.90p
Rdc1    N41 N61 0.6017
B12 B 0 V=0.3956*ATAN(v(x)*86.70m)
B1 x 0  I=V(B)*40.10u+ v(x)*687.7p
R1 3x x 5.367Meg
B2 H 0  V=i(VM)*78.00
B4 0 le I=i(VMphi)
L1 le 0 1
VMphi H 3x  Rser=1u
VM N41  6x  Rser=1u
Be 6x 2 V=v(le)*78.00
RS12 NS12   ins2    6.017m
** ** ** **
Ffbk2s  ins2  2   Vsens2s 0.4615
Rac2    N62 3   0.3188
Rcore   N41 2   36.61k
Rac1    N61 1   0.6077
Lac1    N61 1   2.901u
LS12    N41 NS12 351.4u
C1_2    N41 4   16.67p
Rdc2    N42 N62 0.3157
Efwd2s  N8S2   4  ins2 2   0.4615
Vsens2s N8S2   N42 Rser=1u
Lac2    N62 3   1.522u
.ENDS
```

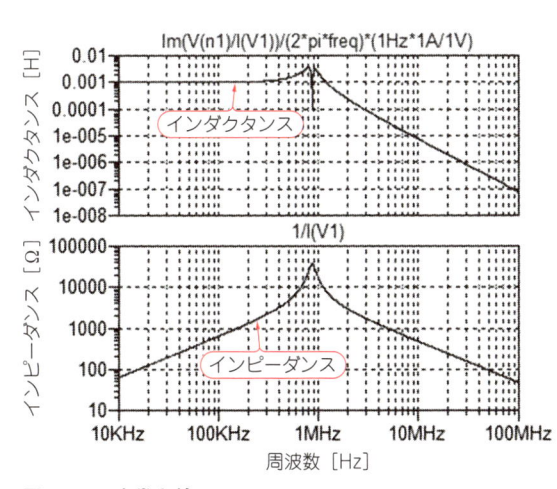

● **トランス2次巻き線間に実装したCRスナバの効果確認**

図101〜**図104**より，10MHz近傍のノイズ・レベルが低下し，予想した効果が得られています．また，制御系へ回り込むノイズ・レベルが低下したことにより，ダイオードのアンバランス電流も改善されています．CRスナバの損失の問題もありますが，ノイズ・レベルの低減には効果の得られる対策手法の一つです．

LLC電流共振コンバータの2次巻き線のダイオード・アンバランス電流低減策

トランス2次巻き線をセンタ・タップ方式からブリッジ方式にするとダイオードは2倍に増えますが，2次巻き線は1巻き線となり，センタ・タップ方式による2次巻線間のリーケージ・インダクタンスのアンバランスの問題がなくなります．

図105がその解析回路です．MDの非線形トランス・ネット・リストは**リスト4**に示します．2巻き線はMDの評価版で設計(リニア・モデル)できますのでお試しください．

● **解析結果**

図106よりダイオード電流のアンバランスは見られず，**図107**より5MHz以上の帯域はノイズ・レベルが素直に低下しており，トランスをブリッジ方式に変更した効果が得られていると考えます．**図108**，**図109**は，トランス巻き線構造によるリーケージ・インダクタンスや浮遊容量が低減された特性となります．

フルブリッジ方式は，評価ボードのような出力電圧が高く，出力電流が少ない電源の場合には，ダイオードが2倍となるデメリットは，ノイズ対策や電流アンバランスなどを考慮すると薄まりますので検討する価値はあります．

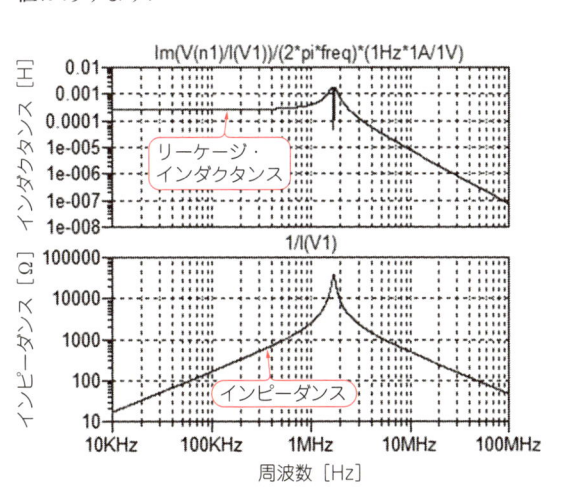

図108 1次巻き線
インダクタンス：1.04mH，リーケージ・インダクタンス：262μH，5MHz以上での共振特性はない

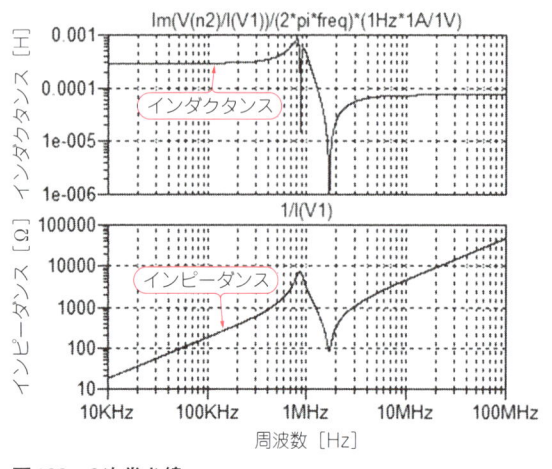

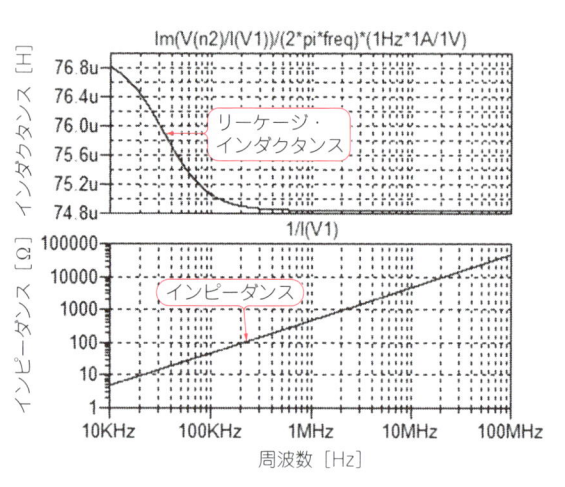

図109 2次巻き線
インダクタンス：285μH，リーケージ・インダクタンス：75μH，5MHz以上での共振特性はない

MOSFETのt_{off}時のI_D特性による損失低減

　PFC回路の解析事例ではMOSFETのt_{off}時のI_D特性は，ボディ・ダイオードのパラメータC_{JO}の容量に影響されています．一般的には，C_{JO}が小さい素子は電流容量が小さく$R_{DS(ON)}$抵抗が大きくなり，導通損失が増加しますので，使用においては総合損失で判断する必要があります．

　600V CoolMOS FETでC_{JO}と$R_{DS(ON)}$の違いによる損失を図110の回路で解析し，確認します．

　表7に，解析に使用したMOSFET SPI11N60C3とSPI07N60C3のSPICEモデルを示します（付属CD-ROMではLTspice_LLC¥PFCsim¥MD_modelフォルダにある）．

　図111は，C_{JO}の容量が大きく$R_{DS(ON)}$抵抗の小さいSPI11N60C3_L0の1周期損失224.44mWで，図112は

表7　解析に使用したMOSFETのSPICEモデル

MOSFET　SPI11N60C3　SPICE Model V_{DSS}=600V，R_{dson}=0.38Ω，C_{JO}=3.46nF	MOSFET　SPI07N60C3　SPICE Model V_{DSS}=600V，R_{dson}=0.6Ω，C_{JO}=2.21nF
| ```
.SUBCKT SPA11N60C3_L0  drain gate source
Lg       gate  g1    7n
Ld       drain d1    3n
Ls       source s1   7n
Rs       s1    s2    1m
Rg       g1    g2    860m
M1       d2    g2    s2    DMOS  L=1u W=1u
.MODEL DMOS NMOS ( KP= 17.272  VTO=3.85  THETA=0
VMAX=1.5e5 ETA=0  LEVEL=3)
Rd       d2    d1a   0.273 TC=10m
.MODEL MVDR NMOS (KP=30.48 VTO=-1  LAMBDA=0.1)
Mr d1 d2a d1a d1a MVDR W=1u L=1u
Rx d2a d1a 1m
Cds1 s2 d2 33.5p
Dbd      s2    d2    Dbt
.MODEL   Dbt  D(BV=600  M=0.8  CJO=3.46n  VJ=0.5V)
Dbody    s2    21    DBODY
.MODEL DBODY D(IS=7.2p N=1.15 RS=13u EG=1.12
TT=750n)
Rdiode   d1    21    9.84m TC=6m
.MODEL   sw   NMOS(VTO=0  KP=10   LEVEL=1)
Maux     g2    c     a     a     sw
Maux2    b     d2    g2    g2    sw
Eaux     c     a     d2    g2    1
Eaux2    d     g2    d2    g2    -1
Cox      b     d2    2.75n
.MODEL      DGD   D(M=1.2  CJO=2.75n  VJ=0.5)
Rpar     b     d2    1Meg
Dgd      a     d2    DGD
Rpar2    d2    a     10Meg
Cgs      g2    s2    1.25n
.ENDS  SPA11N60C3_L0
``` | ```
.SUBCKT SPA07N60C3_L0  drain gate source
Lg       gate  g1    7n
Ld       drain d1    3n
Ls       source s1   7n
Rs       s1    s2    1m
Rg       g1    g2    800m
M1       d2    g2    s2    DMOS  L=1u W=1u
.MODEL DMOS NMOS ( KP= 11.016  VTO=3.85  THETA=0
VMAX=1.5e5 ETA=0  LEVEL=3)
Rd       d2    d1a   0.429 TC=10m
.MODEL MVDR NMOS (KP=19.44 VTO=-1  LAMBDA=0.1)
Mr d1 d2a d1a d1a MVDR W=1u L=1u
Rx d2a d1a 1m
Cds1 s2 d2 21.4p
Dbd      s2    d2    Dbt
.MODEL   Dbt  D(BV=600  M=0.8  CJO=2.21n  VJ=0.5V)
Dbody    s2    21    DBODY
.MODEL DBODY D(IS=4.6p N=1.15 RS=21u EG=1.12
TT=750n)
Rdiode   d1    21    15.43m TC=6m
.MODEL   sw   NMOS(VTO=0  KP=10   LEVEL=1)
Maux     g2    c     a     a     sw
Maux2    b     d2    g2    g2    sw
Eaux     c     a     d2    g2    1
Eaux2    d     g2    d2    g2    -1
Cox      b     d2    1.76n
.MODEL      DGD   D(M=1.2  CJO=1.76n  VJ=0.5)
Rpar     b     d2    1Meg
Dgd      a     d2    DGD
Rpar2    d2    a     10Meg
Cgs      g2    s2    0.8n
.ENDS  SPA07N60C3_L0
``` |

図110 600 V CoolMOS FETでSPICEモデルのC_{JO}と$R_{DS(ON)}$の違いによる損失解析回路（LTspice_LLC¥PFCsim¥MD_model¥201-40330-1_ATAN_LLC_PFC_MC33262_mode.asc）
LED電源評価ボードの仕様：入力電圧：AC 90～264 V，出力：DC 140 V/0.39 A，PFC出力電圧：DC 400 V．PFCインダクタの仕様は 473 μH(1 kHz)，PQ2016コア，スペーサ・ギャップ：0.85 mm．使用する解析環境によるが解析時間は15分程度かかる

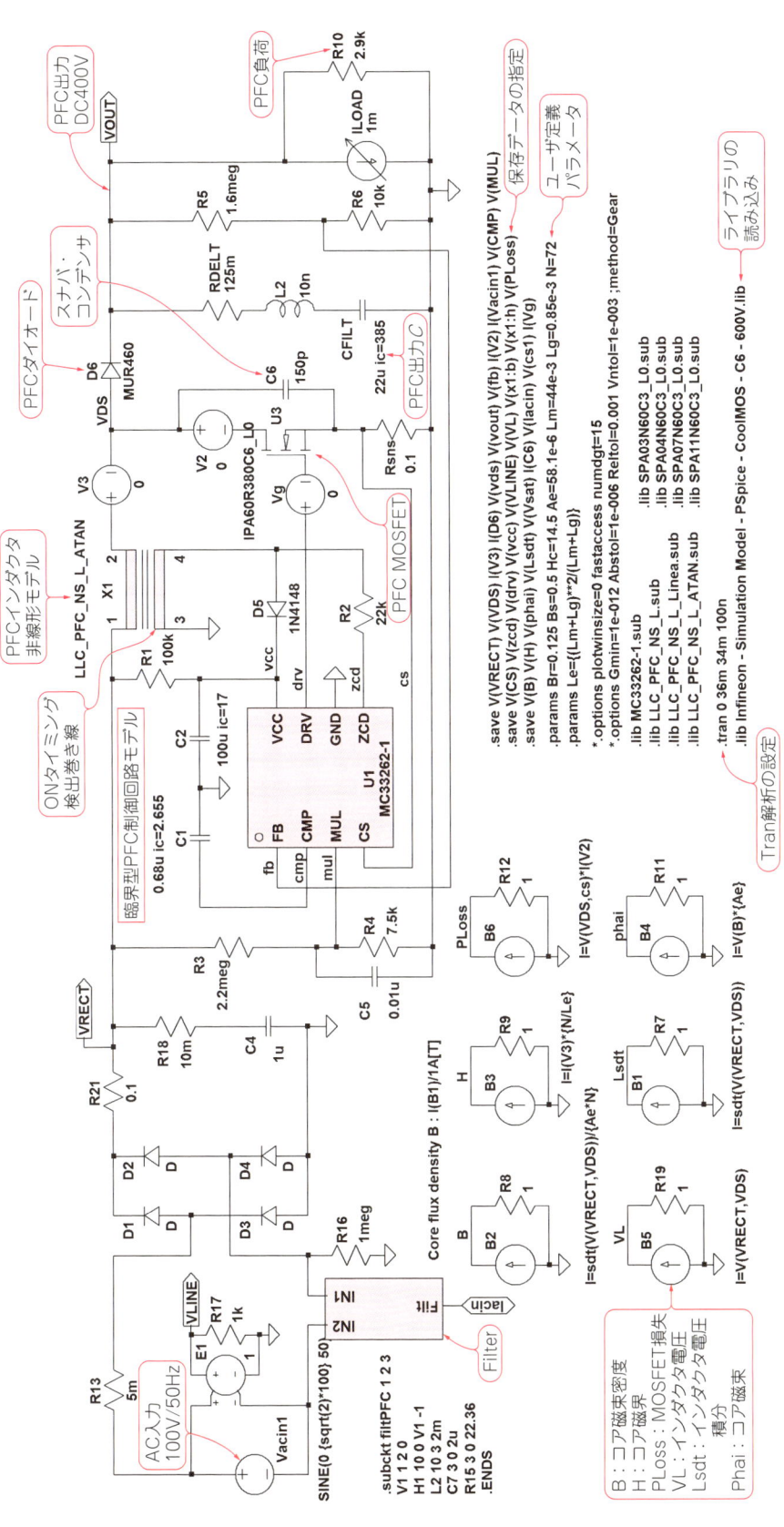

C_{JO}の容量が小さく$R_{ds(ON)}$抵抗の大きいSPI07N60C3_L0の1周期損失330.69 mWと大きくなっています．図113より図114の導通損失が大きく，t_{off}時の損失はC_{JO}の容量が大きいSPI11N60C3_L0が図115のように図116よりピーク値で50 W程度増加し，ドレイン電流I_Dのノイズによる振動も増えており，損失，ノイズ，コストなどを鑑みて妥協点を見出す必要があります．

CoolMOS CPシリーズは単位面積あたりのオン抵抗を低減し，さらにゲート・チャージによるスイッチング・ロスの低減も実現しており，比較のためSPI11N60C3_L0と同等定格のIPA60R380C6_L0で解析した結果を図117，図118に示します．t_{off}時のI_D電流の特性差異が確認でき，t_{off}時の損失はピーク値で20 W程度低減されていますが，I_Dの下降特性でSPI11N60C3_L0より急峻ではなく，平均損失で見ると256.34 mWと30 mW程度増加しています．

高効率化にはSPICE MODELパラメータの把握を行い，どのパラメータが損失増に影響しているかを見極めることが必要です．電流容量が大きいから選択したというのではなく，素子のデータシートをよく吟味して最適選定の見極めができる技術者になられることを期待します．電源の高効率化は今まで見過ごしてき

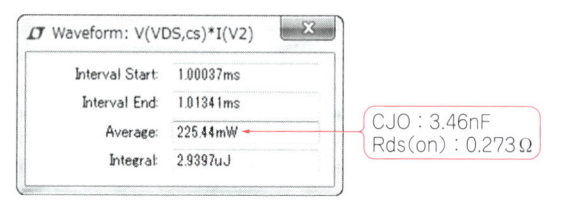

図111 SPI11N60C3_L0の1周期の平均損失（損失：225.44 mW）

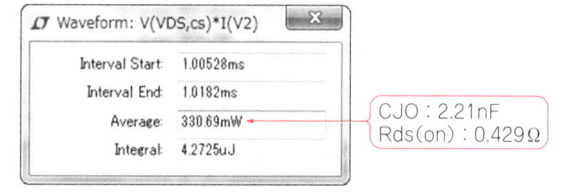

図112 SPI07N60C3_L0の1周期の平均損失（損失：330.69 mW）

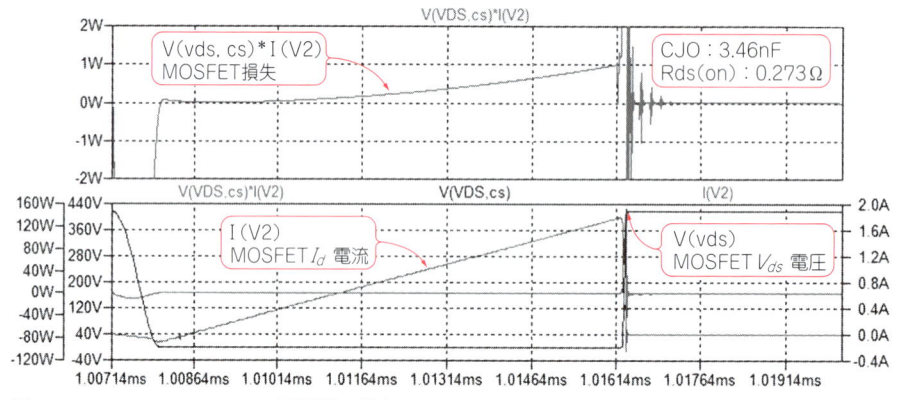

図113 SPI11N60C3_L0の1周期部の拡大
V(VDS)：MOSFET V_{DS}電圧，I(V2)：MOSFET I_D電流，V(vds*cs)*I(V2)：MOSFET損失

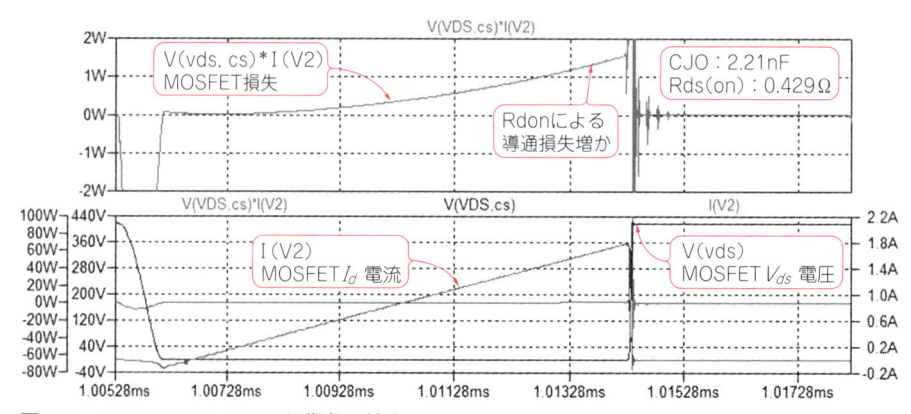

図114 SPI07N60C3_L0の1周期部の拡大
V(VDS)：MOSFET V_{DS}電圧，I(V2)：MOSFET I_D電流，V(vds*cs)*I(V2)：MOSFET損失

た点を深耕し，時間が掛かりますが，改善する努力の積み重ねが必要です．

まとめ

新電元工業の臨界型PFC機能搭載LLC電流共振ブリッジ・コンバータの評価ボードを用いて，スイッチング電源の高効率化と小型，低ノイズ化に向けたシミュレータを使った仮想検証の有効活用として，MDでのトランス設計とLTspiceの解析とパワー解析ソフトウェアによる事例を紹介しました．解析では実測波形と同様な特性が確認できており，さらに解析モデルの精度向上を検討すれば，設計検証に使えるのではない

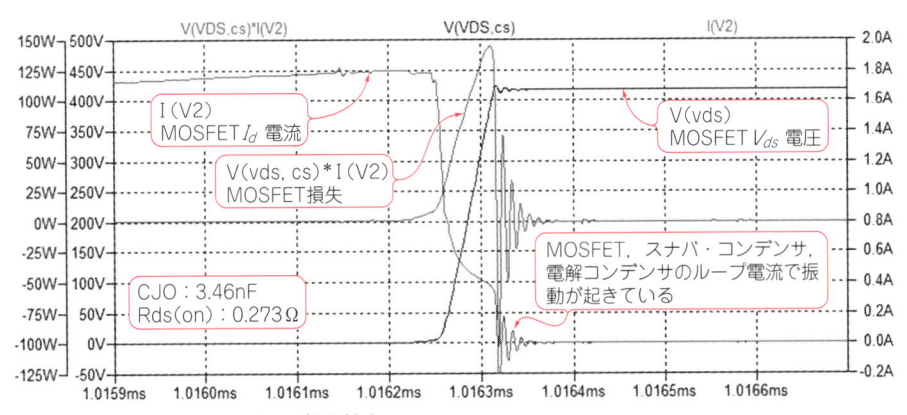

図115 SPI11N60C3_L0のtoff部の拡大
V(VDS)：MOSFET V_{DS} 電圧，I(V2)：MOSFET I_D 電流，V(vds*cs)*I(V2)：MOSFET損失

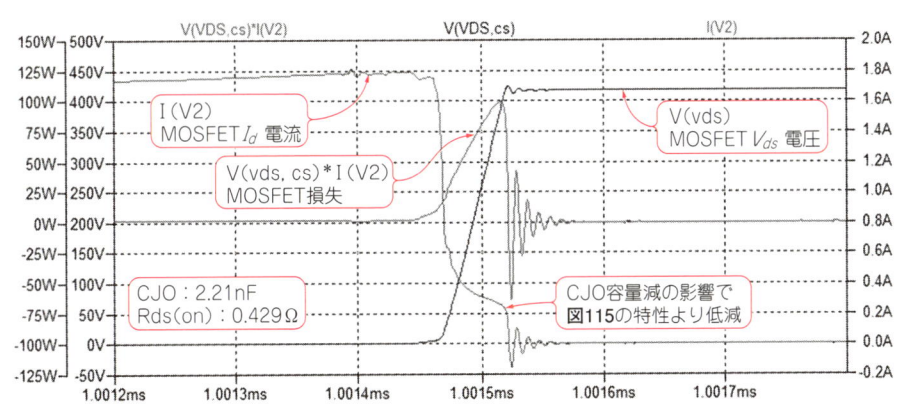

図116 SPI07N60C3_L0のtoff部の拡大
V(VDS)：MOSFET V_{DS} 電圧，I(V2)：MOSFET I_D 電流，V(vds*cs)*I(V2)：MOSFET損失

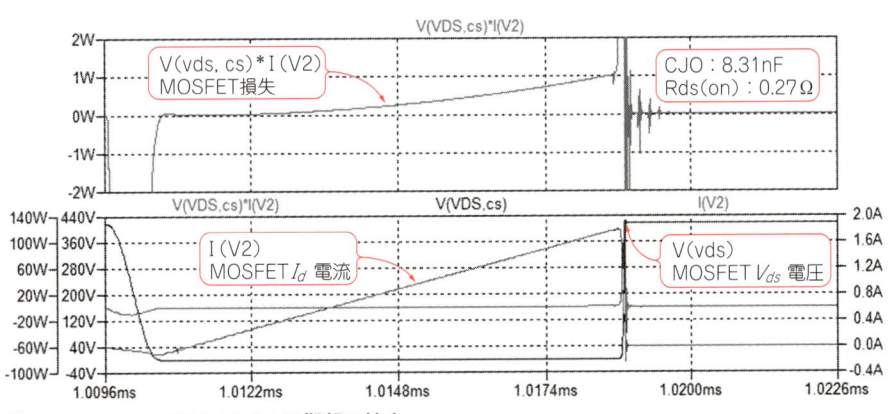

図117 IPA60R380C6_L0の1周期部の拡大
V(VDS)：MOSFET V_{DS} 電圧，I(V2)：MOSFET I_D 電流，V(vds*cs)*I(V2)：MOSFET損失

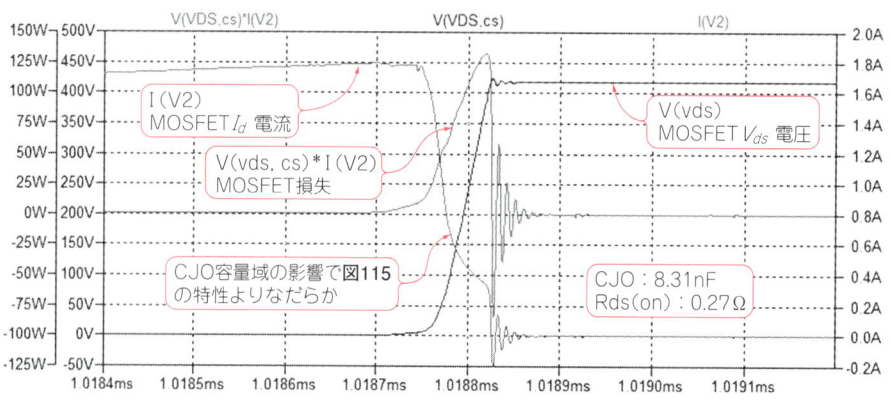

図118 IPA60R380C6_L0のtoff部の拡大
V(VDS)：MOSFET V_{DS} 電圧, I(V2)：MOSFET I_D 電流, V(vds*cs)*I(V2)：MOSFET 損失

かと思っています．効率向上は磁性材素子モデル，半導体素子モデリングのパラメータ設定を調整し，損失に影響しているパラメータ特性を見極め，素子のデータシートと照らし合わせ，求めている最適特性が得られる素子を採用することがポイントになります．

解析例で紹介した，このようなツールの習得と活用は日々取り組むことが早道となります．本章の内容が，読者の皆さんが現状より少しでも飛躍できる踏み台になれば幸いです．

今回の解析ではリニアテクノロジー社から無償で提供されている，機能制限のない解析ツール"LTspice"のもつ能力の一部を使用したに過ぎません．LTspiceを活用するためには，ユーザーズ・グループなどへの参加で，さまざまな機能のヒントを得ていただければと思います．素晴らしいシミュレータLTspiceを使えるようにしてくださったリニアテクノロジー社に感謝します．

本章に記載している動作例および回路例は，使用上の参考としたもので，これらに起因する第三者の工業所有権，知的所有権，その他の権利の侵害問題に関しては責任を負いません．

◆ 参考・引用*文献 ◆

(1)* MH2501SC/MH2511SC アプリケーション・マニュアル ver2 1，新電元工業．
(2)* Demo_MCZ1_ver1-EN1.pdf，新電元工業．
(3)* Apps_MCZ5207SG_1H0100-1J1.pdf，新電元工業．
(4)* Apps_MH2501_2511SC_ver1_JP1.pdf，新電元工業．
(5)* IC_MCZ5205SE_AppNote_Jp.pdf，新電元工業．
https://www.shindengen.co.jp/product/semi/datasheet/IC_MCZ5205SE_AppNote_Jp.pdf
(6)* 真島寛幸；インダクタ/トランスの解析Magnetics Designer 入門，2012年5月1日，CQ出版社．
(7)* 戸川 治朗；スイッチング電源のコイル/トランス設計，2012年10月1日，CQ出版社．
(8)* Christophe BASSO；Switch-Mode Power Supplies Spice Simulation and Practical Designs, McGraw-Hill.
(9) Christophe BASSO；A Simple DC SPICE Model for the LLC Converter, ON Semiconductor Application Note, AND8255/D.
(10)* AND8460-D.pdf, ON Semiconductor Application Note.
(11)* IC_MCZ5205SE_AppNote_Jp.pdf.
(12) Application Note, AN-1160J, International Rectifier.
(13)* 神崎康宏；電子回路シミュレータLTspice入門編，2009年3月15日，CQ出版社．
(14)* 渋谷 道雄；回路シミュレータLTspiceで学ぶ電子回路，2011年7月，オーム社．
(15)* 電源回路設計 2009，CQ出版社．
(16)* グリーン・エレクトロニクス，No.10，CQ出版社．
(17)* SPP11N60C3 data sheet，Infineon．
(18)* application.lib
http://ltwiki.org/index.php?title=LTspiceIV-library_Examples_Listing_Expanded
(19)* intusoft, ICAP/4 Modlib ON Semiconductor PFC Controllers MC33262 free-running
(20)* Application MC33262 ON Semi.DWG ON Semiconductor MC33262 application example
(21)* ㈱小野測器，DS-0230 時間-周波数解析ソフトウェア，製品紹介
http://www.onosokki.co.jp/HP-WK/products/keisoku/software/ds/ds0230.htm

◆ 評価ボード，部品入手先 ◆

(1) 評価ボード，新電元
http://www.shindengen.co.jp/top_j/
(2) トランス，スミダ電機
https://www.sumida.com/jpn/

◆ 新電元工業(株)の部品の購入先 ◆

コアスタッフ株式会社　Zaikostore
http://www.zaikostore.com/zaikostore/

◆ 計測器入手先 ◆

テクトロニクス，お客様コールセンター，jp.tektronix.com，Tel：0120-441-046

◆ 使用計測器 ◆
(1) DPO5204型デジタル・フォスファ・オシロスコープ
http://jp.tek.com/oscilloscope/mso5000-dpo5000，マニュアル・ナンバー　071298304
(2) Opt. PWR　DPOPOW拡張パワー測定/解析ソフトウェア
http://jp.tek.com/datasheet/dpopwr-datasheet
(3) AFG3252C型任意波形・ファンクション・ジェネレータ
http://jp.tek.com/signal-generator/afg3000-function-generator，マニュアル・ナンバー　071324400
(4) TCP0030A型電流プローブ
http://jp.tek.com/datasheet/current-probe/tcp0030a，マニュアル・ナンバー　077032900
(5) THDP0200型　高電圧差動プローブ
http://jp.tek.com/oscilloscope-probes-and-accessories/differential-probe-high-voltage
(6) デスキュー・フィクスチャ　067-1686-00

エレクトロニクス・セミナのご案内

http://seminar.cqpub.co.jp/ccm/ES14-0107/

LLC共振による低雑音スリム電源 現代設計法
── 高効率/省部品/低EMC ── 無線機や高精細映像機器にも安全組み込み
［LTspiceとMagnetics Designerのシミュレーション・データ他を収録したCD‐R配布］

【開催日】2014年12月2日（火）　10：00～17：00　1日コース
【セミナNo.】ES14-0107　【受講料】19,000円（税込）
【会場】東京・巣鴨　CQ出版社セミナ・ルーム

　近年，電子機器の高効率と小型軽量化が求められている．ここでは高効率，低ノイズを実現できる最も効果的なLLCスイッチング技術の設計技術を実務経験の豊富な講師が実演を入れながら実践的に解説する．現代設計法の導入…LLC共振コンバータは従来のPWMコンバータと異なり，動作が複雑で設計が難しく，勘と経験を頼りにカット＆トライの繰り返しで開発時間を費やしている．本セミナでは，出力50WのLLC共振電源評価ボードを教材として実演し，設計手法を解説する．キー・パーツとなる磁気コンポーネントのPFC用インダクタと，LLCコンバータの高周波トランスおよびパワー・スイッチ素子を中心に，ノイズの発生と電力損失の要因を解説し，設計を最適化する技術を具体的に解説する．

1. Magnetics Designerの活用
2. LTspiceの活用
3. LLC共振電源の動作説明
4. フッテング技術の解説
5. 測定機による評価方法

● 受講対象者
・電源の設計経験があり，さらにレベルアップをしたいエンジニアの方
・力率改善のPFC（アクティブ・フイルタ方式）と共振電源の基本回路を知っている方
・磁気コンポーネントのコイルやトランスの磁気を学んだ方
・Spice系のPspiceやLTspiceなどを知っている方

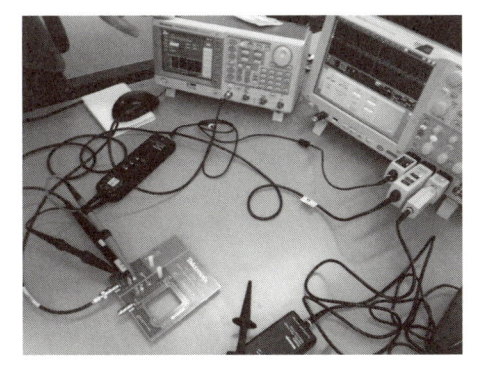

写真A　実演による測定風景

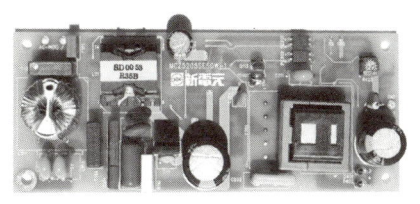

写真B　LLC共振電源評価ボード

【講師】
蓮村 茂 氏〔EMC/電源技術コンサルタント〕
【申し込み・問い合わせ先】
CQ出版社　エレクトロニクス・セミナ事務局　Email：seminar@cqpub.co.jp
〒170-8461　東京都豊島区巣鴨1-14-2　TEL：(03)5395-2125

Appendix A

トランス/インダクタ設計解析ツールMDとLTspiceを活用するためのヒント集

山村 功
Yamamura Kou

MDによる巻き線断面の生成方法

MDでは，既存の巻き線仕様を基にして，断面構成を変更/生成することができます（図A）．

PFCインダクタの巻き線を構成するための主要なパラメータはInductorタブ内で設定し，巻き線断面はBobbinタブ上で描画できます．

Inductorタブ内で，［Apply Using Filed］ボタンを押すと，MDがFEA（有限要素解析）を実行し，Bobbinタブ内では簡易磁界マップを確認できます．また，FEAの実行によって近接効果などの損失計算，AC抵抗の精度も向上しますので，SPICEモデルを生成するまえに実行しておくほうがよいと思います．

そのほか，MDでは巻き線仕様に応じて，Inductorタブ内では下記パラメータなども変更できます．

- Wire Type：線種
- Turns：ターン数
- Wire AWG：ワイヤのAWG番号（径を変更する）
- Wire Strands：ワイヤの並列本数
- Insulation Layer：層間の絶線テープ設定
- Insulation Wrapper：ラップの絶縁テープ設定

MDによるPFCインダクタのSPICEモデル生成

● MDによるSPICEモデルの生成

MDでPFCインダクタのパラメータを設定したあと，ダイレクトにIsSpiceタブを押すと，巻き線の断面構成を反映したリニアSPICEモデルが自動的に生成されます．SPICEモデルには，漏れインダクタンスや巻き線の浮遊容量なども付加されています．

［Core Select］ボタンを押すと，非線形SPICEモデルが選択可能になります．飽和状態を再現するためには，このボタンを押して，非線形モデルを選択することが好ましいです（図B）．

● LTspiceによるSPICEモデルの登録

リニア，ATANのいずれのSPICEモデルも，シンタックスを変更することなくLTspiceでのシミュレーション用にすぐに利用できます（図C）．

標準テキスト・エディタ内にコピーしたSUBCKTモデルを拡張子subとして，LTspiceで描画した回路図ファイルが置かれたフォルダに保存すると，シミュレーション可能になります．

DCスイープで動作するLLCコンバータ用のシンプルなSPICEモデル

● LTspiceでのLLCコンバータ用のDC SPICEモデル生成

文献（9）には，LLCトポロジをFirst Harmonic Approximation（FHA）と呼ばれるテクニックを使用して等価回路化することによって，DCスイープでトポロジの素早いテストを行い，動作周波数と出力範囲の確認に有効活用できるモデルについて記載されています．

リストB　理想トランスXFMR内のサブサーキット

```
.SUBCKT XFMR 1 2 3 4 params:RATIO1=1/N
RP 1 2 1MEG
E 5 4 1 2 {RATIO1}
F 1 2 VM {RATIO1}
RS 6 3 1U
VM 5 6
.ENDS
```

リストA　LLC_model内のサブサーキット

```
.SUBCKT LLC_model err in out
B1 M 0 V=sqrt(1/(V(w)**2*{Ls}**2/(V(Rac)**2+1u)+1-2*{Z0}**2/(V(Rac)**2+1u)+2/{Ratio}+
1/{Ratio}**2+1/(V(Rac)**2*{Cs}**2*V(w)**2+1u)-2/({Lm}*{Cs}*V(w)**2+1u)-2*{Z0}**2/({Lm}**2
*V(w)**2+1u)+1/({Lm}**2*{Cs}**2*V(w)**4+1u))+1u)
BIn in 0 I=(I(Vrac)*V(out)/{ETA})/V(in)
B2 w 0 V=2*{pi}*V(fsw)
B4 0 6 I=abs((V(M)*V(fund)/(V(Rac)+1u))*2/{pi})
B3 fund 0 V=V(in)*2/{pi}
Vrac 6 out
B6 Rac 0 V=(V(out)/I(Vrac))*8/({pi}**2*{ETA}+1u)
B5 fsw 0 V=V(err)*100k
R4 err 0 100k
.ENDS
```

本文献で使用されているDCスイープで動作するLLCコンバータ用のSPICEモデルは，SPICEシミュレータ内にあるアナログ・ビヘイビア・モデルを使用して電圧変換比などの計算式を表現しており，LTspiceでも同様のモデルを作成することが可能です（**図D**）．

本シミュレーションでは，DC電圧を周波数として代用し，ソース電源V2を100 mV（10 kHz）から2 V（200 kHz）までスイープさせて，Mを表示して電圧変換比を予測するためのモデルの正当性をチェックしています．

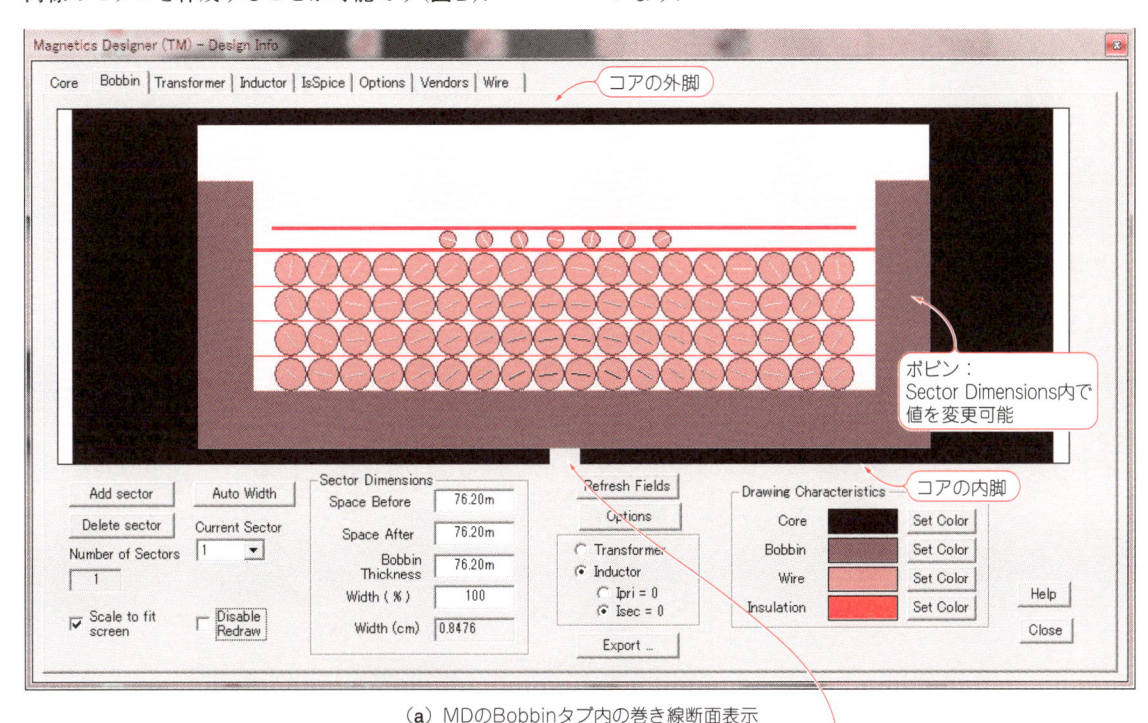

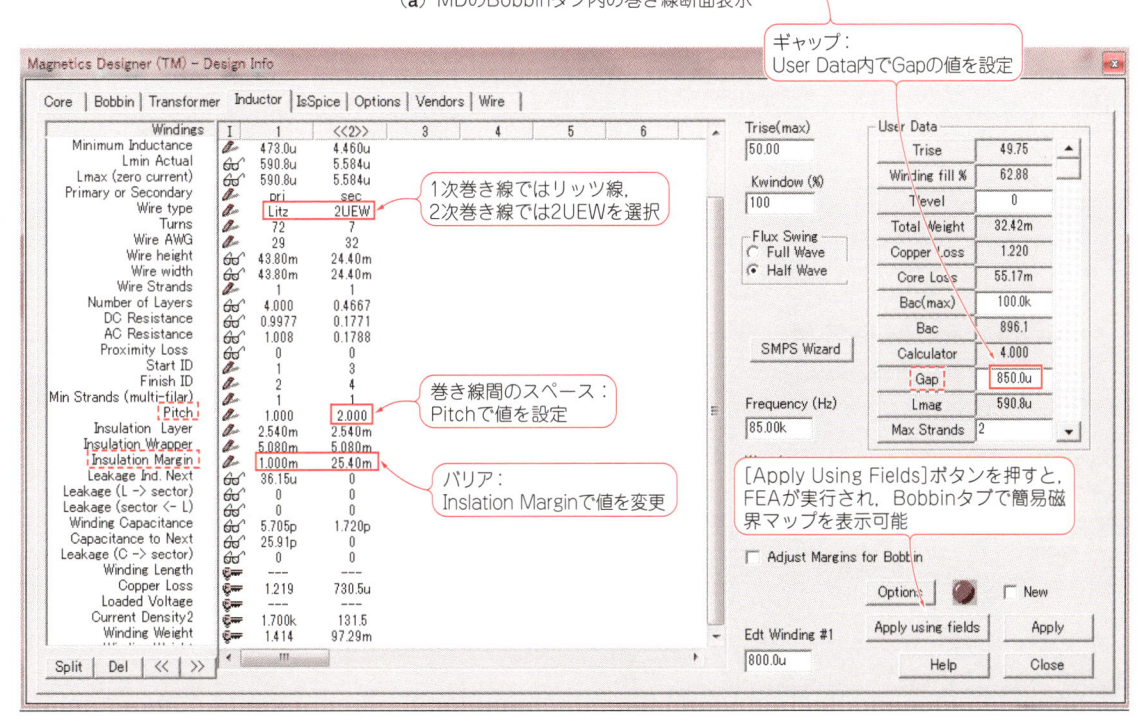

（a）MDのBobbinタブ内の巻き線断面表示

（b）MDのInductorタブ内の入力設定

図A　MDによる巻き線断面の生成

● 注意事項
(1) 計算式の分母が0の場合，SPICEシミュレーションでは解けないので，"1 u"を計算式に加えています．
(2) Intusoft社のICAP/4のビヘイビア素子では，2乗を"^2"として表現していますが，LTspiceでは受理できないため，"＊＊2"に変更しています（リストA）．
(3) サブサーキット内の計算式の導き方は，文献(9)に詳しく記載されていますので，そちらを参照ください．

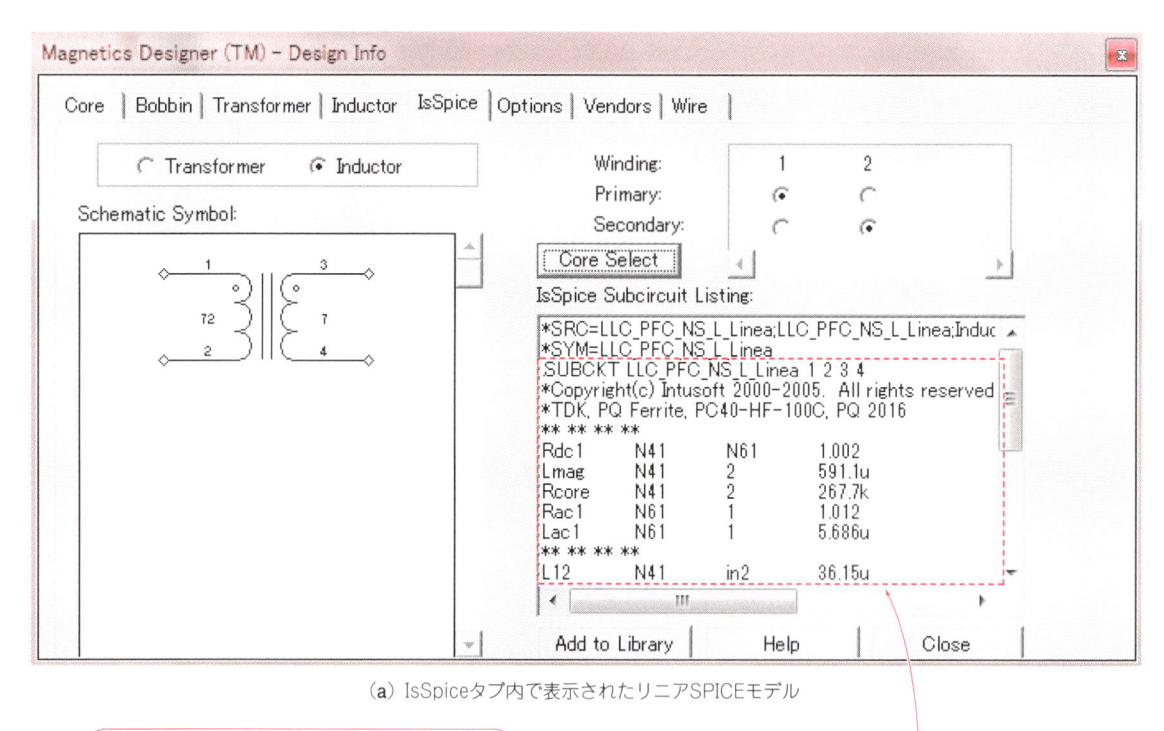

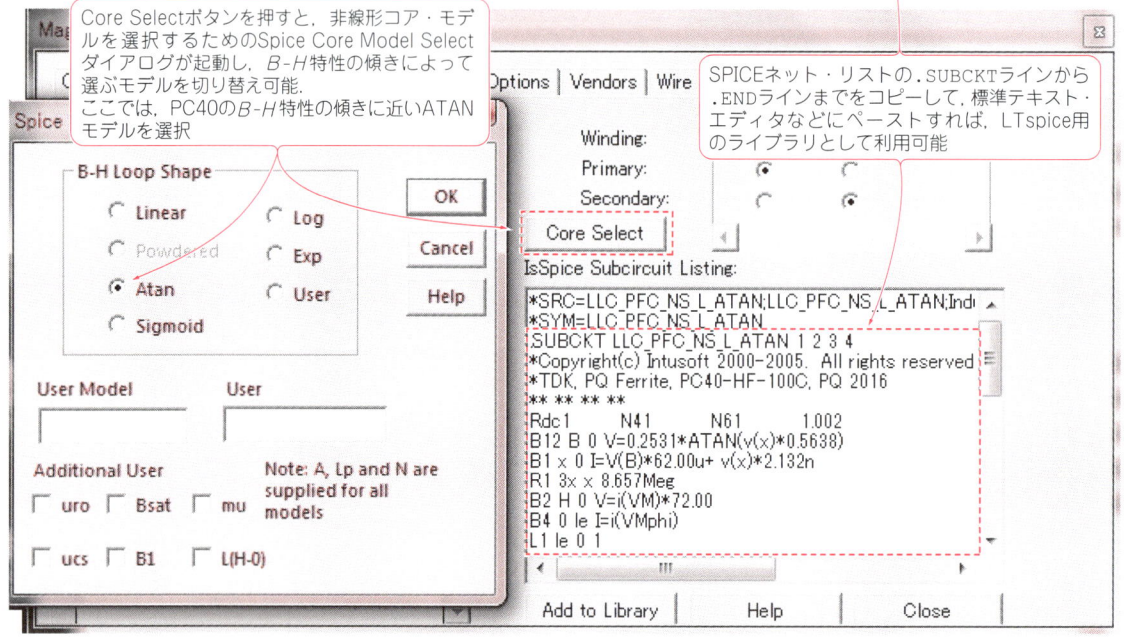

(a) IsSpiceタブ内で表示されたリニアSPICEモデル

(b) IsSpiceタブ内で表示されたATANの非線形SPICEモデル

図B　MDによるSPICEモデル生成

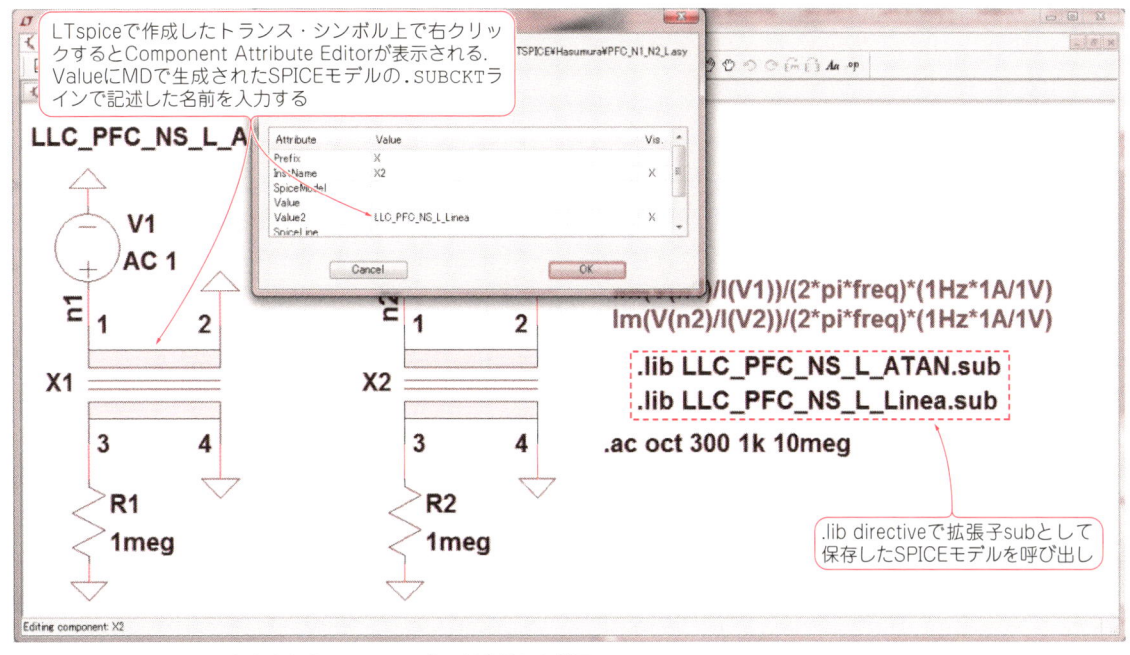

図C LTspiceにMDで出力されたSPICEモデルを登録した様子

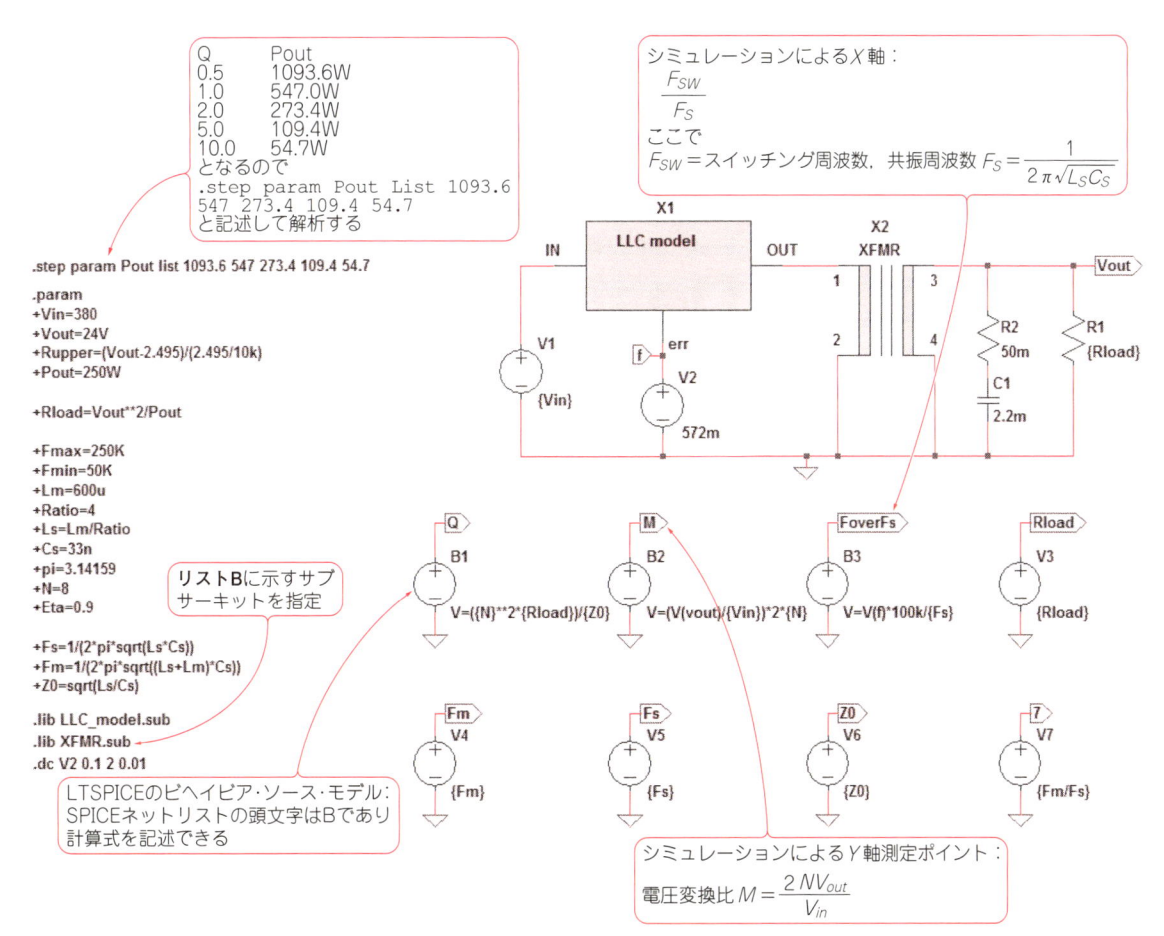

図中の注釈:
- LTspiceで作成したトランス・シンボル上で右クリックするとComponent Attribute Editorが表示される. ValueにMDで生成されたSPICEモデルの.SUBCKTラインで記述した名前を入力する
- .lib directiveで拡張子subとして保存したSPICEモデルを呼び出し

```
Im(V(n1)/I(V1))/(2*pi*freq)*(1Hz*1A/1V)
Im(V(n2)/I(V2))/(2*pi*freq)*(1Hz*1A/1V)

.lib LLC_PFC_NS_L_ATAN.sub
.lib LLC_PFC_NS_L_Linea.sub

.ac oct 300 1k 10meg
```

シミュレーションによるX軸:
$$\frac{F_{SW}}{F_S}$$
ここで F_{SW}=スイッチング周波数, 共振周波数 $F_S = \frac{1}{2\pi\sqrt{L_S C_S}}$

Q	Pout
0.5	1093.6W
1.0	547.0W
2.0	273.4W
5.0	109.4W
10.0	54.7W

となるので
`.step param Pout List 1093.6 547 273.4 109.4 54.7`
と記述して解析する

```
.step param Pout list 1093.6 547 273.4 109.4 54.7
.param
+Vin=380
+Vout=24V
+Rupper={(Vout-2.495)/(2.495/10k)}
+Pout=250W

+Rload=Vout**2/Pout

+Fmax=250K
+Fmin=50K
+Lm=600u
+Ratio=4
+Ls=Lm/Ratio
+Cs=33n
+pi=3.14159
+N=8
+Eta=0.9

+Fs=1/(2*pi*sqrt(Ls*Cs))
+Fm=1/(2*pi*sqrt((Ls+Lm)*Cs))
+Z0=sqrt(Ls/Cs)

.lib LLC_model.sub
.lib XFMR.sub
.dc V2 0.1 2 0.01
```

注釈:
- リストBに示すサブサーキットを指定
- LTSPICEのビヘイビア・ソース・モデル: SPICEネットリストの頭文字はBであり計算式を記述できる

B1: V=({N}**2*{Rload})/{Z0} → Q
B2: V=(V(vout)/{Vin})*2*{N} → M
B3: V=V(f)*100k/{Fs} → FoverFs
V3: {Rload} → Rload
V4: {Fm}, V5: {Fs}, V6: {Z0}, V7: {Fm/Fs}

シミュレーションによるY軸測定ポイント:
電圧変換比 $M = \frac{2NV_{out}}{V_{in}}$

図D LTspiceでDCスイープが可能なLLCトポロジ・モデル

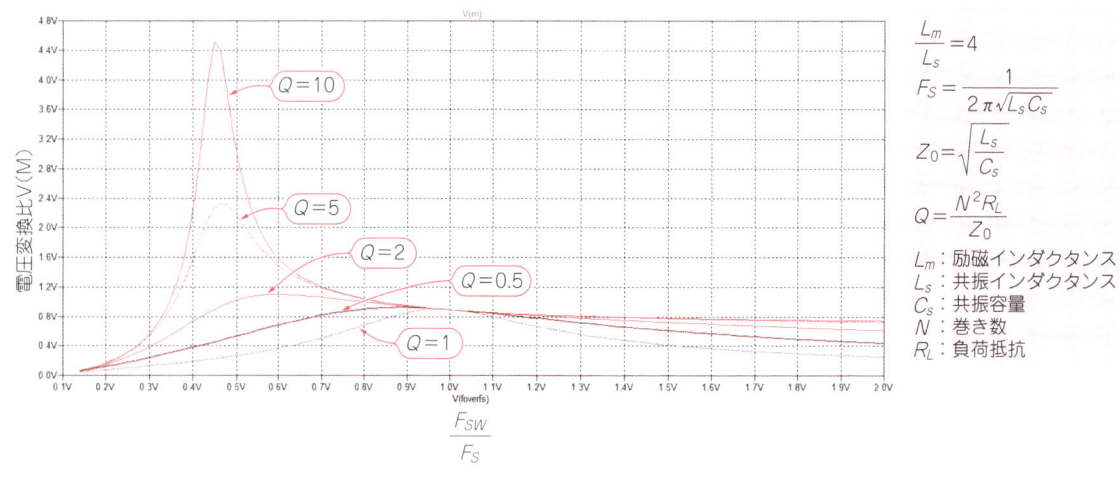

図E　L_m と L_s の比を4にした場合の伝達関数シミュレーション結果

$\dfrac{L_m}{L_s}=4$

$F_S = \dfrac{1}{2\pi\sqrt{L_s C_s}}$

$Z_0 = \sqrt{\dfrac{L_s}{C_s}}$

$Q = \dfrac{N^2 R_L}{Z_0}$

L_m：励磁インダクタンス
L_s：共振インダクタンス
C_s：共振容量
N：巻き数
R_L：負荷抵抗

● 生成したDC SPICEモデルをLTspiceでシミュレーション

　LTspiceでのシミュレーション実行によって，励磁インダクタンス L_m と共振インダクタンス L_s の比を調整し，クオリティ・ファクタ Q を変化させることによって M がどのように影響するかを確認できます．

　シミュレーション結果から励磁インダクタンス L_m と共振インダクタンス L_s の比を変更した際の，V_{in} と V_{out} の伝達関数の傾向，負荷の影響などをすぐに確認でき，設計に活用できます（図E）．

TOOL活用シリーズ　　　　　　　　　　　　　**好評発売中**

スイッチング電源設計をシミュレーションで効率アップ

インダクタ/トランスの解析
Magnetics Designer 入門

A5判　136ページ
CD-ROM付き
定価：本体2,400円+税

真島　寛幸　著
JAN9784789836371

　パワー・エレクトロニクス回路におけるインダクタ/トランスの設計は，経験を重ねた一部の技術者にしかできないものと考えられていました．このような中で待望されていたのが，シミュレータを使ったインダクタ/トランスの設計・解析技術です．

　本書では米国Intusoft社が開発したMagnetics Designer デモ版（付属CD-ROM）を使用して，スイッチング電源用インダクタや出力トランスの設計・解析事例を紹介します．カット＆トライでしか成しえなかったインダクタ/トランスの設計が，大幅に効率アップすること請け合いです．

　電源回路設計者にとっては，同梱の電子回路シミュレータSpice…ICAP/4 デモ版（付属CD-ROM）を併用したスイッチング電源の動作解析もたいへん有効なツールとなります．

イントロダクション　付属CD-ROMのコンテンツと使い方
第1章　インダクタのシミュレーション設計
第2章　フォワード・コンバータ用トランスのシミュレーション設計
第3章　フライバック・コンバータ用トランスのシミュレーション設計

CQ出版社　〒170-8461 東京都豊島区巣鴨1-14-2　http://www.cqpub.co.jp/

第2章

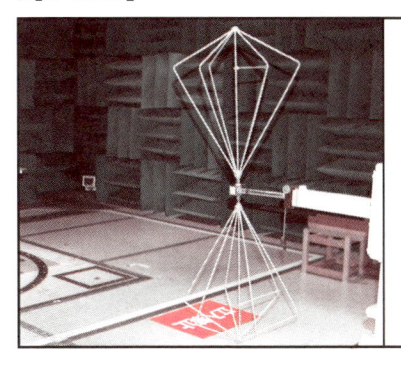

再現性のある解析で設計時の
事前検討に活用できる

LTspiceによる4相インターリーブ方式PFCのモデリングと解析

蓮村 茂
Hasumura Shigeru

　大容量のPFC回路に搭載するインダクタの小型，低損失，低コスト化が求められています．ここでは，インバータ・エアコン用途などを想定した7.6kW程度に用いられるインダクタの非線形解析モデルの作成例と，市販されているPFCコントロールICの一部の機能に限定したモデリングについて紹介します．

　インダクタ・メーカの材料特性（B-H特性）を合わせ込んだ非線形解析モデル作成例では，文献(1)を引用し，コア形状から磁気回路による線形モデル化と非線形モデル化を行います．

　また，PFCコントロールIC（UCC28070）のモデリングでは，パワー・エレクトロニクス・システム・シミュレータPLECSの「PLECSによるインターリーブPFC昇圧コンバータのモデリング事例」［文献(6)］を引用し，4相インターリーブ方式への追加を行います．

　作成したこれらのモデルは，4相インターリーブPFC電源の動作によるインダクタ・コアの挙動確認を主眼にした，一部の特性のみ考慮したモデルとなっていますので，解析する際にはその点をご承知おきください．

インダクタの非線形特性モデリング

　インダクタの非線形特性のモデリングは，東邦亜鉛の「HK-C型シリーズ」としました．HK-C型シリーズの特徴は，大容量ながら大量生産向きの構造，優れた重畳特性，低ロス材を採用し高効率，2巻き線の使い分けが可能，基板への搭載性の改善などで，PFC用インダクタに適しています．

　メーカより開示いただいた参考データから，磁気回路で線形モデルと非線形モデルを作成し，解析によってカタログ値との比較を行います．コアのB-H特性

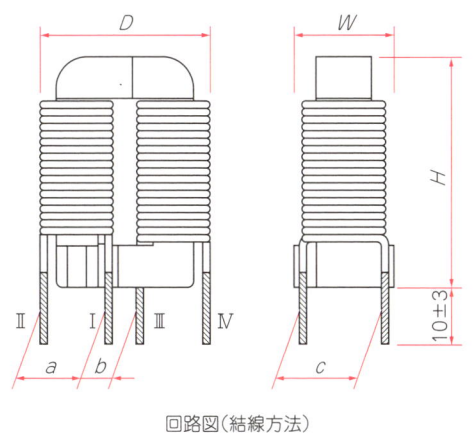

(a) 縦型

(b) 横型

図1[11]　HK-Cシリーズの形状

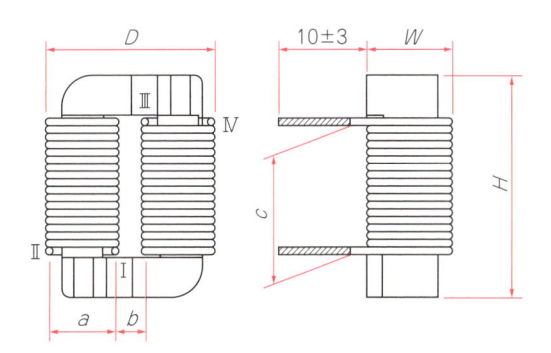

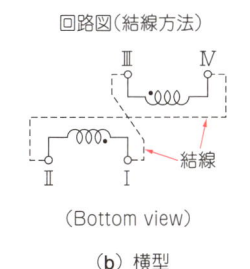

表1 コアの寸法

コア・サイズ			26C36A		27C44A		27C44B		31C50A		31C50B		35C60A		39C67A	
ターン			46	(23)	62	(31)	62	(31)	62	(31)	58	(29)	66	(33)	66	(33)
コア・サイズ	A	mm	36		44		44		50.2		50.2		60		66.7	
	B	mm	10.9		10.7		14.2		13.3		18.3		16.3		19.3	
	C	mm	13.1		13.7		13.7		15.7		15.7		17.8		19.7	
	D	mm	21		28.2		28.2		32.8		32.8		40.4		44.3	
	E	mm	5.6		5.8		5.8		7		7		8		8.5	
	コア幅	mm	7.5		7.9		7.9		8.7		8.7		9.8		11.2	
	R	mm	7.2		7.6		7.6		8.5		8.5		9.5		11	
磁路長	L_e	mm	88		104.4		104.4		120.9		120.9		143.6		157.8	
断面積	A_e	mm^2	81.8		84.5		112.2		115.7		159.2		159.7		216.2	

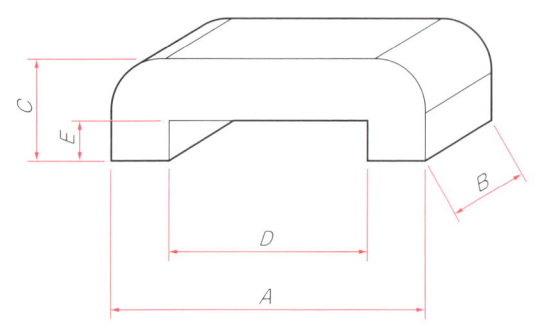

図2 コアの形状

写真1 HK-C型シリーズの外観

の数式化には，文献(1)，(5)の数式パラメータを表計算ソフトExcelを使った最小二乗法で適用し，GRG非線形ソルバーを用いて算出します．

図1がHK-C型シリーズの形状です．コアの形状を図2，寸法を表1に示します．巻き線は機械巻きでコスト低減には有利であり，また使用方法に応じた結線が選択できる構造となっています．HK-C型シリーズの外観を写真1に示します．

表1より，コア・サイズ31C50Aの解析モデルを作成します．カタログ・データより，HK-31C50A160の仕様は線型1.6φ，定格電流26 A，インダクタンス43 μH，直流抵抗16 mΩです．

非線形モデルの作成では，図3のHK材トロイダル・コアのB-H特性を数式で表現する手法で特性を合わせ込みます．LTspiceにもコアのモデルが具備されていますが，ダスト材のデータを合わせ込むのには，今回の手法のほうが簡便で精度が得られます．

● ジャイレータ・パーミアンス容量アナロジーを用いた磁気回路

磁気部品をモデリングする際に，ジャイレータ・パーミアンス容量アナロジーは，磁気回路の構造をコアの幾何学的形状から容易に誘導でき，電気的および磁気的ドメインとの間のエネルギーの関係は維持されます．非線形コア材料は，任意の飽和度とヒステリシス機能の実装を可能にする可変パーミアンスでモデル化することができます．

● 理想ジャイレータの構成

ジャイレータ(gyrator)は，内部に二つの独立した制御電源をもつ図4のような2ポート等価回路で表すことができます．

V_1, I_1, V_2, I_2に関して式(1)の関係が成り立ちます．

$$\begin{bmatrix} I_1 \\ I_2 \end{bmatrix} = \begin{bmatrix} 0 & \pm G \\ \mp G & 0 \end{bmatrix} \begin{bmatrix} V_1 \\ V_2 \end{bmatrix} \quad \cdots\cdots (1)$$

一方の端子対に流れる電流が他方の端子対の電圧に比例し，あるいは一方の端子対に加わる電圧と他方の端子対に流れる電流が比例します．

縦続行列で表すと式(2)になります．

$$\begin{bmatrix} V_1 \\ I_1 \end{bmatrix} = \begin{bmatrix} 0 & \frac{1}{\mp G} \\ \pm G & 0 \end{bmatrix} \begin{bmatrix} V_2 \\ -I_2 \end{bmatrix} \quad \cdots\cdots (2)$$

次に，理想ジャイレータの一方の端子対を図5のようにインピーダンスZ_Lで終端した場合を考えると，

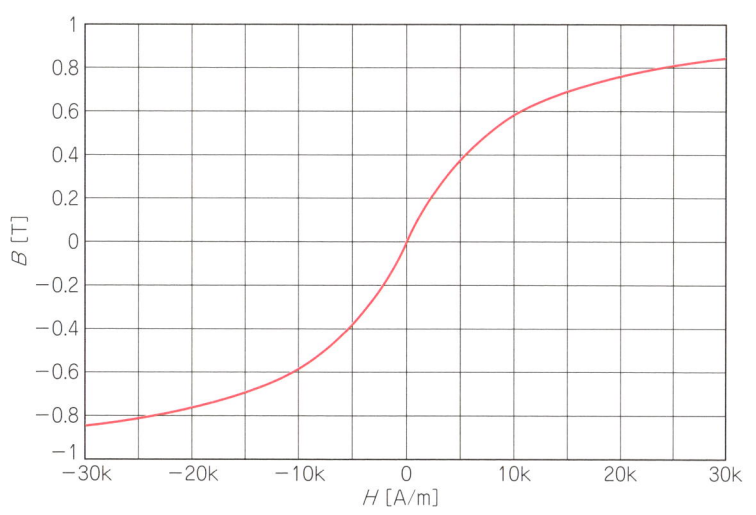

図3　HK材トロイダル・コアのB-H特性

$$\begin{bmatrix} V_1 \\ I_1 \end{bmatrix} = \begin{bmatrix} 0 & \frac{1}{\mp G} \\ \pm G & 0 \end{bmatrix} \begin{bmatrix} V_2 \\ -I_2 \end{bmatrix}$$

一方の端子対に流れる電流が他方の端子対の電圧に比例し，あるいは一方の端子対に加わる電圧と他方の端子対に流れる電流が比例する

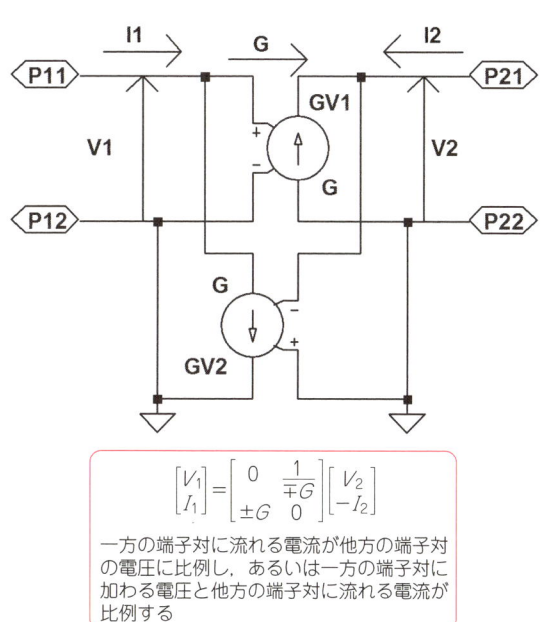

図4　理想ジャイレータ

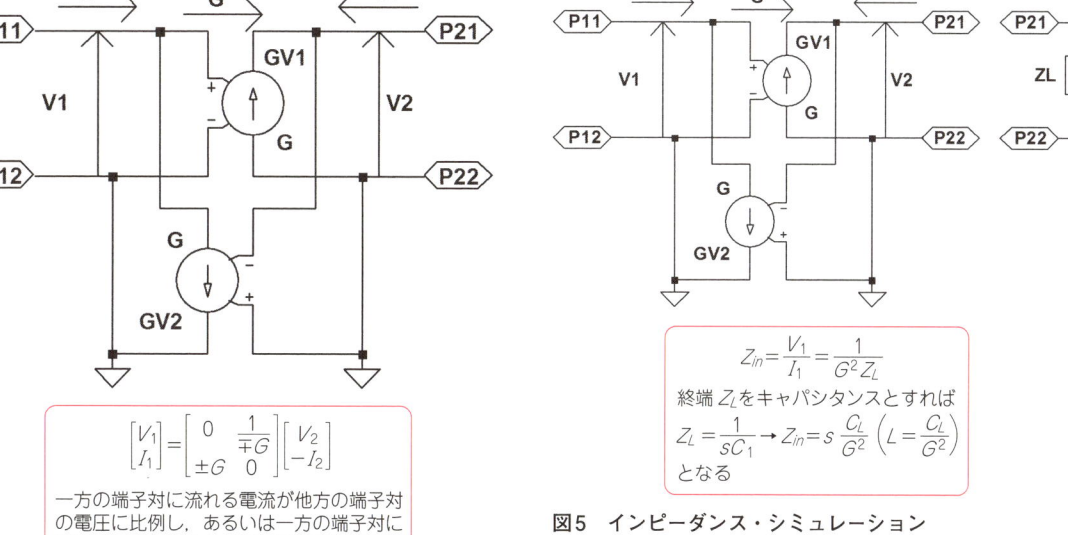

$$Z_{in} = \frac{V_1}{I_1} = \frac{1}{G^2 Z_L}$$

終端 Z_L をキャパシタンスとすれば
$$Z_L = \frac{1}{sC_L} \rightarrow Z_{in} = s\frac{C_L}{G^2} \quad \left(L = \frac{C_L}{G^2}\right)$$
となる

図5　インピーダンス・シミュレーション

$$\begin{bmatrix} I_1 \\ I_2 \end{bmatrix} = \begin{bmatrix} 0 & \pm G \\ \mp G & 0 \end{bmatrix} \begin{bmatrix} V_1 \\ V_2 \end{bmatrix} \quad \cdots (3)$$

$$I_1 = \pm GV_2 = \pm G(-Z_L I_2) = \pm G(\pm Z_L GV_1)$$
$$= Z_L G^2 V_1 \quad \cdots (4)$$

$$Z_{in} = \frac{V_1}{I_1} = \frac{1}{G^2 Z_L} \quad \cdots (5)$$

$$Z_L = \frac{1}{sC_1} \rightarrow Z_{in} = s\frac{C_L}{G^2} \quad \left(L = \frac{C_L}{G^2}\right) \quad \cdots (6)$$

図5で終端 Z_L をキャパシタンスとすれば，式(3)〜式(6)より，キャパシタンスのジャイレータ比 G の2乗倍のインダクタンスがつながっているように見えることになります．この関係を図6(a)の回路解析で確認すると，図6(b)に示すようなジャイレータとしての特性が得られます．

インダクタのモデリングには，以上のようなGyratorcd素子を使用して，HK-31C50A160のLTspiceの線形解析モデルを作成します．

図2，表1に示している磁性材料コアの構造寸法，材料諸元から磁気抵抗を算出し，ジャイレータ・パーミアンス容量を求めます．算出過程は図7(a)，(b)を参照ください．

インダクタの非線形特性モデリング　81

(a) 解析回路 (b) 解析波形

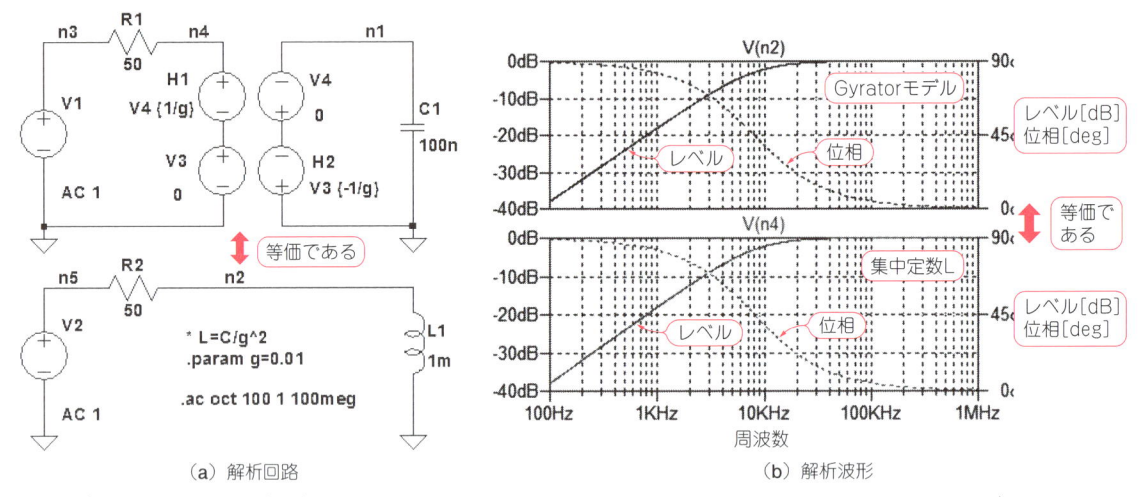

図6 ジャイレータ機能の確認（LTspice_PFC¥HK_Linear_model¥20140503-2_GYRATOR1_Micro-Cap.asc）

(a) Physical model (b) Gyrator-capacitor modelに修正 (c) HK-31C50A160の形状に修正

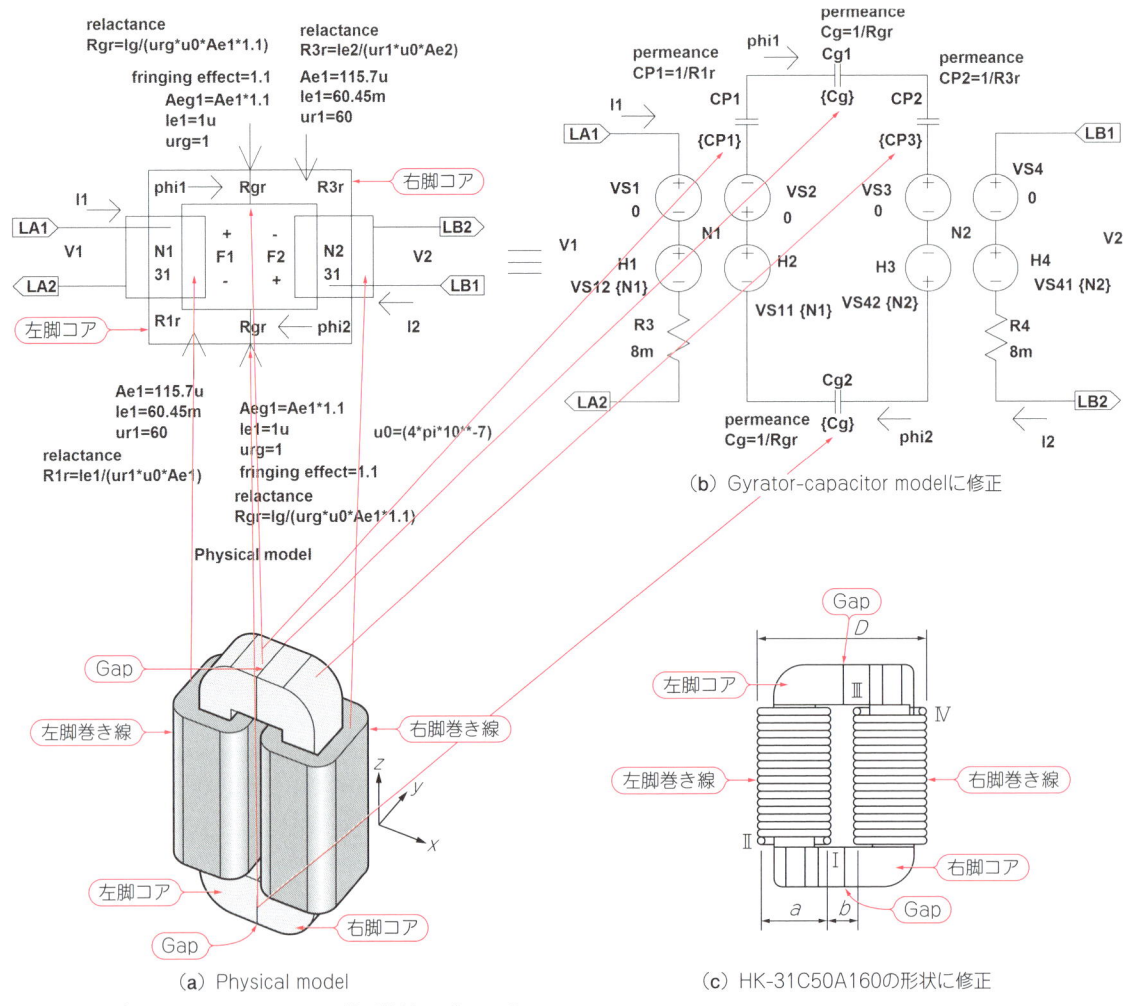

図7 インダクタHK-31C50A160の線形特性モデリング

表2[4] 線形特性モデルのphysical modelとLTspice modelのパラメータ比較

Parameter of physical model	Equivalebt parameters of LTspic model
$\dfrac{d\phi}{dt}$	I_2
$\dfrac{d\phi}{dt} = \dfrac{1}{S}\dfrac{dmmf}{dt} = \dfrac{1}{S}\dfrac{dNI_1}{dt}$	$\dfrac{dI_2}{dt} = C\dfrac{dNI_1}{dt}$ （N in ohms）
$\dfrac{1}{S}$	C
$V_1 = N\dfrac{d\phi}{dt}$	$V_1 = NI_2$ （N in ohms）
ϕ	$\int_0^t I_2 dt =$ charge on $C = CV_c$
$\phi S = mmf$	V_c

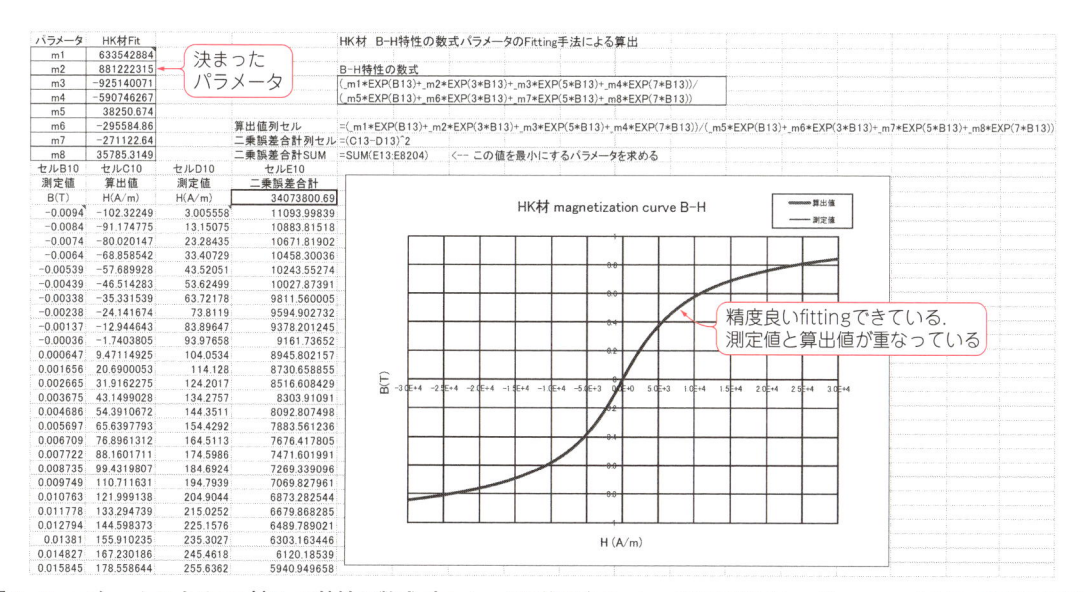

図8 ExcelシートによるHK材B-H特性の数式パラメータの算出（LTspice_PFC¥HK_Non_Linear_model_B-H¥20140526_HK材_B-H_fitting.xlsx）

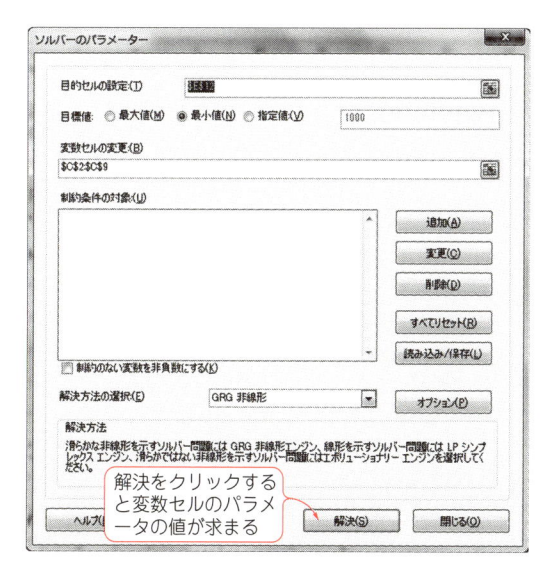

図9 ソルバーのパラメータ設定による算出

表2に，線形特性モデルのphysical modelとLTspice modelのパラメータ比較を示します．

● HKコアのB-H特性数式パラメータの算出

Excelシートで式(7)の_m1～_m8のパラメータをフィッティング（fitting）手法により求めます．式(7)は，文献(1)の式をそのまま採用しています．

H=(_m1*EXP(B13)+_m2*EXP(3*B13)+
　_m3*EXP(5*B13)+_m4*EXP(7*B13))/
　(_m5*EXP(B13)+_m6*EXP(3*B13)+
　_m7*EXP(5*B13)+_m8*EXP(7*B13))　…(7)

図8のExcelシートに，セルのコメントを記入してありますので参照ください．

図9のソルバーのパラメータ設定による算出画面で［解決］をクリックすれば，フィッティングされた_m1～_m8のパラメータが求まります．他のモデルのB-H特性のフィッティングを行う場合には，適当な初期値を代入しながら測定特性に近づけ，その後［解

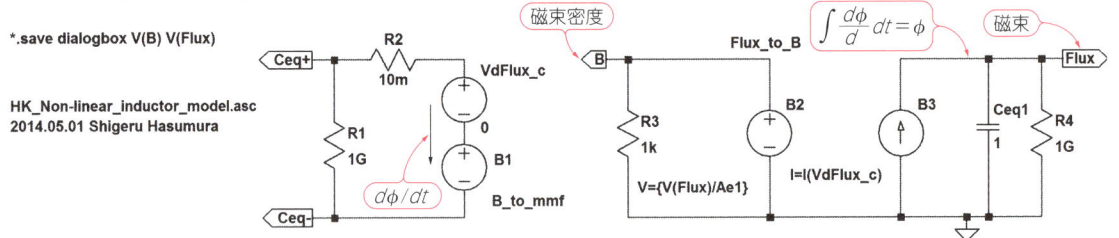

Analysis of current-controlled inductors by new SPICE behavioral model
Evgeny Rozanov and Sam Ben-Yaakov

*.params Ae1=115.7u le1=120.9m ; 31C50A
.params m1=633542884.5 m2=881222315.3 m3=-925140070.8 m4=-590746266.9 m5=38250.67397 m6=-295584.862 m7=-271122.6439 m8=35785.31488 ;HK

*.save dialogbox V(B) V(Flux)

HK_Non-linear_inductor_model.asc
2014.05.01 Shigeru Hasumura

$V=\{le1\}*(\{m1\}*EXP(V(B))+\{m2\}*EXP(3*V(B))+\{m3\}*EXP(5*V(B))+\{m4\}*EXP(7*V(B)))/(\{m5\}*EXP(V(B))+\{m6\}*EXP(3*V(B))+\{m7\}*EXP(5*V(B))+\{m8\}*EXP(7*V(B)))$

図10　HKコア材の非線形特性サブサーキット（LTspice_PFC¥HK_Non_Linear_model_B-H¥HK-31C50A160_CORE_Non-linear_inductor_model.asc）＊

（a）Physical model

（b）Gyrator-capacitor modelに修正

（c）HK-31C50A160の形状に修正

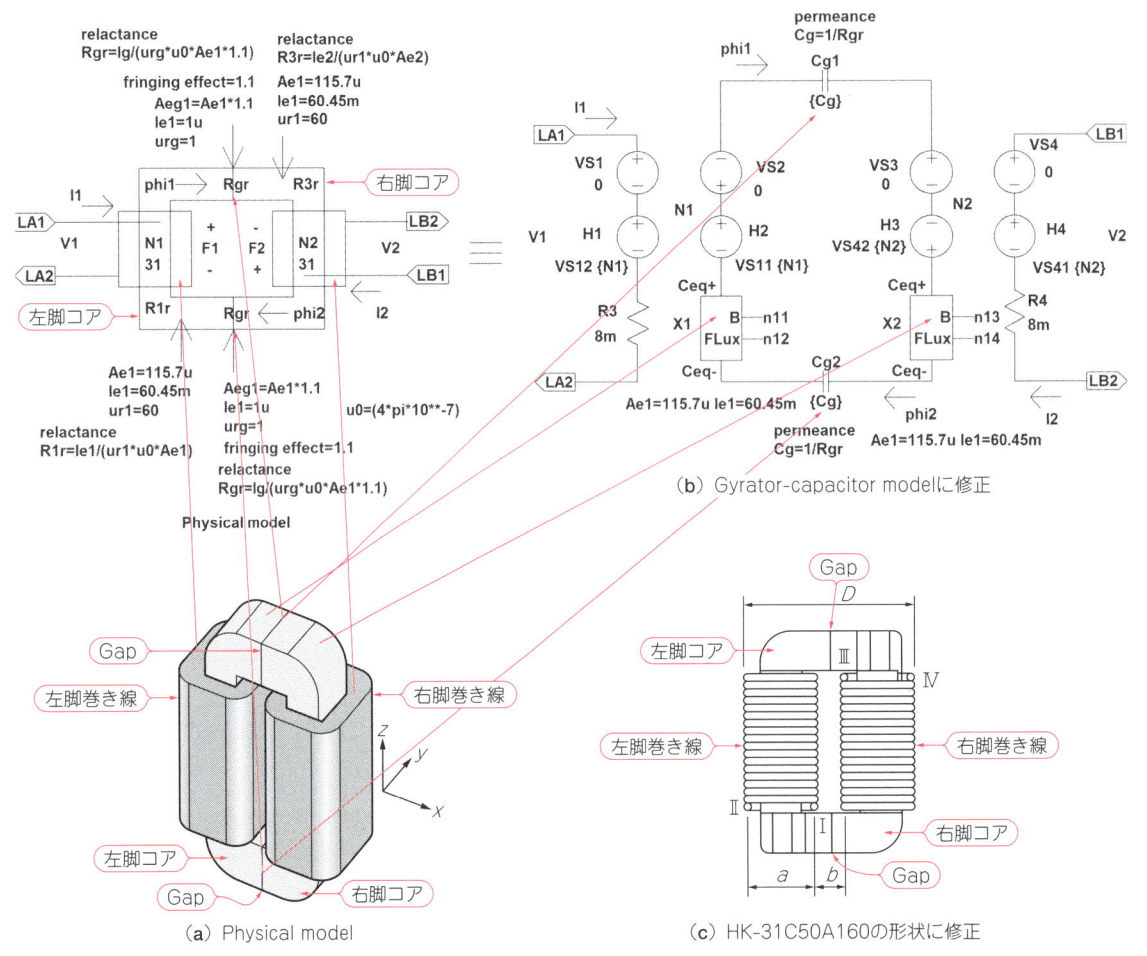

図11　インダクタHK-31C50A160の非線形特性モデリング（LTspice_PFC¥Non-Linear_model_4phase_Interleaved¥Non-Linear_relactance_Physical_model.asc）＊

決]をクリックするのがコツです．

　メーカよりB-H特性のcsvファイルなどが入手できない場合には，カタログのB-H特性を拡大印刷して，目視でBとHの値を適当に読み取ることになります．特性の代表ポイントを拾い出すだけでも，それなりのフィッティングはできます．

　非線形コア・モデルのサブサーキットは，図10の構成となっており，線形モデルのジャイレータ・パー

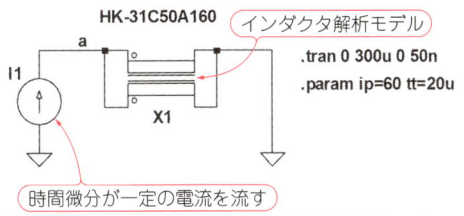

図12 線形モデル*B-H*特性解析回路(LTspice_PFC¥HK_Linear_model¥HK-31C50A160_Linear_model_B-H.asc)

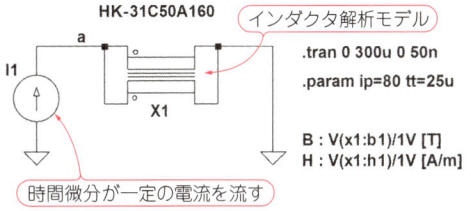

図13 非線形モデル*B-H*特性解析回路(LTspice_PFC¥HK_Non_Linear_model_B-H¥HK-31C50A160_B-H.asc)

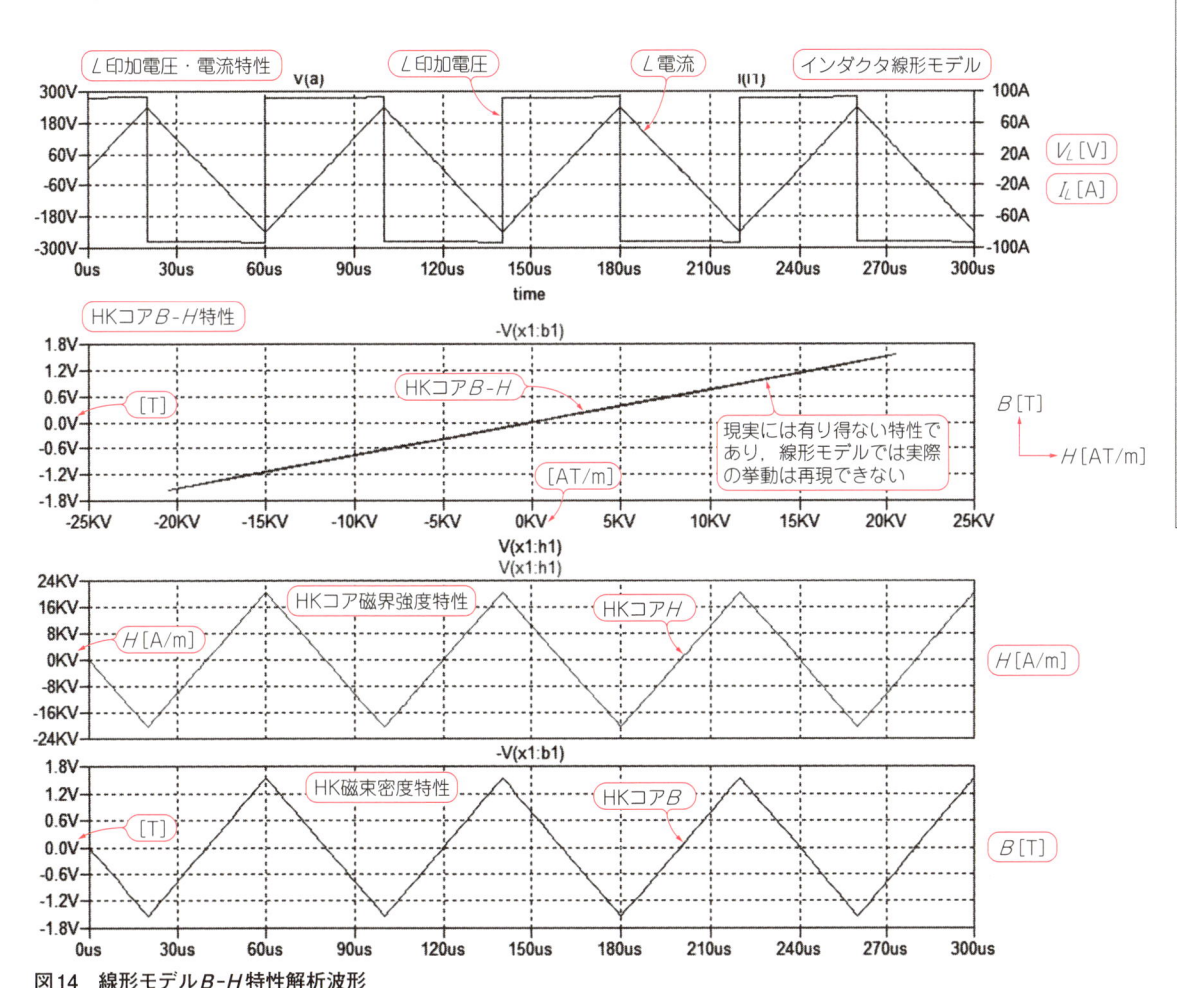

図14 線形モデル*B-H*特性解析波形

ミアンス容量をビヘイビア電圧源で記述し，非線形パーミアンス容量に置き換えた形となっています．詳細は文献(1)を参照ください．

インダクタHK-31C50A160の非線形特性モデリングでPhyaical modelとGyrator-capacitor modelの関係は図11(a)(b)になります．インダクタの構造から同じ巻き線済みコアを対向させて接続させていますので，ギャップ(Gap)を考慮したモデルとしています．解析では$Gap=1\mu m$と仮定しましたが，現品では$Gap=50\mu m$程度と思われます．解析しながらモデルのパラメータの合わせ込みを行い，精度を向上させていく努力が必要です．

図11(a)(b)の非線形モデルを発展させれば，インターリーブの複合インダクタなどの構成も考えられます(検討されるのは自由ですが，製品化する場合には特許調査を行い，問題回避が必要です)．

● 線形モデルと非線形モデルの*B-H*特性比較

実使用では起動時，最大負荷時等のインダクタの挙動確認が必要となります．図12，図13の解析回路で，

図15 非線形モデル B-H 特性解析波形

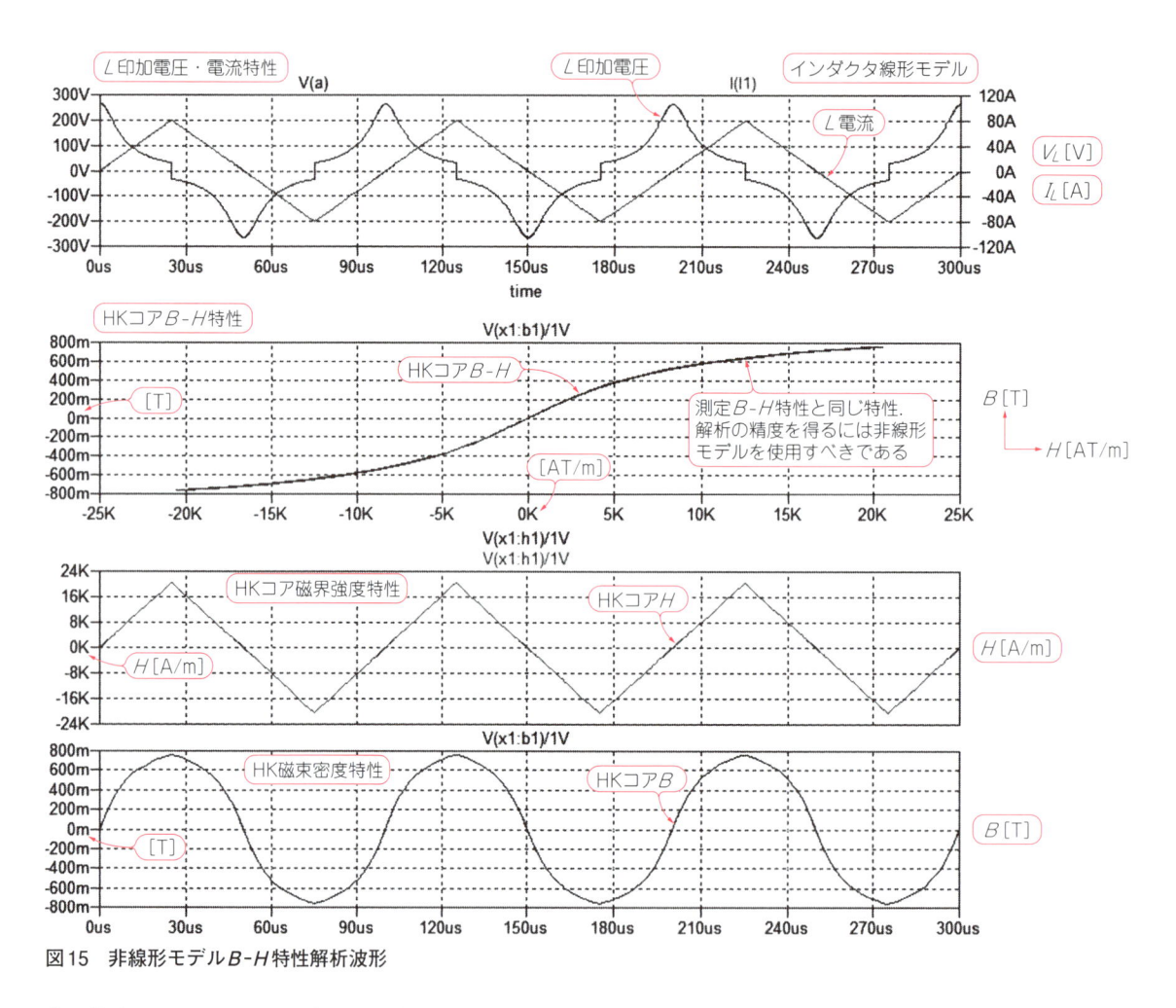

今回作成したモデルに時間微分が一定の電流を流し，$H = 20\,\mathrm{k}$ [A/m]（コアの飽和領域）まで励磁させ，測定 B-H 特性の**図16(a)** と比較してみます．

線形モデルの特性解析波形の**図14**では，磁界強度 H [A/m] が増加しても，リニアに磁束密度 B [T] が増加する，現実には起こり得ない特性を示しています．このような特性を見過ごして設計してしまうと，思わぬ現象の発生が起き，トラブルの元になりますのでご注意ください．

一方，非線形モデルの特性解析波形の**図15**は，**図14**と明らかに動作挙動が異なっており，**図16(a)** の測定 B-H 特性と良く一致しており，拡大波形の**図16(b)** と比較しても B-H 特性の数式パラメータの妥当性が得られているのがわかります（B-H 特性のみ合わせ込んでおり，周波数特性は考慮していない）．

実機動作を模擬した解析を行うのであれば，解析に用いるインダクタ・モデルは非線形モデルを使う必要があります．

図16(a) の非線形モデル B-H 特性から，インダクタに流れる電流の増加によりコアの透磁率 μ_r [H/m] が低下しているのがわかります（$\mu_r \mu_0 = B/H = (B l_e)/NI$ より）．

ここで，$L = (\mu_r \mu_0 N^2 A_e)/l_e$ の関係から，μ_r の低下によるインダクタンス L [H] の低下が確認できます．

このように，HK コア特性により動作時のインダクタンスも変化しますので，回路解析で透磁率 μ_r 特性，インダクタンス L 特性も確認してみます．

解析結果は**図17**になります．波形から，26 A 定格値時の透磁率 $\mu_r = 55.4$，インダクタンス $L = 128/2 = 64\,\mu\mathrm{H}$ が読み取れます．透磁率 $\mu_r = 55.4$ は妥当な値ですが，$L = 128/2 = 64\,\mu\mathrm{H}$ に関してはカタログ値の $43\,\mu\mathrm{H}$ との乖離がありますので，今後メーカと特性差異の要因に関して打ち合わせを行い，モデルの解析精度の向上を図っていく予定です．

PFCコントロールIC UCC28070のモデリング

● **PFCコントローラのモデリング主要機能**
● 平均電流モード制御およびインターリーブ方式スイッチングに基づく電流制御ループ

(a) HKコア測定値

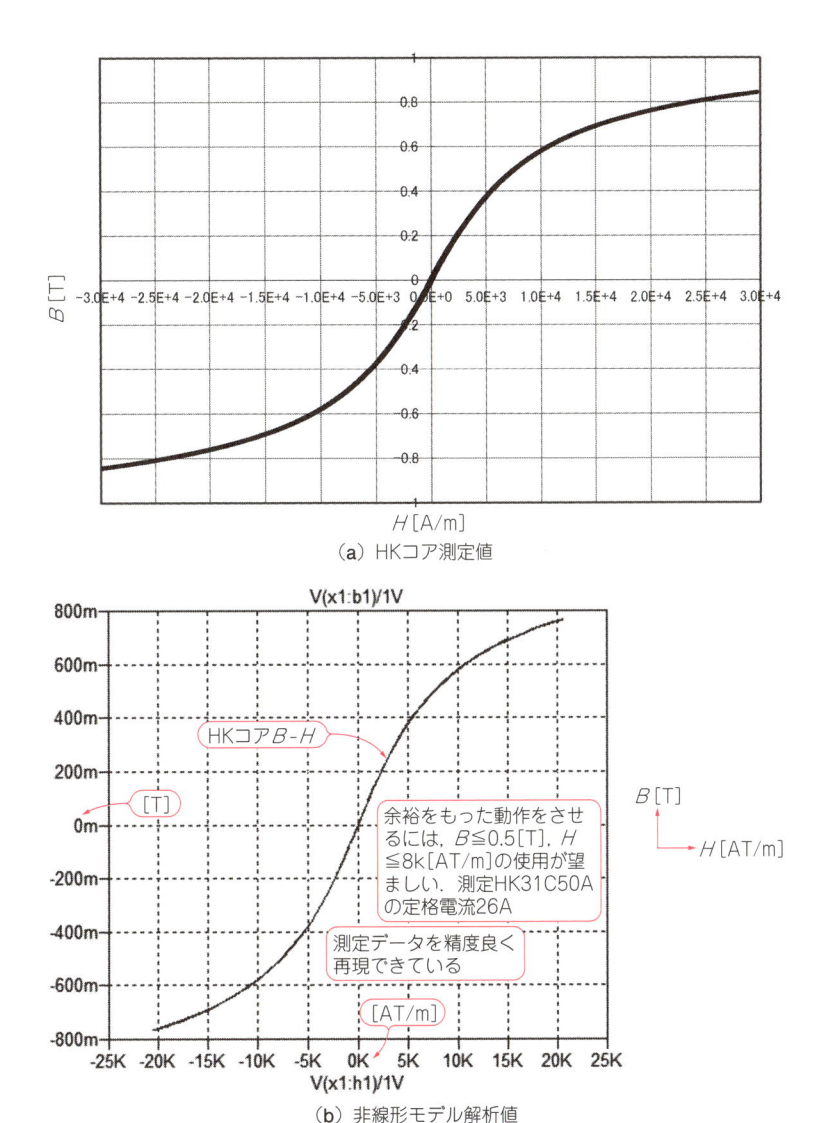

(b) 非線形モデル解析値

図16 HKコア測定値と非線形モデルB-H特性解析波形

- トランスコンダクタンス・エラー・アンプ
- インダクタ電流のスロープ補償
- 4相インターリーブ
- 一部の特性のみ考慮したモデル

モデリングの詳細は文献(6)を参照ください．PLECSツール使用を前提としたモデリングの説明となっていますので，LTspiceへの展開に関しての詳細説明は控えさせていただきます．

● PFCコントローラ・サブサーキット

文献(6)を参考にして，一部の特性のみ考慮して作成したモデルのPFCコントローラ・サブサーキットを図18に示します．文献(6)には記述されていない4相インターリーブ機能を増設し，4相インターリーブ動作でのインダクタ・コアの挙動確認に使用できるようにしています．

4相インターリーブ方式PFC回路の解析

この例題で用いられる解析は，4相インターリーブ電流不連続モードの構成となっています．インダクタの非線形モデルをHK-31C50A160で行いましたので，インダクタンス値は43μH@26Aと小さくなっており，容易にインターリーブ電流臨界モードでも使用できます．しかし，4相インターリーブ電流臨界モードのコントロールICの解析モデルができていないので，あえて平均電流モード制御ICをインターリーブ電流不連続モードで動作させています．

図17 HKコアの非線形モデル透磁率特性，インダクタンス特性の解析波形

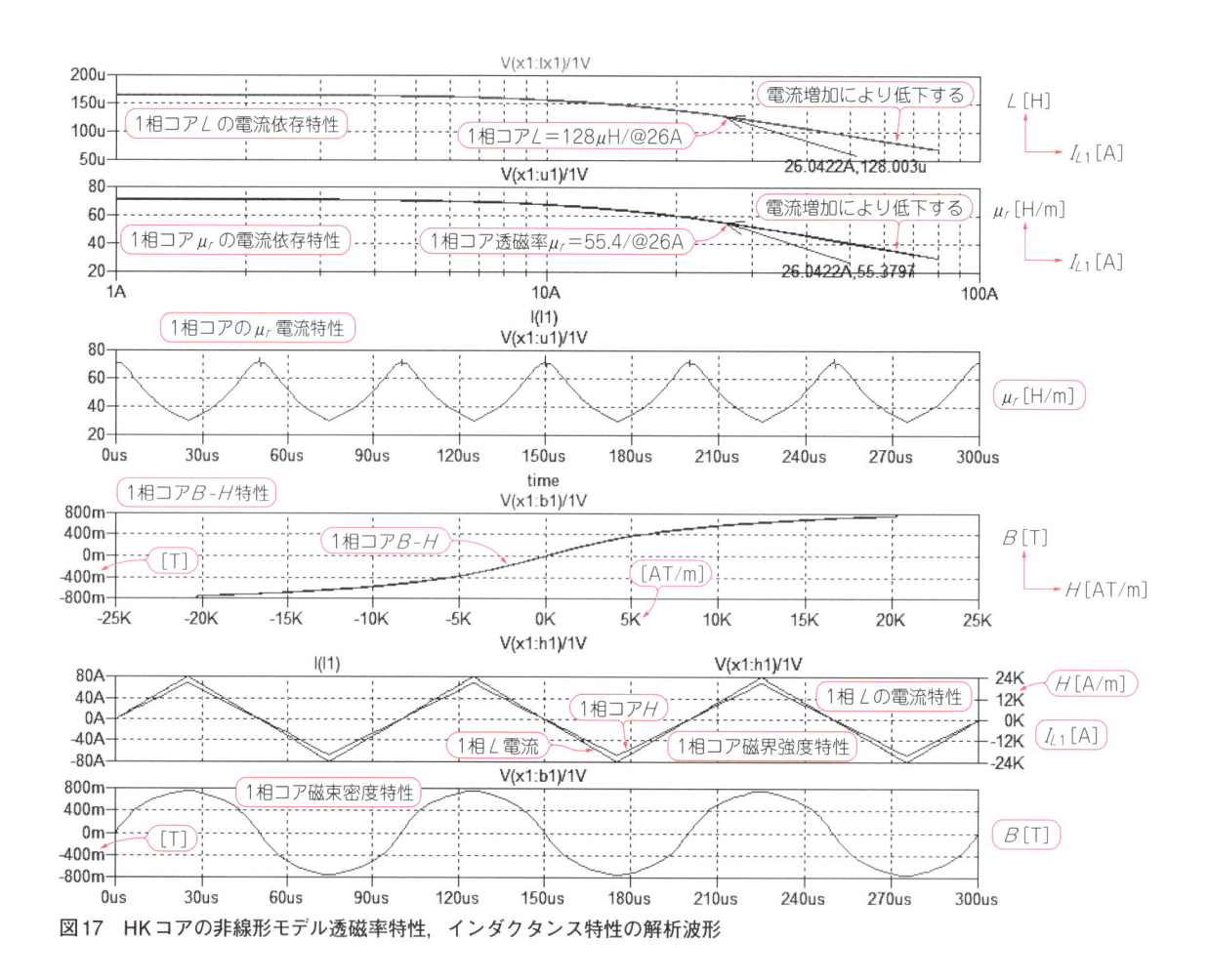

● 解析回路

解析回路を図19に示します．スイッチング素子とダイオードには理想素子を使用して，解析時間を短縮しています．0～360 ms間を200 ns刻みで解析すると，取り込むデータにも依存しますが1時間弱掛かり，波形の表示やB-H特性の表示にも時間が掛かりますので，解析時間の制限，取り込むデータの制限などが必要です．取り込むデータ量が多くなり，波形表示もHDDへのアクセスを頻繁に行いますので，HDDの寿命低下の観点から重要なデータは別に保存しておくことをお勧めします．

0～360 ms間の解析で負荷を2 kW→7.6 kW→2 kW→7.6 kWと急変させ，出力電圧360 V出力の過渡応答を確認し，そのときのインダクタの非線形特性挙動を見極めています．今まで，実機での電流測定で，似たようなコア飽和時の波形を捉えたことがある方も居られると思いますが，解析でもある程度の現象は把握できますので，部品の選定時に活用いただければ幸いです．

● 非線形インダクタの解析モデル

非線形インダクタの解析モデルは図20で，マウスを".param"の上で右クリックすると，各パラメータの定数を変更できます．

● HKコアの非線形解析モデル

HKコアの非線形解析モデルを図21に示します．コアのB-H特性の数式パラメータを変更することにより，他の特性のコアにも対応できますのでお試しください．

● 解析波形

図19の4相インターリーブ方式PFC解析回路の解析波形を図22に示します．0～360 ms間の解析で負荷を2 kW→7.6 kW→2 kW→7.6 kWと急変させ，出力電圧360 V出力の過渡応答が確認できます．

PFCコントローラ・サブサーキット内の電流コントローラ，電圧コントローラ，乗算器ゲインなどのパラメータ設定は文献(6)を参照してください．解析したパラメータ値でのシステムは50 msで定常状態とな

図18 PFCコントローラ・サブサーキット（LTspice_PFC¥Non-Linear_model_4phase_Interleaved¥20140504_G1_UCC28070-4phase.asc）＊

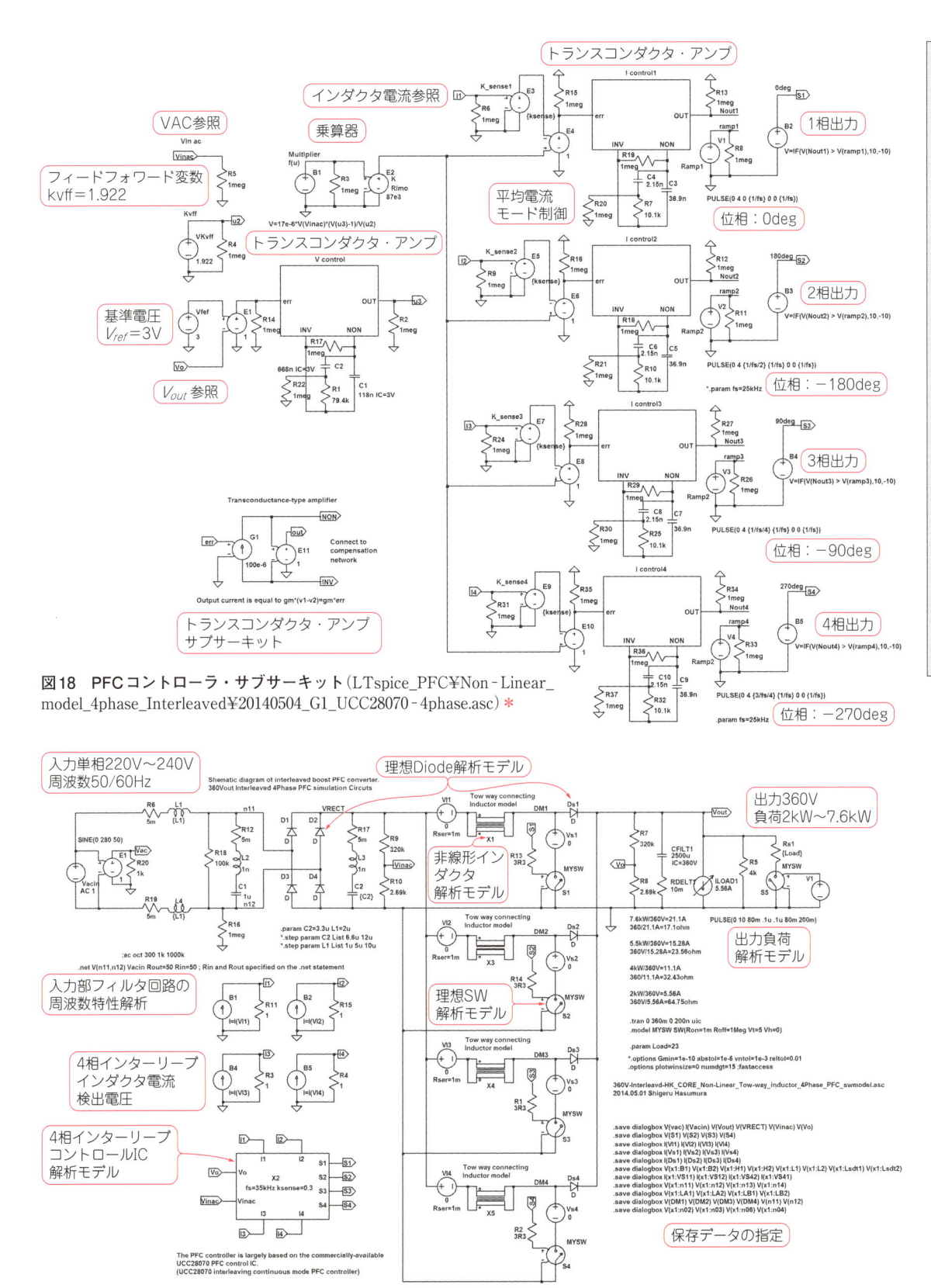

図19 4相インターリーブ方式PFC解析回路（LTspice_PFC¥Non-Linear_model_4phase_Interleaved¥360V-Interleavd-HK_CORE_Non-Linear_Tow-way_Inductor_4Phase_PFC_swmodel.asc）

4相インターリーブ方式PFC回路の解析

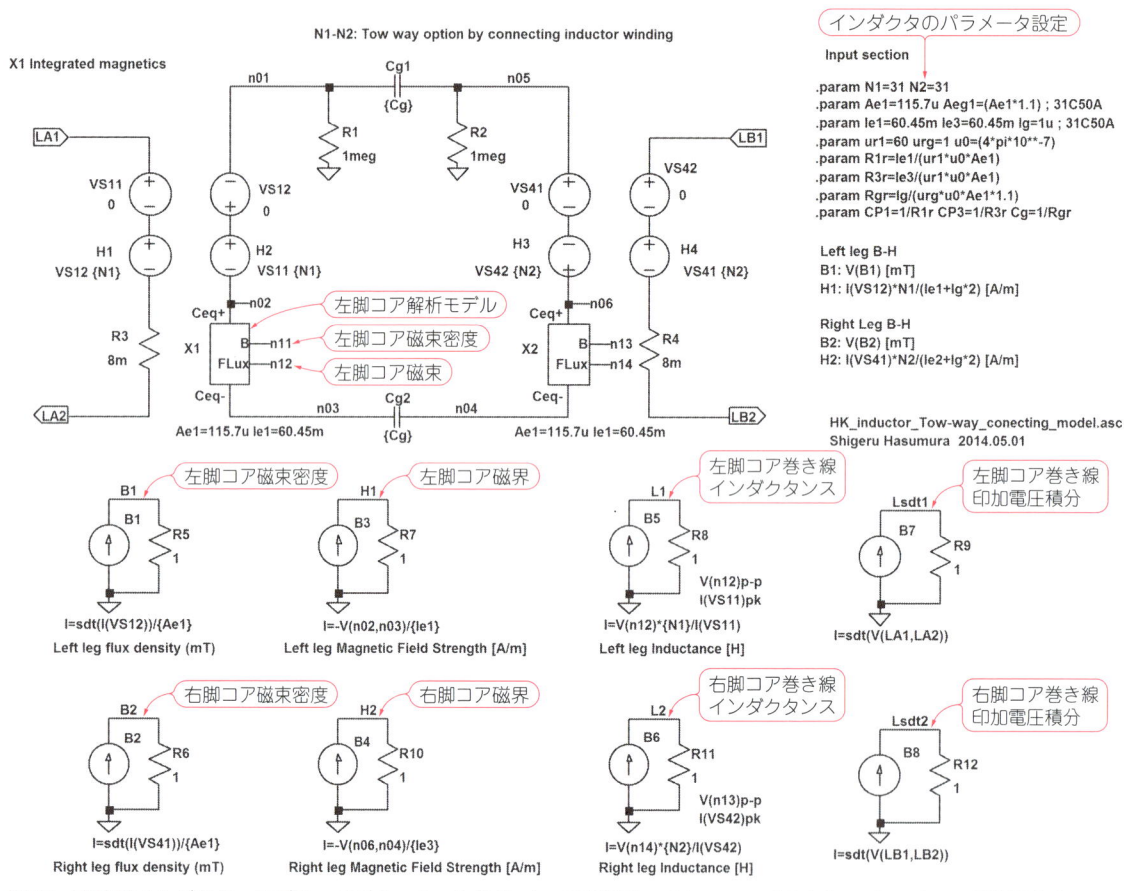

図20 非線形インダクタ・モデル・サブサーキット（LTspice_PFC¥Non-Linear_model_4phase_Interleaved¥HK_inductor_Tow-way_conecting_model.asc）*

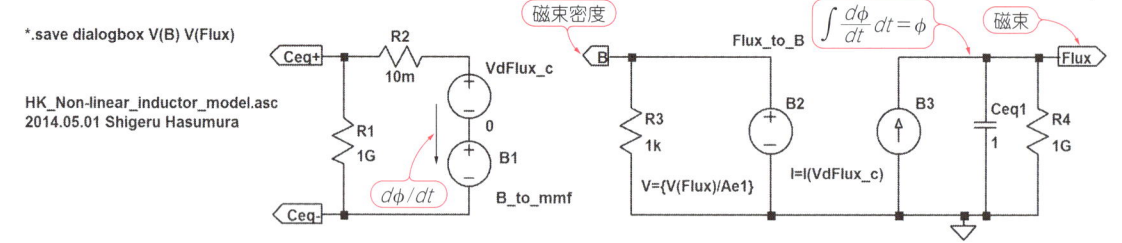

図21 非線形インダクタ・コア・モデル・サブサーキット（LTspice_PFC¥Non-Linear_model_4phase_Interleaved¥HK_Non-linear_inductor_model.asc）*

ります．応答に遅れが生じるとインダクタに流れる電流が増加してコアの飽和に至る場合がありますので，制御系の設計にはご注意ください．

LTspiceを使った周波数応答特性（FRA）解析もできますが，時間が掛かり過ぎてあまり良い確認方法ではありません．簡便な方法として，解析区間を制限して図22の出力電圧V(vout)波形より応答を判断することで，システムの周波数特性のゲイン余裕，位相余裕を見極める手法もあります．

パワー・エレクトロニクス・システム・シミュレー

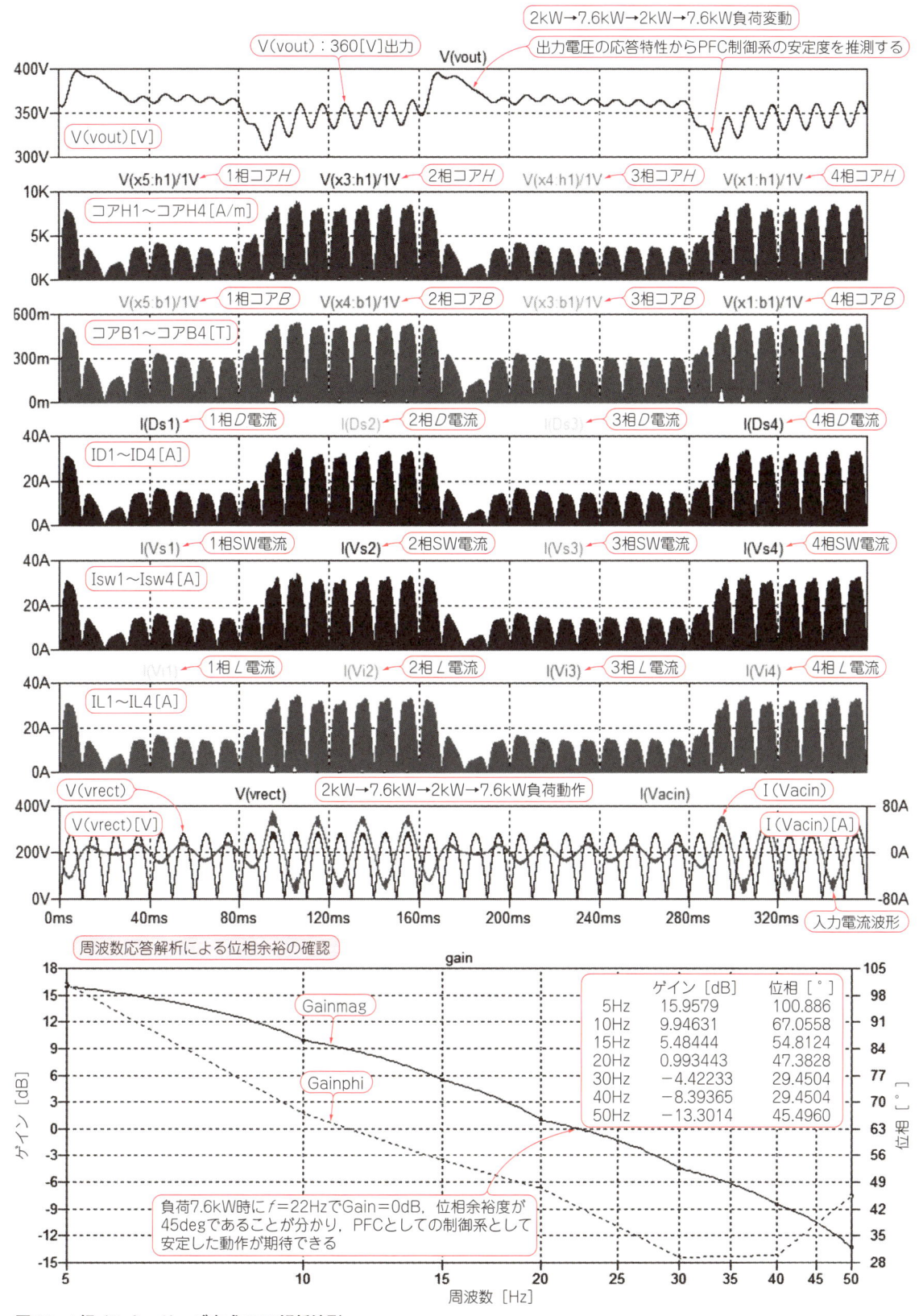

図22 4相インターリーブ方式PFC解析波形

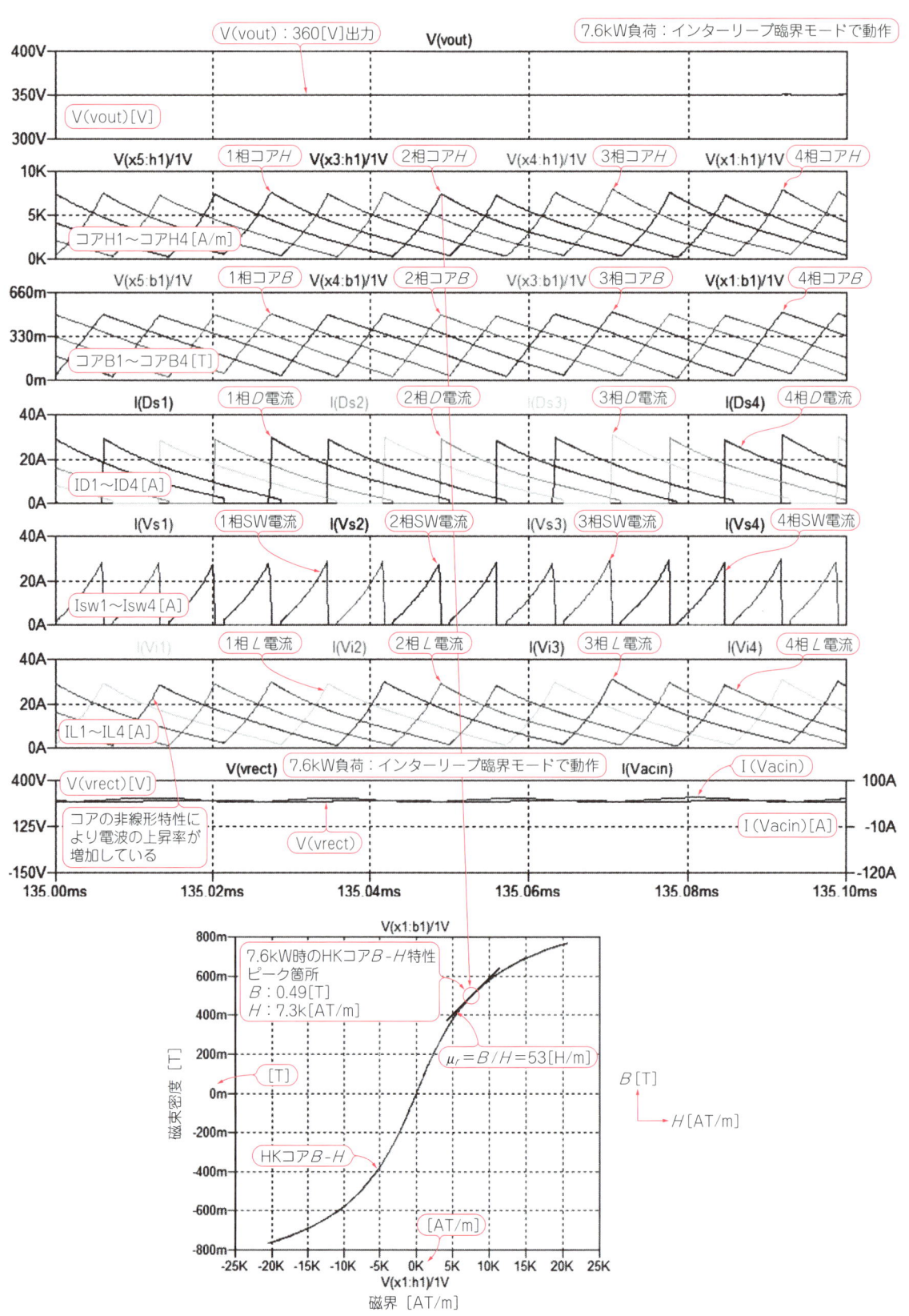

図23 負荷7.6 kW時区間の拡大波形

92　第2章　LTspiceによる4相インターリーブ方式PFCのモデリングと解析

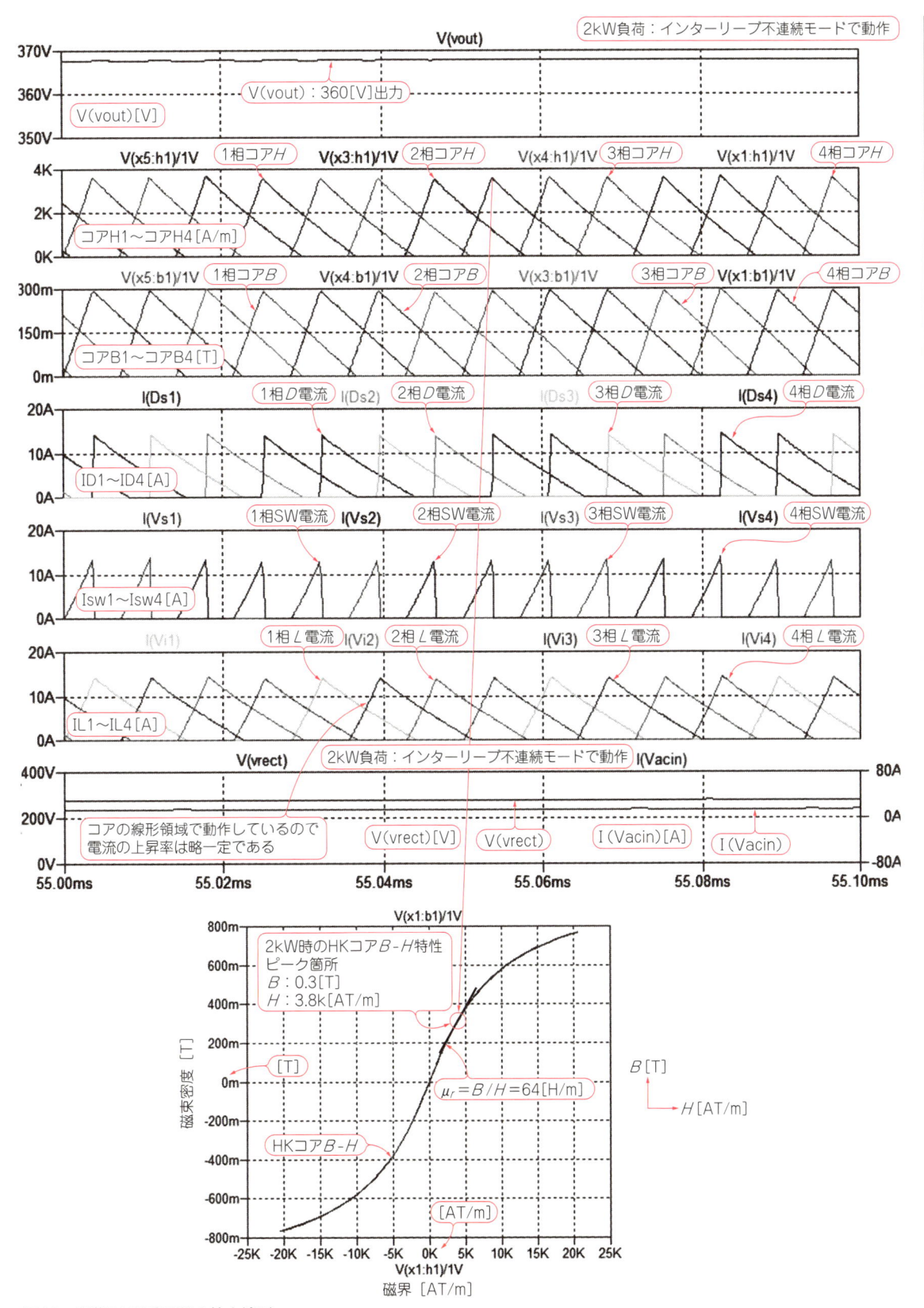

図24 負荷2kW時区間の拡大波形

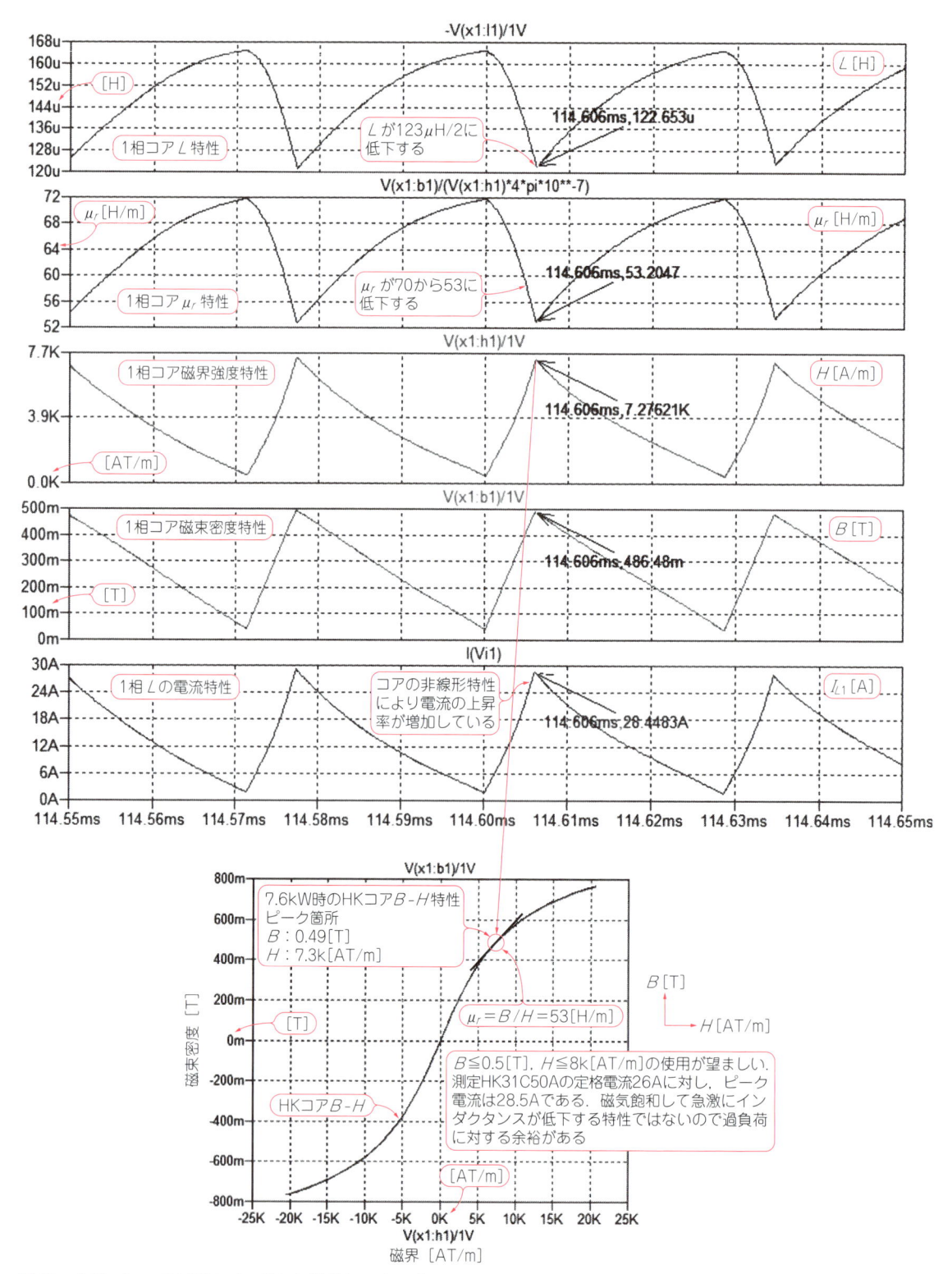

図25 負荷7.6 kW時区間のインダクタ透磁率，インダクタンス

タPLECSが使える環境であれば，PLECSに実装されている応答解析ツールを用いた電流/電圧ループのオープン・ループ伝達関数を容易に確認することができます．

図22の負荷7.6 kW区間の拡大波形が図23になります．ほぼ臨界インターリーブに近い電流で動作しています．インダクタ電流，スイッチング電流，ダイオード電流から，コアの非線形特性による影響が確認できます．これ以上負荷電流を流すとコアが飽和し半導体素子の破損に至りますので，電流波形の形より検討したインダクタの使用可否の見極めをする必要があります．

インダクタのL値が小さいので，インターリーブ連続動作モードは最大負荷近傍に限定された動作となっており，それ以外の負荷領域では整流ダイオードのリカバリ問題は軽減されます．しかし，スイッチング素子やインダクタのピーク電流が増えてしまいますので半導体素子やインダクタの損失による発熱には注意が必要です．

4相インターリーブ臨界モード方式のコントロールICがあれば，そちらの制御での検討をお勧めします．LTspiceで使える4相インターリーブ臨界モード方式コントロールICのSPICEモデルが提供されていればよいのですが，現時点では把握できておりません．テキサス・インスツルメンツ社にはPSpiceのUCC28070モデルがありますが，ネット・リストは公開されていません．また，PSpiceの古いバージョンにはモデルが対応しておらず，PSpiceは高価で個人が購入するのは困難で，UCC28070モデルでの解析は諦めています．

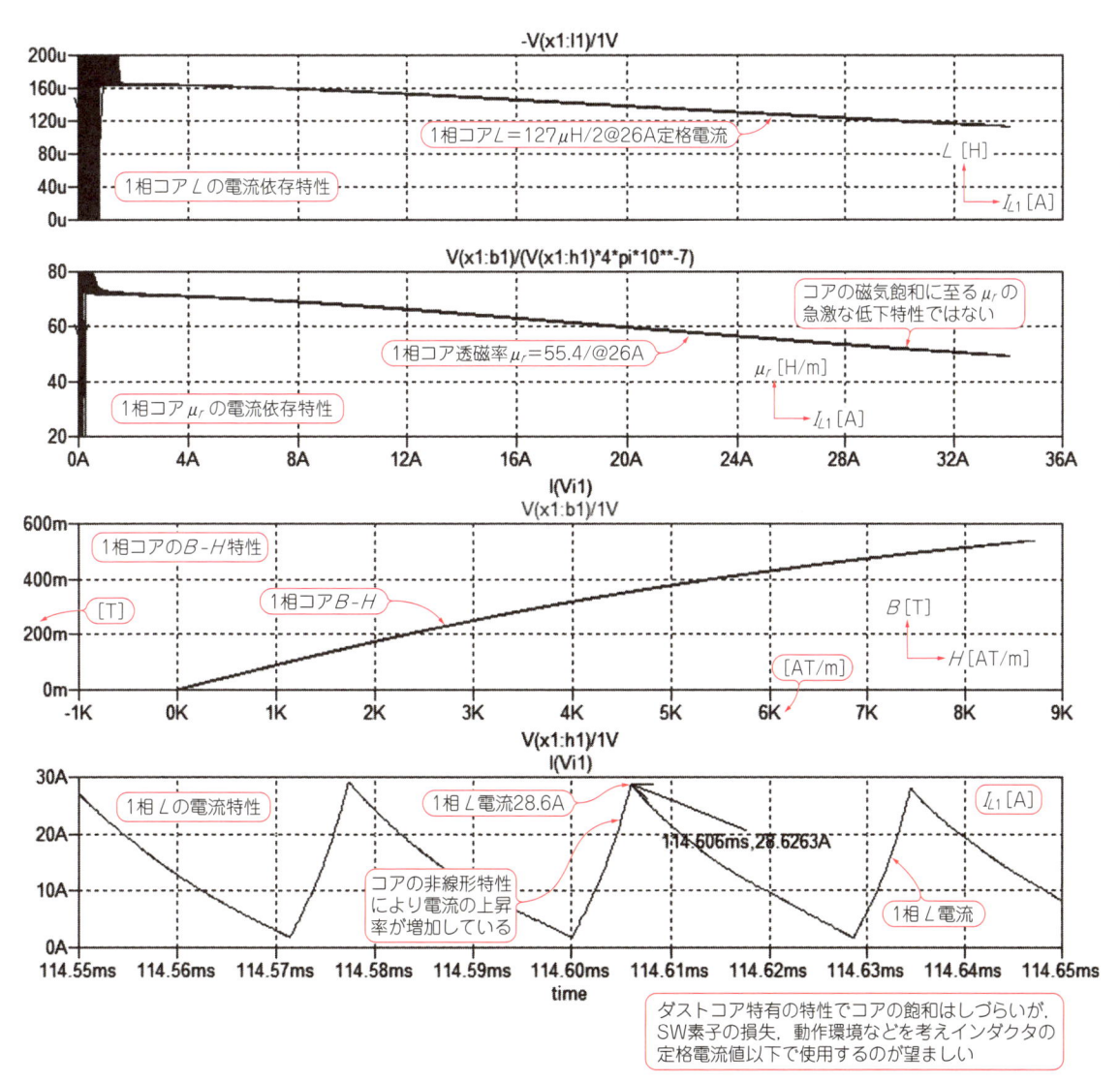

図26 インダクタ透磁率，インダクタンスの電流依存特性

4相インターリーブ方式PFC回路の解析　95

● リプル電流の簡便な確認方法

4相インターリーブ方式には，インダクタのインダクタンスを小さくしてもリプル電流を減らせる特徴があります．負荷2kW区間の拡大波形（図24）より，インターリーブ電流不連続モードで動作している箇所のリプル電流の簡便な確認方法例を紹介します．

4相ぶんのダイオード電流から電界コンデンサに流れるリプル電流の計算は手間が掛かりますので，波形の1周期間をカーソルで設定して各電流の実効値を求めて足し合わせるか，電解コンデンサのリプル電流波形よりカーソル機能で直接求めてしまうか，グラフ読み取り／演算コマンドの「.MEASUREコマンド」で回路図に記述しておく方法があります．負荷7.6kW区間でも同様に確認できます．

4相化したとしても電流不連続モードで動作しているので，電解コンデンサに流れるピーク電流は大きくなりますので，リプル電流を満足する電解コンデンサの選定が必要です．

● インダクタの透磁率／インダクタンス特性の解析

最大負荷7.6kW区間のインダクタ透磁率，インダクタンス特性を解析で確認してみます．

解析波形を図25に示します．1相Lの電流特性を見るとピーク値近傍で非線形性が表れており，これはコアの透磁率μ_rが70から50に低下した影響で，インダクタンスも83μHから62μHに低下し電流が増加している現象です．

図26にインダクタ透磁率，インダクタンスの電流依存特性を示します．動作時の各インダクタのコアB-H特性は図27の特性となります．2相コアB-H特性に線形B-H特性を重ねて描いておきましたので，磁界強度が増加しても透磁率μ_rの低下で磁束密度の増

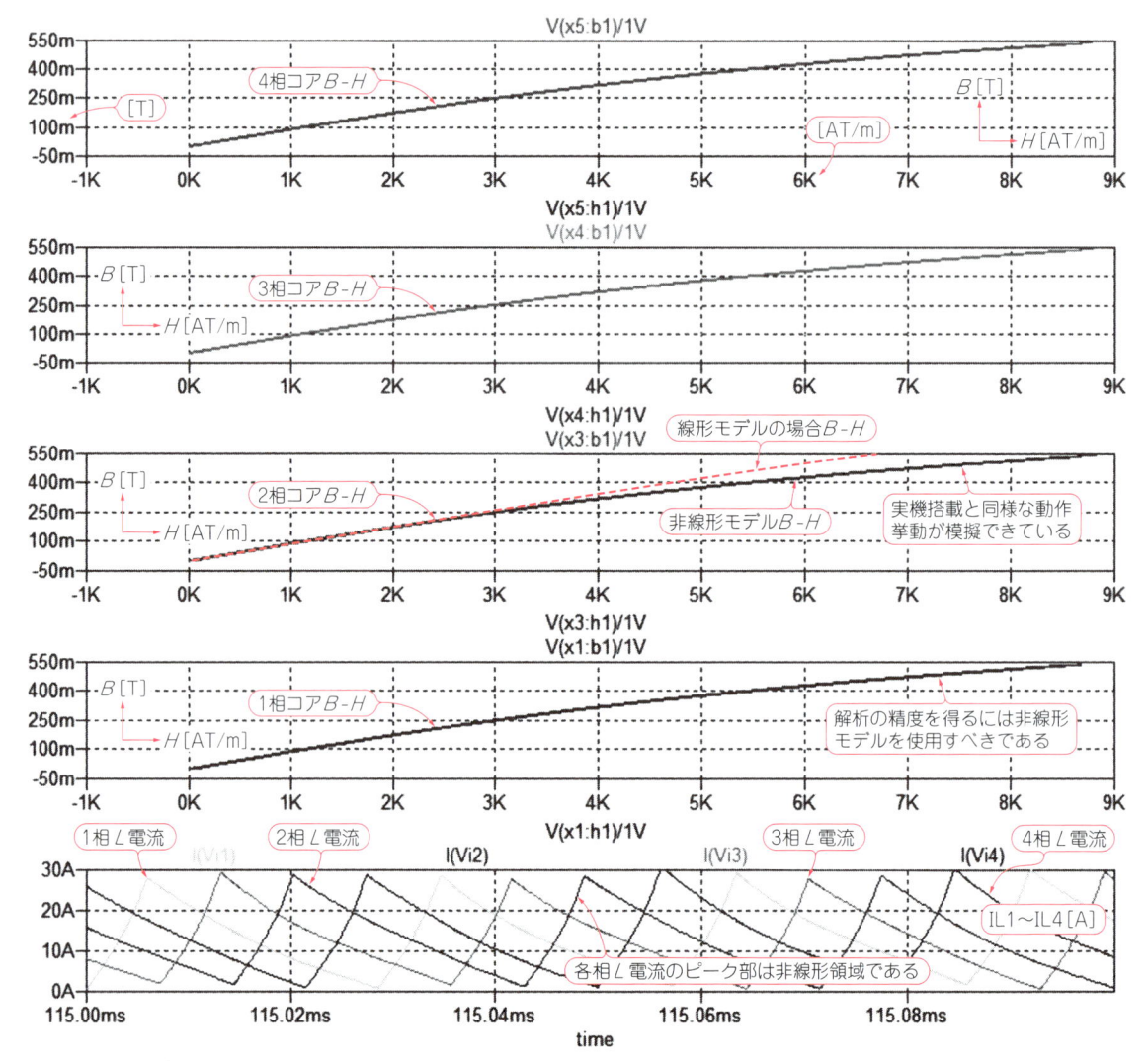

図27 各インダクタのコアB-H特性

加変化分が減るのが把握できると思います．このような傾向はコアのダスト材特有の特性であり，材質の特長をよく理解して使用すれば問題はありません．

まとめ

東邦亜鉛のタクロンHKコイルの非線形解析モデルを作成し，4相インターリーブ方式PFC回路に適用して解析すると，メーカ開示B-H特性に近い動作時のコア挙動特性結果が得られました．今までの解析では線形モデルのインダクタンス$L=xx$［H］としていたのが，今後はより現実のインダクタに近い特性の非線形モデルで，実測データとの再現性のある解析で，設計時の事前検討への活用が期待できると考えています．

今回は紙面の都合で紹介できなかったインターリーブの複合インダクタなどの構成も，非線形モデルを発展させればモデル化は可能です．『グリーン・エレクトロニクスNo.14』で紹介されているタムラ製作所の複合リアクタをヒントに，フェライト材でモデル化を検討してはいかがですか．

解析による回路動作などの不都合に関しては保証しておりませんので，使う側の責任においてお使いください．解析ファイルは付属CD-ROMに入っておりますのでお試しください．

今回の解析ではリニアテクノロジー社から無償で提供されている，機能制限のない解析ツールLTspiceのもつ能力の一部を使用した解析となります．素晴らしいシミュレータLTspiceが使え，リニアテクノロジー社には感謝しております．また，文献引用に際して著者の皆様に深く感謝いたします．

本書に記載しているモデル化例，動作例および回路例は，使用上の参考としたもので，これらに起因する第三者の工業所有権，知的所有権，その他の権利の侵害問題に関しては責任を負いません．

◆ 参考・引用＊文献 ◆

(1)＊ Rozanov, Evgeny, and Sam Ben-Yaakov. "Analysis of current-controlled inductors by new SPICE behavioral model." HAIT J. Sci. Eng. B 2.3/4（2005）: 558-570.

(2)＊ Hamill, David C. "Lumped equivalent circuits of magnetic components: the gyrator-capacitor approach." IEEE transactions on power electronics 8.2（1993）: 97-103.

(3)＊ Hamill, David C. "Gyrator-capacitor modeling: a better way of understanding magnetic components." Applied Power Electronics Conference and Exposition, 1994. APEC' 94. Conference Proceedings 1994., Ninth Annual. IEEE, 1994.

(4)＊ Cheng, DK-W., Wong Leung-Pong, and Y-S. Lee. "Design, modeling, and analysis of integrated magnetics for power converters." Power Electronics Specialists Conference, 2000. PESC 00. 2000 IEEE 31st Annual. Vol. 1. IEEE, 2000.

(5)＊ Scott Frankel. "Nonlinear Saturable Kool Mu Core Model." PCIM（Power conversion and Intelligent Motion）September 1998

(6)＊ Schönberger, John. "Modeling a PFC controller using PLECS."

(7) Sandler, Steven M. "SPMS Simulation with SPICE3." McGraw Hill, 1997.

(8) "UCC28070 interleaving continuous mode PFC controller data sheet." www.ti.com.

(9) L.Dixon, "Average current mode control of switching power. supplies. " www.ti.com/litv/pdf/slua079.

(10) 一ノ倉 理；SPICEを活用したモータ機器のダイナミックシミュレーション，EDA Solution Conference 2004, Ichinokura Laboratory, Tohoku University.

(11)＊ 総合カタログ，2014.03. 2k Ver.1, 東邦亜鉛株式会社．

(12) 粉川 昌巳著，堀 桂太郎監修；電磁気学の基礎マスター，2006年9月，電気書院．

(13) 渋谷 道雄；回路シミュレータLTspiceで学ぶ電子回路，2011年7月，オーム社．

(14) 電源回路設計2009，2009年4月，CQ出版社

(15) 続 LED照明＆力率改善回路の設計，グリーン・エレクトロニクスNo.3，CQ出版社．

(16) ベクトル制御による高効率モータ駆動法，グリーン・エレクトロニクスNo.14，CQ出版社．

コラム　付属CD-ROMにはシミュレーションが動作しない回路も含まれる

添付されているCD-ROM内のLTspice解析ファイル（拡張子が".asc"のファイル）は，第1章と第2章の本文の図の説明に使用した回路図やサブサーキットなども含まれており，これらのファイルでのシミュレーション解析はできません（図番号の後のファイル名に＊が付いているもの）．

シミュレーションによって動作検証が可能なファイルは，解析波形として，本文中の図として波形を表示している回路解析ファイルだけとなります．なお，回路解析ファイルは，パラメータを変更することによって解析条件を変更できますので，いろいろと試してみてください．

第3章

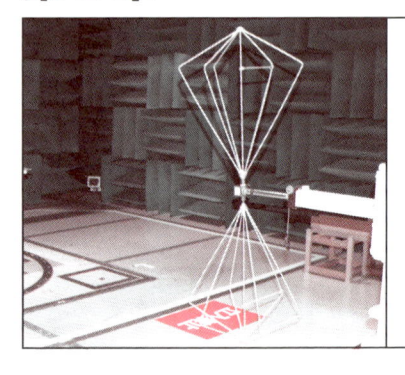

インダクタ電流も入力リプルも低減できる
電流臨界型多相インターリーブ方式PFCの設計

澤幡 悟
Satoru Sawahata

電流臨界型PFCの有用性

PFC（Power Factor Correction；力率改善）として昇圧コンバータがよく使われていますが，インダクタ電流のタイプによって，次の三つの動作モードに分けられます．
(1) 連続モード
(2) 臨界モード
(3) 不連続モード

連続モードのPFCは，ハイ・パワーが扱え，他の二つに比べて入力リプルが小さくできます．連続モードのPFCの最大の欠点は変換効率が低いことで，これはメイン・スイッチのハード・スイッチングと整流ダイオードの逆リカバリ電流による電力損失が原因です．

一方，臨界モードのPFCは，インダクタのインダクタンス値を小さくできるので小型化に貢献するというメリットの他に，メイン・スイッチがZVS（Zero Volt Switching）でターン・オンし，ダイオードの電流は逆リカバリになるまえになくなるので，連続モードにあるような問題はありません．しかし，インダクタのピーク電流は平均値の2倍になり，そのため電流によるストレスは大きくなります．

● 多相インターリーブ

電流臨界型PFCの欠点を補うために，最近になってよく使われるようになってきたのが，多相インターリーブを合わせて用いる方式です．多相にすることにより，1相当たりの電流が小さくできますし，インターリーブにより入力リプルも低減でき，前に述べたような問題を改善することが可能になりました．

ハイ・パワーのPFCでも，多相化することによって電流臨界型の欠点を補いつつ，変換効率の高い方式とすることができるのが多相インターリーブ方式といえます．多相インターリーブ方式を使うメリットとして，量産している価格の安い小型サイズの半導体の採用が可能なこともあげられます．

パワー・インダクタについても，それぞれの相ごとに小型のものが使えて，低背型のPFCが実現できます．

インターリーブとして，2相以上の並列が可能です．各回路のブースト・ダイオードの電流容量を小さくでき，逆リカバリ特性を気にする必要がないので，SiCなどの高価なダイオードを使う必要がありません．

次項で，コントロールIC MH2501SC/MH2511SC（新電元工業）を使った，多相電流臨界型PFCの実現のための例を紹介します．

MH2501SC/MH2511SCを使った電流臨界型PFC

● 電流臨界型オン幅制御方式の動作原理

MH2501SC/MH2511SCは電流臨界型のPFCコントロールICで，図1のようにインダクタの電流はゼロでスタートしゼロで終了します．また，臨界型ですので，インダクタの電流がゼロとなると，ただちに次のサイクルがスタートします．また，負荷の電力に応じてメイン・スイッチのON時間を一定に制御するON幅制御となっています．

各電流値は以下の式により算出されます．

図2にPFCの基本回路を示します．メイン・スイッチQのオン時間t_{ON}，およびインダクタのインダクタンスLは一定ですので，インダクタの電流I_Lのピーク値$I_{L(peak)}$は入力電圧V_{in}に比例します．

$$I_{L(peak)} [A] = \frac{V_{in} \, t_{ON}}{L} \quad \cdots\cdots\cdots (1)$$

ただし，スイッチング周波数は商用周波数より十分に高いので，入力電圧V_{in}はスイッチングの1サイクルの間では一定とします．

1サイクルの間の入力電流の平均値I_{in}は，I_Lが三角波のため，$I_{L(peak)}$の1/2になります．

$$I_{in} [A] = \frac{I_{L(peak)}}{2} \quad \cdots\cdots\cdots (2)$$

式(2)に式(1)を代入して，

$$I_{in} [A] = \frac{I_{L(peak)}}{2} \frac{V_{in} \, t_{ON}}{2L} \quad \cdots\cdots\cdots (3)$$

となります．

このようにt_{ON}を一定とすると，I_{in}とV_{in}は比例しますので，力率がほぼ1となります．

● ゼロ電流検出

前述のように，電流臨界型のコントローラは，インダクタの電流がゼロになるとただちに次のサイクルのONをスタートさせます．このため，電流がゼロとなったことをコントローラが検出する必要があります．

実際には，インダクタにコントロール巻き線を追加し，その電圧を監視しています．コントロール巻き線の電圧をICのZ/C端子に接続し，その電圧が約0.5Vを下回ったタイミングで，次のサイクルのONをスタートさせます．

メイン・スイッチがONの間にインダクタに蓄積された電流がゼロになると，コントロール巻き線の電圧が振動して0.5V以下になるタイミングを検出しています．このことにより，インダクタに蓄積されたエネルギーがなくなったことを確実に検出できます．

● インターリーブ動作

MH2501SCをマスタIC，MH2511SCをスレーブICとすることにより，多相のインターリーブ化が可能です．また，複数個のMH2511SCを接続することにより，出力のパワー・アップが可能となります．

図3に制御ICのピン配置を，**表1**に端子機能を示します．

マスタICのIL_OUT端子は，スレーブICにインターリーブ信号を送出する端子です．**図4**のように，最初のスレーブICのIL_OUT(S1)を次のスレーブICのIL_IN(S2)端子に接続することにより，3相のインターリーブPFCが実現できます．

同様に，MH2511SCを追加することにより，さら

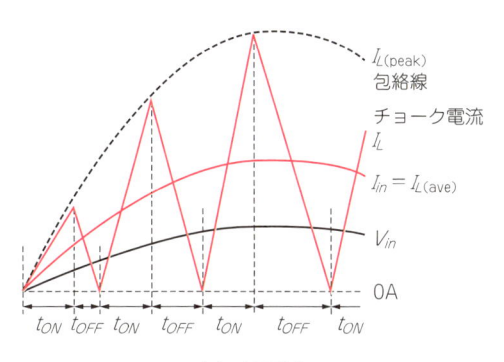

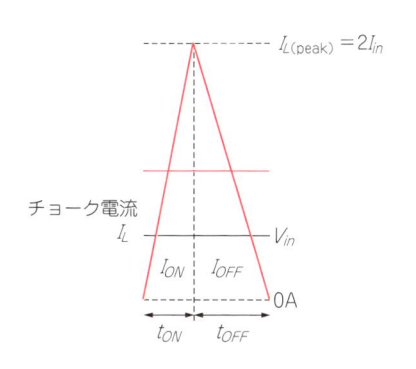

図1 電流臨界型PFCのインダクタ電流
(a) 臨界動作
(b) スイッチング1サイクル波形

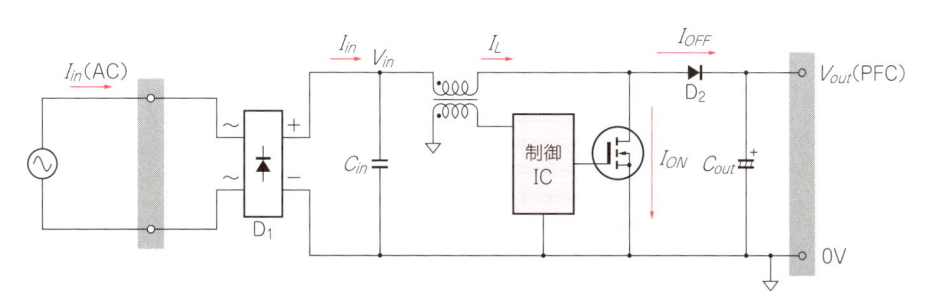

図2 PFCの基本回路

図3 端子配置
(a) マスタIC MH2501SC
(b) スレーブIC MH2511SC

表1 端子機能

端子番号	記号	機能
1	FB	フィードバック・エラー・アンプの入力端子
2	COMP	フィードバック・エラー・アンプの出力端子
3	IL_OUT	インターリーブ動作用信号出力端子(スレーブICのIL_IN端子と接続)
4	OCL	過電流検出用入力端子
5	Z/C	マスタICのゼロ電流検出端子
6	GND	グラウンド端子
7	OUT	マスタICのMOSFET駆動用出力端子
8	VCC	電源電圧入力端子

(a) マスタIC MH2501SC

端子番号	記号	機能
1	IL_IN	インターリーブ動作信号の入力端子(マスタICもしくは前段スレーブICのIL_OUT端子と接続)
2	IL_OUT	インターリーブ動作信号の出力端子(次段スレーブICのIL_IN端子と接続)
3	LATCH	ラッチ用出力端子(スレーブ異常時にマスタICを動作停止させる)
4	OCL	過電流検出用入力端子
5	TIMER	1段動作時検出用タイマ・コンデンサ接続端子(スレーブICの動作有無を検出する)
6	GND	グラウンド端子
7	OUT	スレーブICのMOSFET駆動用出力端子
8	VCC	電源電圧入力端子

(b) スレーブIC MH2511SC

に多相のインターリーブPFCが可能となります.

図5に, インターリーブ動作のONタイミングとON幅の伝達について, 動作シーケンスを示します.

3相インターリーブPFCの回路設計

● インダクタ(チョーク・コイル)の選定

インダクタはPFC回路の性能を左右する重要な部品です. 仕様に合わせて最適な値を算出してください.

仕様例を下記のようにします.

　入力電圧 V_{AC} : 85～264 V (実効値)
　出力電圧 V_{out} : 400 V
　出力電力 P_{out} : 414 W (1相当たり)

PFCの変換効率を92%と仮定すると, 入力電流の実効値 I_{AC} は,

$$I_{AC} [\text{A}] = \frac{P_{out}}{V_{AC} \times 0.92} \quad\cdots\cdots\cdots\cdots (4)$$

となります.

インダクタに流れる電流のピーク値 $I_{L(\text{peak})}$ は, 式(2)より,

$$I_{L(\text{peak})} [\text{A}] = 2 I_{in} \quad\cdots\cdots\cdots\cdots (5)$$

また, I_{in} のピーク値は $\sqrt{2} I_{AC}$ となりますので, 式(4)を式(5)に代入し,

$$I_{L(\text{peak})} [\text{A}] = \frac{2\sqrt{2} P_{out}}{V_{AC} \times 0.92} \quad\cdots\cdots\cdots\cdots (6)$$

となります.

この例で計算すると $I_{L(\text{peak})}$ は約14.9 Aとなります. なお, 入力電圧は, 最も低い電圧で計算してください. この場合は85 Vとなります.

● コアの選定

まず, インダクタンスを計算します. インダクタンス L は,

$$L [\text{H}] = \frac{t_{ON} V_{in}}{I_{L(\text{peak})}} \quad\cdots\cdots\cdots\cdots (7)$$

で計算されます. t_{ON} は商用の1サイクルに比べて十分に小さな値となりますので, 例えば商用の周波数を50 Hzとすると, 半波の1サイクルは10 msなので, 10 μsとします.

V_{in} と $I_{L(\text{peak})}$ を前述の値とすると,

$$L = 10 \times 10^{-6} \times \frac{\sqrt{2} \times 85}{14.9}$$

$$\fallingdotseq 80.4 \times 10^{-6} [\text{H}] \quad\cdots\cdots\cdots\cdots (8)$$

となります.

使用するコアの実効断面積を A_e, コイルの巻き数を N とすると, 最大の磁束密度 B_{max} は,

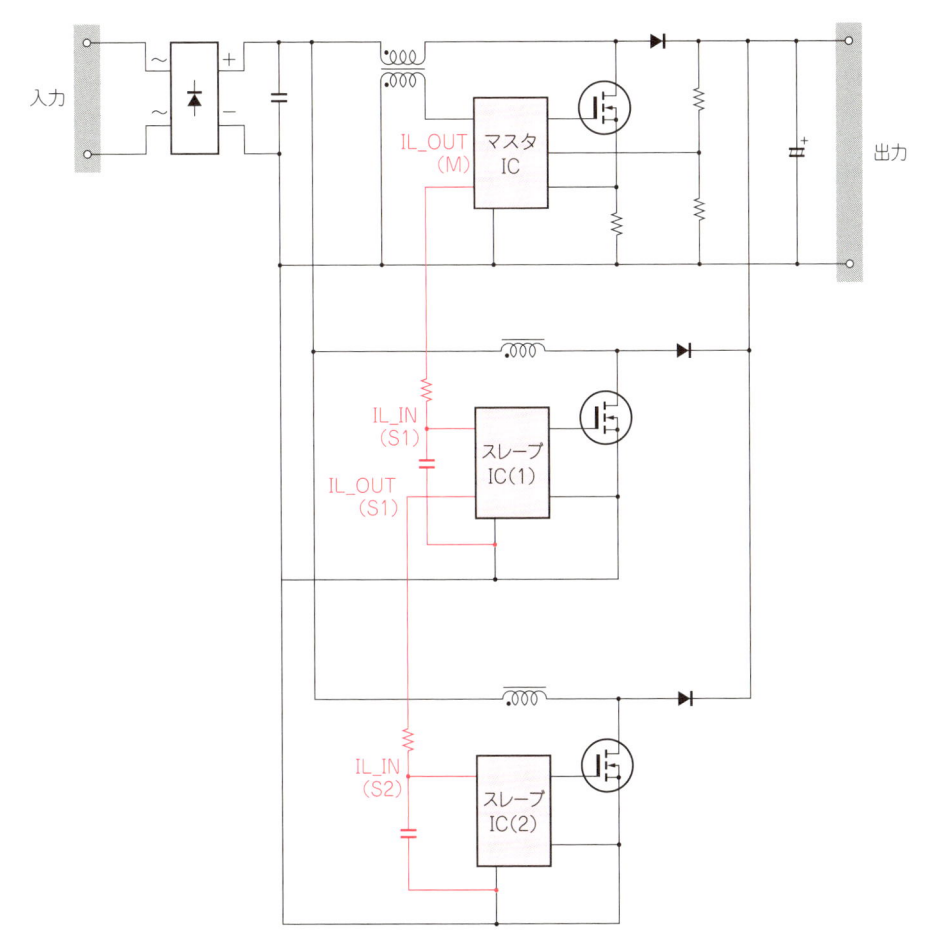

図4 インターリーブ接続例

$$B_{max}[\text{T}] = \frac{L\,I_{L(\text{peak})}}{N\,A_e} \quad\cdots\cdots\cdots\cdots\cdots\cdots (9)$$

となります．フェライト・コアを使うとし，B_{max} は磁束の飽和を避けるために0.3Tとします．

これらの値を式(9)に代入して，変形すると，

$$\begin{aligned}N\,A_e &= \frac{L\,I_{L(\text{peak})}}{B_{max}} \\ &= \frac{80.4\times10^{-6}\times14.9}{0.3} \\ &\fallingdotseq 4.0\times10^{-3}\end{aligned}\quad\cdots\cdots\cdots\cdots (10)$$

となります．

例えば，コアにPQ32/20を選択すると，実効断面積A_eは170 mm²ですので，巻き数Nは，

$$\begin{aligned}N &= \frac{4.0\times10^{-3}}{170\times10^{-6}} \\ &\fallingdotseq 24\text{回}\end{aligned}$$

となります．

コイルの線材として80本の0.1 mmのリッツ線を選びます．インダクタに流れる電流の実効値I_{AC}を式(4)より求めると，電流密度は約8.4 A/mm²となります．

PQ32/20用のボビンの寸法から1レイヤに巻けるターン数は8ターンとなります．このボビンに24ターン巻くためには，3レイヤ必要ということになります．ボビンの寸法図から3レイヤ巻けることを確認しておきます．

Nが24ターンのときのこのコアに必要なA_l値は，

$$\begin{aligned}A_l &= \frac{L}{N^2} \\ &= \frac{80.4\times10^{-6}}{24^2} \fallingdotseq 140\text{ nH/N}^2\end{aligned}$$

となりますので，この値を目安にギャップを決めてください．

● コントロール巻き線のターン数

コントロール巻き線のターン数N_Cは，入力電圧が最大のときに1.5 V以上の電圧が発生するように決めてください．入力電圧の最大値を264 V，$N=24$とすると，

$$N_C \geq 1.5 \times \frac{N}{V_{out} - \sqrt{2}\,V_{AC}}$$

3相インターリーブPFCの回路設計

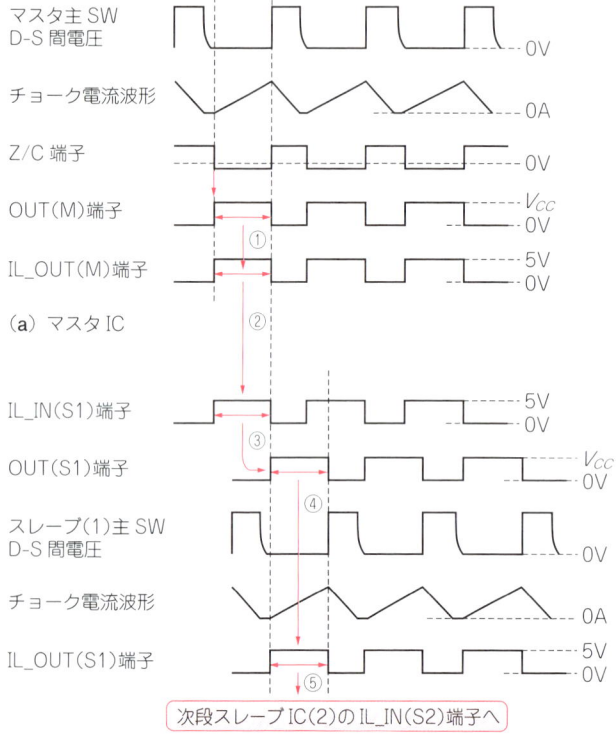

図5　インターリーブ動作シーケンス

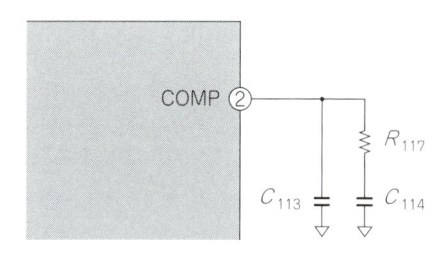

(a) マスタIC

(b) スレーブIC(1)

図6　COMP端子の周辺回路

$$= 1.5 \times \frac{24}{400 - \sqrt{2} \times 264} \fallingdotseq 1.3 \text{回}$$

となります．

ターン数はもちろん自然数ですので，この場合は2となります．

● MOSFETの選定

メイン・スイッチとして使われるMOSFETは，ドレインの最大電流$I_{L(peak)}$にマージンをみて，パルス電流の絶対最大定格が1.25倍以上のものを選択してください．この計算例では，

$$I_D \geq 14.9 \times 1.25 \fallingdotseq 18.6 \text{ A}$$

となります．

● 出力ダイオードの選定

出力ダイオードは，定格電流が出力電流の6～8倍のものを選択してください．

● バイパス・ダイオードの選定

バイパス・ダイオードは，尖頭サージ順電流I_{FSM}がこのPFCの最大突入電流値に対して十分に大きいものを選択してください．

● 位相補償

PFCは，入力の商用電源の1サイクルの間でON幅が一定であることを前提としています．そのために，マスタICのCOMP端子とGND端子間にコンデンサと抵抗を接続することで，フィードバック系の位相補償を行い，商用電源の1サイクルの間でON幅が変わらないようにしています．

回路例を図6に示します．目安として，C_{114}は2.2 µF，C_{113}は0.22 µF，R_{117}は1 kΩを推奨します．

C_{114}は，次式より求められます．

$$C_{114}\,[\mu\text{F}] = \frac{140}{2\pi f_C}$$

＊：140 [µA/V] は，内蔵OPアンプのトランスコンダクタンス

カットオフ周波数f_Cは，20 Hzを目安にしてください．R_{117}を大きくすると，カットオフ周波数f_C以上の高い領域でのゲインを調整できます．ただし，大きくしすぎると入力電流の波形ひずみが生じます．1 kΩ～10 kΩを推奨します．

● 出力電圧制御

出力電圧は，FB端子に接続する抵抗の分圧比で決定されます．基準電圧は2.5 Vですので，これをもと

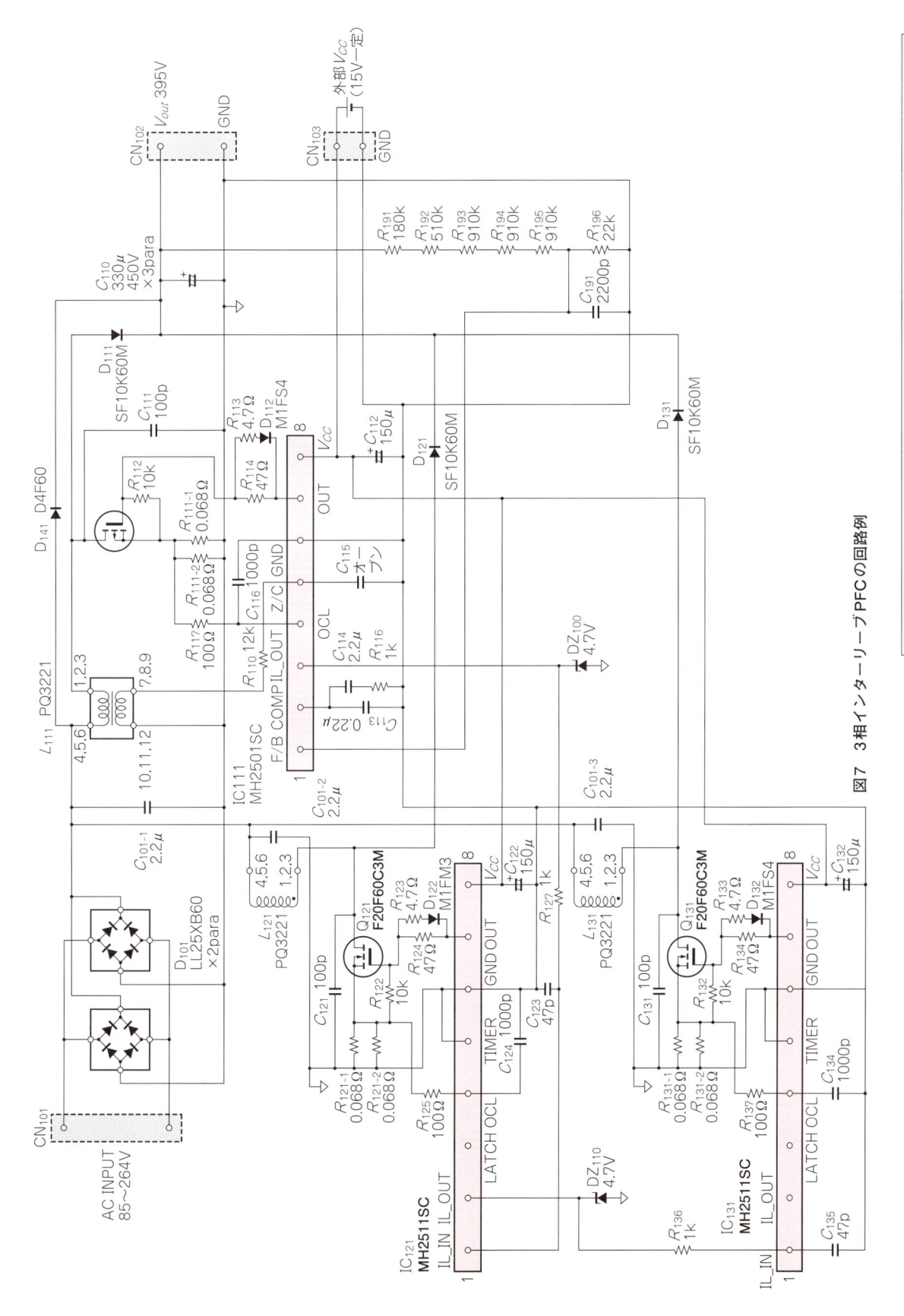

図7 3相インターリーブPFCの回路例

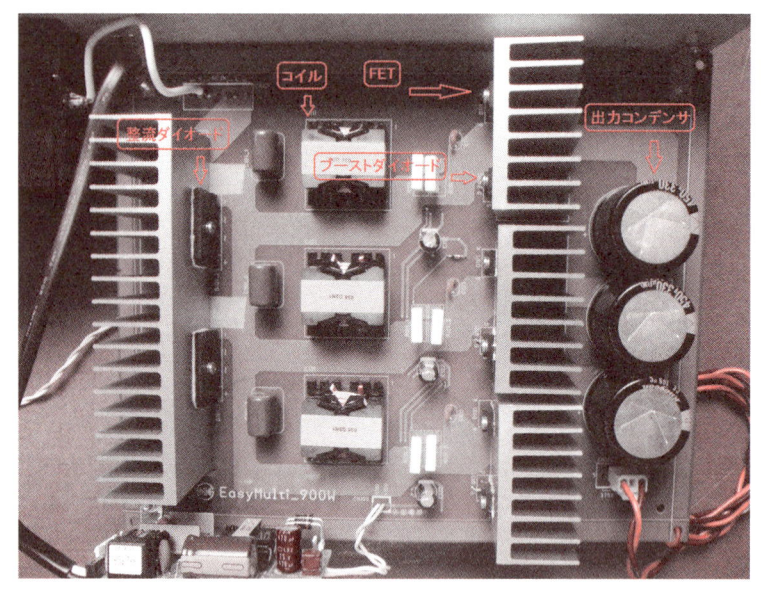

写真1 試作基板の外観

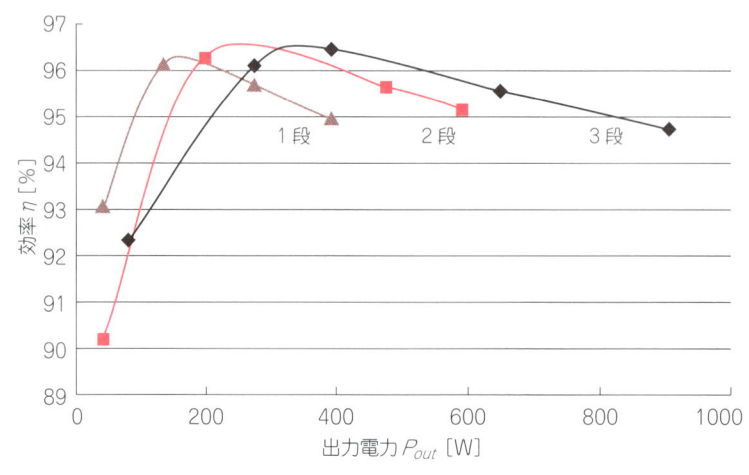

図8 効率特性

に抵抗値を決めてください．PFCは出力電圧が高いので，この分圧抵抗の電力損失も十分に考慮してください．分圧抵抗の上側の値は2MΩ程度を推奨します．

図7に，この設計例で3相接続をしたPFCの回路図を示します．写真1に試作基板の外観を示します．

図8は出力電力と効率のカーブです．1相の場合，2相の場合，および3相の場合を示しています．出力電力に合わせて何相にするかを選ぶことができます．

図9は，3相で入力AC 200V，出力4kWとしたときの，入力電圧と入力電流の波形です．入力電流がほぼ正弦波になっていることがわかります．

図10に，メイン・スイッチの電圧と電流の波形を示します．マスタからスレーブ1，スレーブ2へと次々にメイン・スイッチがONしていくインターリーブ動作がわかります．

● 使用部品

おもな使用部品は下記のとおりです(メーカはいずれも新電元工業)．

 D101：LL25XB60
 D141：D4F60
 D111，D121，D131：SF20K60M
 Q111，Q121，Q131：F35W60C3
 IC111：MH2501SC

◆参考・引用＊文献◆
(1) ＊MH2501SC/MH2511SC アプリケーションノート ver.1.0, 新電元工業．
(2) ＊ULTRA多段対応Easy Multi インターリーブPFCコント

コラム　多相インターリーブICの比較

表Aに，各社の電流臨界モードPFCを制御するICを示します．このなかで，新電元のMH2501SC/2511SCはインターリーブの相数に制限がありません．

このことは，供給する電力に応じて自由に相数を選ぶことができるということになります．例えば，1相で300 Wの設計をしておけば，600 Wが必要な場合は2相に，900 Wが必要な場合は3相にすればよく，そのつど設計をする必要がありません．このことは，この種のICを選ぶうえで大きなポイントとなります．

このICのもう一つのメリットとして，一つのメイン・スイッチを一つのICでドライブしますので，基板を設計するうえでドライブのパターンを最短にできるということが言えます．

表A　臨界モード・インターリーブ用PFC IC

メーカ	新電元	ルネサス エレクトロニクス	テキサス・インスツルメンツ	オン・セミコンダクタ	フェアチャイルド・セミコンダクタ
品名	MH2501SC/MH2511SC	R2A20118A	UCC28060	NCP1631	FAN9612
パッケージ	SOP8	SOP20	SOIC16	SOIC16	SOIC16
動作モード	臨界	臨界	臨界	臨界	臨界
インターリーブ相数	2相以上可	2相	2相	2相	2相
2相のときの周辺部品点数	コンデンサ7個，抵抗器11個，ダイオード2個	コンデンサ11個，抵抗器17個，ダイオード2個	コンデンサ10個，抵抗器15個	コンデンサ4個，抵抗器11個	コンデンサ7個，抵抗器11個
その他	2個のメイン・スイッチをそれぞれ個別のICでドライブ	1個のICで2個のメイン・スイッチをドライブ	1個のICで2個のメイン・スイッチをドライブ	1個のICで2個のメイン・スイッチをドライブ	1個のICで2個のメイン・スイッチをドライブ

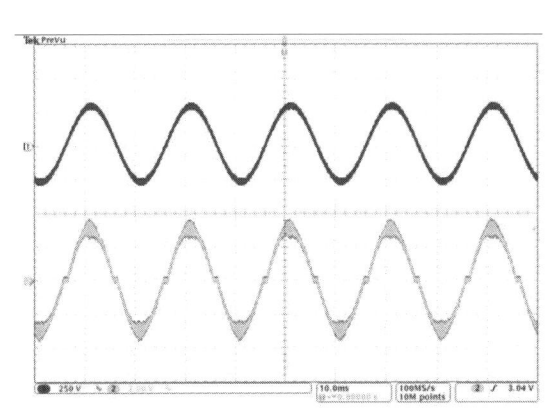

図9　入力電圧と入力電流の波形（10 ms/div）
上：入力電圧（250 V/div），下：入力電流（20 A/div）

ローラIC MH2501SC, MH2511SC MH標準ボード3 Standard power supply Data Ver. 1.0, 新電元工業．
(3) Two-phased Interleaved Critical Mode PFC Boost Converter With Closed Loop Interleaving Strategy, Xiao Xu, Wei Liu, Alex Q. Huang, IEEE Transactions on Power Electronics, vol. 24, no. 12, December 2009
(4) Integrated Circuits of a PFC Controller for Interleaved Critical-Mode Boost Converters, T. F. Wu, J. R. Tsai, Y. M. Chen Z. H. Tsai, APEC 2007.
(5) スイッチング電源用フェライト オリジナルコア 003-01/20110427/j143，PQ BOBBINS 003-01/20040929/e140，TDK．

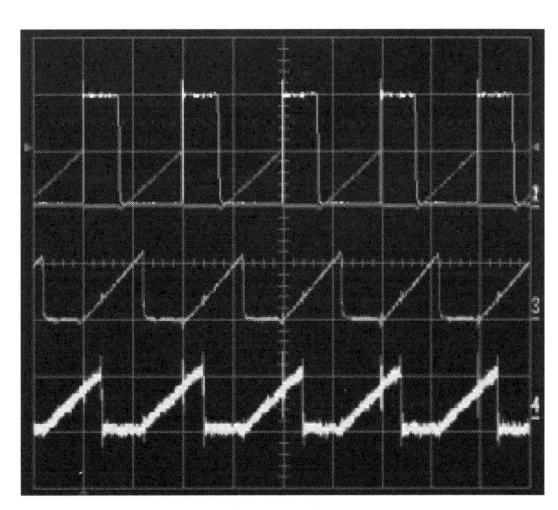

図10　回路の動作波形（5 μs/div）
上から，マスタのドレイン電圧（200 V/div），各相のダイオード電流（10 A/div）

◥新電元工業（株）の部品の購入先◤
コアスタッフ株式会社　Zaikostore
http://www.zaikostore.com/zaikostore/

3相インターリーブPFCの回路設計　105

第4章

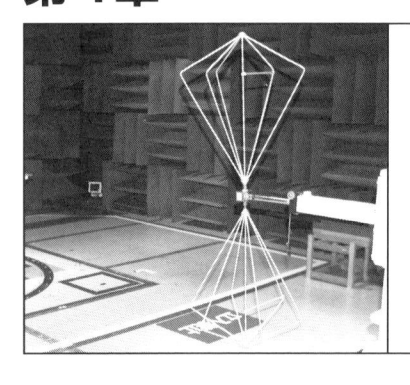

トランス設計と半導体部品の選定を中心にして

低ノイズな疑似共振スイッチング電源の設計法

林 正明
Masaaki Hayashi

　小容量の絶縁型スイッチング電源で広く一般的に使われている回路方式には，フライバック方式がありますが，そのなかでもPWM方式とQRC（Quasi-Resonant Converter；疑似共振）方式が多く使われています．PWM方式は，周波数固定制御であるため，トランス小型化の面で有利であり，十数Wまでの電源容量帯では広く用いられています．これに対して，QRC方式は，部分的な共振動作を行っており，低ノイズ，高効率という特徴があるので，数十Wの容量帯で効果を発揮する回路方式として広く用いられています．

　PWM方式もQRC方式も比較的容量の少ない電源の高効率化に貢献できますが，QRC方式は，特に微小負荷～重負荷の広負荷範囲で低ノイズ/高効率化を図れる点で有利であり，一つのコンバータ構成で待機電力削減が可能な高効率電源を構成することができる方式です．本稿では，このような特徴を有するQRC方式の電源の原理，設計手法について，試作電源の特性などを含めて紹介します．

疑似共振動作の原理

　疑似共振電源（QRC）は，フライバック方式の1種です．つまり，主スイッチング素子がONの期間にトランスにエネルギーを蓄え，主スイッチング素子がOFFの期間にトランスが2次側出力ダイオードを介して出力側にエネルギーを吐き出す回路方式です．

　トランスが出力側へエネルギーを吐き出した後，主スイッチがONするので，PWM方式のように電流不連続動作/連続動作にはならず，電流臨界動作となります．

　出力電圧の制御はON幅，または主スイッチング素子のピーク電流を制御することで行いますが，電流臨界動作するため，周波数変調しながら出力電圧を制御します．デューティは入力電圧によって，図1のような傾向で，周波数は入力電圧/負荷によって，図2のような傾向で変化します（図は代表例）．

● 基本動作

　疑似共振電源の基本的な動作について説明します．
①　主スイッチがONし，図3の①の経路で，トランスにエネルギーが蓄えられます．主スイッチング素子のドレイン電流は，

$$di/dt = \frac{V_{in(DC)}}{L_P}$$

の傾斜で電流が変化します．フィードバック信号で決められるON幅でOFFします．主スイッチがON時に，トランスに蓄えられたエネルギーは，

$$\frac{1}{2}L_P I_{DP}^2$$

となります．2次側にダイオードがあるため，主スイッチング素子がONの間は，2次側トランス巻き線には電流が流れません．

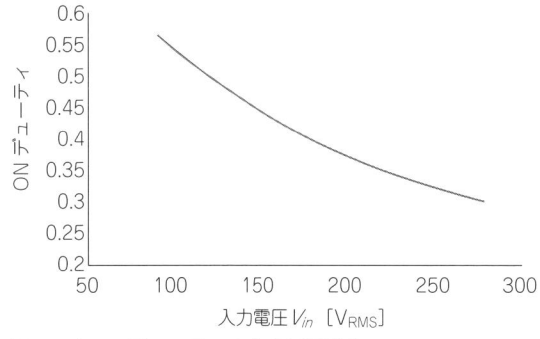

図1　オン・デューティの入力電圧依存

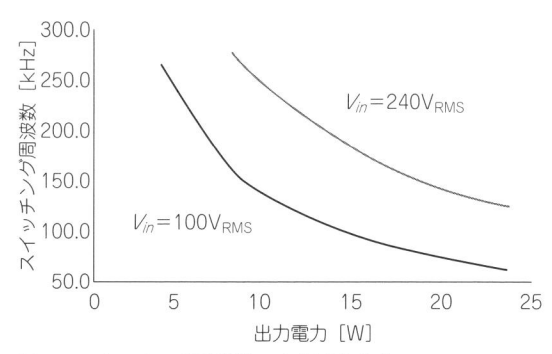

図2　スイッチング周波数の出力電力依存

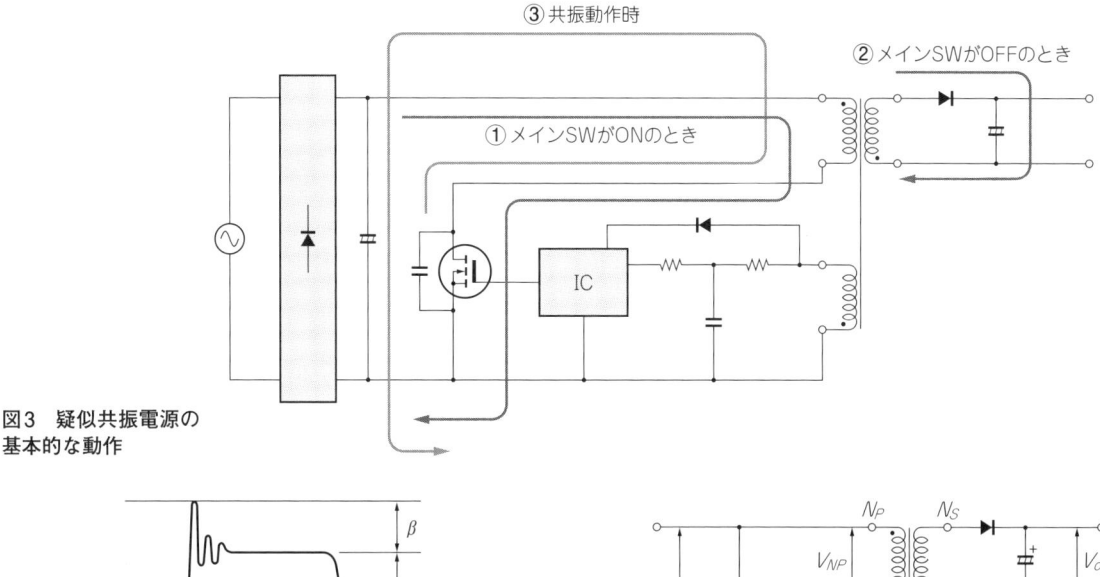

図3 疑似共振電源の基本的な動作

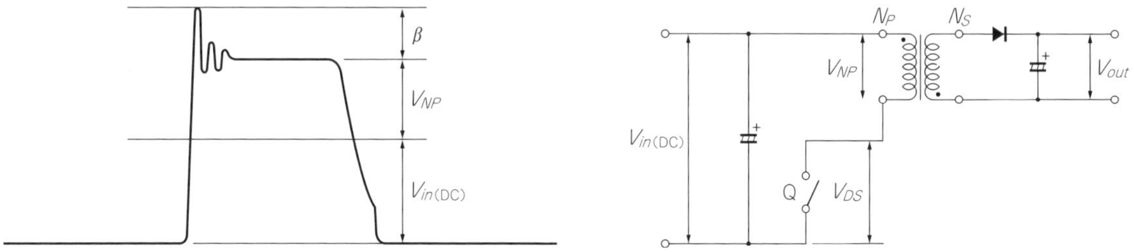

図4 主スイッチング素子のVDSの波形
(a) V_{DS}の波形

(b) 各部の電圧

② 主スイッチング素子がOFFするとトランスに蓄えられたエネルギーが，**図3**の②の経路で2次側へ放出されます．そのときに発生する主スイッチング素子のV_{DS}は**図4**のように，

$$V_{in(DC)} + \frac{N_P}{N_S} \times (V_{out} + V_F) + \beta$$

となります．この電圧と相似形の電圧がコントロール巻き線に発生しますので，この電圧を検出して，トランス・エネルギーが2次側へ放出され電流がゼロとなったタイミングを検出します．実際には，次の③に記載するように，オン・タイミングにディレイをもたせることで，疑似共振動作を行います．

③ 2次側へトランス・エネルギーが吐き出された後，そのまま主スイッチング素子をONしなければ，**図5**のように，共振コンデンサC_Qと1次インダクタンスL_Pの共振現象が発生します．L_PとC_Qの共振現象により，V_{DS}電圧は，$V_{in(DC)}$を中心として，フライバック電圧
$$(N_P/N_S) \times (V_{out} + V_F)$$
の振動幅で上下に変化します．共振期間は入力コンデンサとL_P，C_Q間で共振電流の行き来が起こり，V_{DS}電圧が下降している部分では，入力電解コンデンサ側へエネルギーを返している期間となります．

そのまま何もしないと共振電流の流れるループのインピーダンスでエネルギーが消費され，V_{DS}は$V_{in(DC)}$

(a) V_{DS}
(b) I_D
(c) 2次整流ダイオード電流

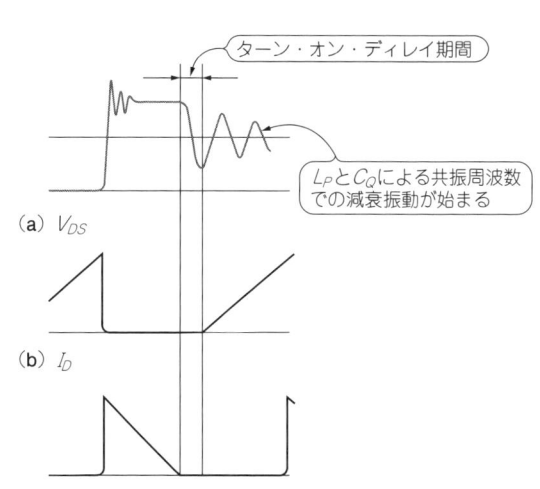

図5 共振コンデンサと1次インダクタンスの共振現象

に収束します．ただし，V_{DS}が共振を始めて1発目の谷点電圧でONすれば，主スイッチング素子のOFF時に共振コンデンサで吸収したエネルギーの一部を，入力電解コンデンサ側に戻せることになります．

実際には，**図6**のような回路構成とすることで，トランスがリセットされてから共振周期の1/2ディレイ

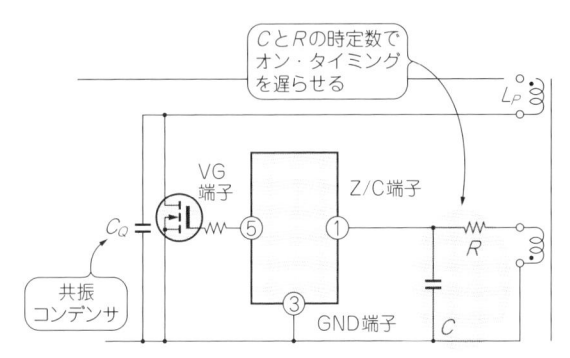

図6[(1)] トランスがリセットされてから共振周期の1/2 ディレイをもたせる

をもたせて，それを実現しています．

● 高効率と低ノイズの実現

この部分的な共振動作により，スイッチングOFF時に発生するサージ電圧をDCRスナバなどですべて損失として吸収するのではなく，入力コンデンサ側へ戻すことで効率改善を行っています．

また，ノイズ面においては，部分的な共振動作により共振コンデンサを比較的大きく設定できるため，スイッチングOFF時に発生する30 MHz付近の放射ノイズを抑えることができます．

PWM方式もジッタ制御などでEMI対策がなされたものがありますが，放射ノイズ領域ではQRC方式が有利となります．

設計方法

疑似共振電源において電源特性を左右するトランス部設計と半導体部品の選定について，本稿ではクローズアップして紹介します．IC周りの周辺部品設定などは，使用するICのマニュアルも活用ください[(1)]．

● 電源仕様

どのような方式の電源を試作するにあたっても，まずは電源仕様を明確にする必要があります．実際，量産電源を製作するときは，かなり細かい仕様まで決定しておく必要がありますが，試作にあたっても下記の項目は最低限，決めておく必要があります．

▶入力電圧範囲
【例】100 V_{RMS} ± 15 %，230 V_{RMS} ± 20 %，80 V_{RMS} ～ 276 V_{RMS}，など
▶出力電圧
【例】24 V，12 V，5 V，など（多出力ならすべての出力電圧）
▶出力電流
【例】上述の出力電圧（多出力なら各出力に対して）の最小値（min），標準値（typ），最大値（max）
▶多出力の場合はフィードバックをかける出力

電源の動作理解や，電源用ICの評価をするための試作であっても最低限上記の情報は必要でしょう（出力電流の標準値は熱設計を行う負荷というイメージ）．

● 設計パラメータ

次に，電源を設計するにあたって決めておかなければいけない設計パラメータを検討します（**表1**）．

▶トランス・サイズ
実際にはトランス・メーカのカタログなどで確認する必要がありますが，一般的なトランスについて疑似共振電源の電源容量の目安を**表2**に示します．サイズ選定時の参考としてください．

また，選定したトランス・コアのコア断面積A_eは，後述のトランス設計に使用します．

▶想定効率
トランス1次側での電力や電流を想定計算するためのパラメータです．出力電圧が低い場合は低めに，高い場合は高めに設定します．

表1 疑似共振電源の設計パラメータ

名　称	記号	単位	入　力	設計目安
想定効率	η	−		0.8～0.85
最低発振電圧	$f_{(min)}$	kHz	100 V系/200 V系	30～60
			ワールドワイド	30～45
共振コンデンサ容量	C_Q	pF	100 V系	470～3300
			200 V系/ワールドワイド	100～470
コントロール巻き線電圧	V_{NC}	V		15～20
磁束密度変化	ΔB	mT		250～300
巻き線電流密度	α	A/mm²		4～6
パワー・リミット電力	P_{OL}	W		$1.2 \times P_{out(max)}$
主スイッチング素子耐圧	V_{DSS}	V	100 V系	500
			200 V系/ワールドワイド	900
主スイッチング素子耐圧マージン	γ	%		80～90
想定主スイッチング素子サージ電圧	β	V	100 V系	120～210
			200 V系/ワールドワイド	200～300

多出力の場合は，電力割合について，出力電圧が高いほうの比率が多いのか，低いほうが多いのかで設定します．特に明確な値が決められない場合は，目安の中央値に設定してください（ある程度，他のマージン設定で吸収できるので，あまり神経質になる必要はない）．

▶最小発振周波数

入力電圧範囲下限，パワー・リミット点（垂下点）での周波数設定です．

トランス・サイズや，電源特性を決める重要なパラメータです．一般的に，周波数を低めに設定したほうが効率はアップしますが，トランス・サイズは大きくなります．特に明確な狙いがない場合は，目安の下限近くで設定してください（トランス設計において，トランス・ギャップが1mm以上となった場合は，このパラメータを上げるか，トランス・サイズを大きくする必要がある）．

▶共振コンデンサ容量

大きいほど，サージやノイズを抑える効果がありますが，軽負荷やスタンバイの効率が若干悪くなる傾向があります．特に明確な狙いがない場合は，目安の中央付近の容量を設定してください．設計目安については，疑似共振方式で100V系入力で500V耐圧，200V系／ワールドワイド入力で900V耐圧の主スイッチを使ったときの目安となります．

▶コントロール巻き線電圧

コントロール巻き線の巻き数を決定するためのパラメータです．使用ICの推奨V_{CC}電圧範囲（VCC UVLO，Vovpなどより決まる），とサージによるピーク充電ぶんを想定して設定します．

▶磁束密度変化

トランス・コア材のB_{ms}(100℃)からマージンを考慮して設定します．例えば，表1の目安については，PC40材のB_{ms}(100℃) = 390 mTから部品ばらつきなどを考慮し，例えばマージンとして1.3の係数で割った値 ΔB = 390 mT/1.3 = 300 mTを目安の上限と設定します．特に明確な狙いがない場合は，目安の上限値に設定してください（電源仕様の最大周囲温度などやマージンによって設定値は異なるので，上記はあくまで目安）．

▶巻き線電流密度

トランス巻き線径を決めるためのパラメータです．特に明確な狙いがない場合は，目安の中央値を使用してください．最終的には試作電源の熱評価で確認が必要となります．

▶パワー・リミット電力

最大出力電力に対してパワー・リミット点を設定します．マージンの考えかたしだいというところはありますが，ここでは制御IC使用を想定して$1.2 \times P_{out(max)}$に設定します（ディスクリート構成などでばらつきが大きいときはそれに合わせたマージン設定が必要）．

▶主スイッチング素子耐圧

ここでは，疑似共振の特徴を最大限生かすために，例えば100V系入力では500V耐圧，200V系およびワールドワイド入力では900V耐圧とします．

▶主スイッチング素子耐圧マージン

主スイッチング素子の耐圧の何％までの電圧ストレスを許容するかのマージン設定です．

▶想定スイッチング素子サージ電圧

トランス設計のデューティを決定するための想定パラメータです．トランス結合が悪い条件では，目安内で高めの値に設定，結合が良い条件では低めに設定します．例えば，出力電圧が低く，出力電流が大きいという条件であれば，デューティを高めに設定します．出力電圧が高く，出力電流が小さいという条件であれば，デューティを低めに設定します．

ただし，これから電源を設計していこうという方であればまったく見当がつかないものと思います．そういう場合は，目安の中央値を選定し，試作した電源の

表2[1] 疑似共振電源の電源容量の目安

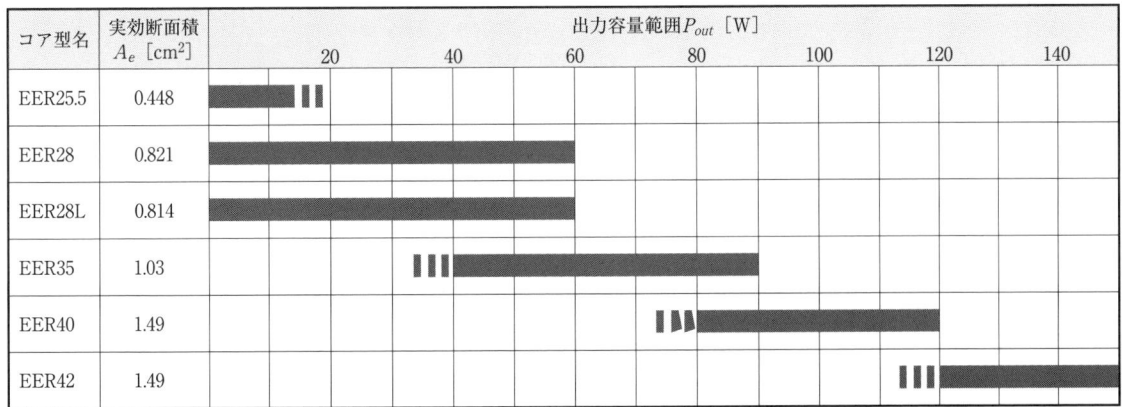

コア型名	実効断面積 A_e [cm²]	出力容量範囲 P_{out} [W]
EER25.5	0.448	～30
EER28	0.821	～60
EER28L	0.814	～60
EER35	1.03	40～80
EER40	1.49	70～110
EER42	1.49	110～140

電源特性データを蓄積していくと，電源仕様を見ただけで概略，どのように初期想定すればよいか，いずれわかってくるものと思います．

● トランス設計

上述したパラメータが決まった時点で，いよいよトランス設計に入ります．電源の設計計算式に続いて，下記の電源仕様の計算例を示します．

計算例は，後述するMS1003SH（新電元）の標準電源をモデルとしていますので，前述の設計パラメータ指針と異なるところがあります．また，**表3**に以降，使われている記号の名称と単位をまとめましたので，合わせて参照ください．

▶ トランス設計例

● 電源仕様

入力電圧：90～276 V_{RMS}
出力：12 V，2.1 $A_{(typ)}$，2.1 $A_{(max)}$
トランス・サイズ：EER28L使用

● トランス設計パラメータ

想定効率：$\eta = 0.81$
最小発振周波数：$f_{(min)} = 45$ kHz
コントロール巻き線電圧：$V_{NC} = 17$ V
磁束密度変化：$\Delta B = 225$ mT
$\alpha = 6$ A/mm²（1次巻き線），7 A/mm²（2次巻き線），
$P_{OL} = 1.2 \times P_{out(max)}$，$V_{DSS} = 900$ V，$\gamma = 0.8$，$\beta = 250$ V

▶ 計算例

● 最小直流入力電圧
$$V_{DC(min)} = 1.2 \times V_{AC(min)} = 1.2 \times 90$$
$$= 108 \text{ V}_{RMS}$$

● 最大直流入力電圧
$$V_{DC(max)} = \sqrt{2} \times V_{AC(max)} = 1.4 \times 276$$
$$= 390 \text{ V}_{RMS}$$

● フライバック電圧（1次側）
$$V_{R1} = V_{DSS} \times \gamma - \beta - V_{DC(max)}$$
$$= 900 \times 0.8 - 250 - 390 = 140 \text{ V}$$

● ONデューティ比
$$D_{ON} = V_{R1}/(V_{DC(min)} + V_{R1})$$
$$= 140/(108 + 140) = 0.565$$
（D_{ON}算出値がICのD_{ON}推奨範囲から外れている場合は，推奨範囲内で一番近い値とする）

● 最大オン幅
$$t_{ON(max)1} = D_{ON}/f_{(min)} = 0.565/45 \text{ kHz}$$
$$= 12.56 \text{ } \mu s$$

● パワー・リミット点出力電力
$$P_L = 1.2 \times P_{out(max)} = 1.2 \times 12 \text{ V} \times 2 \text{ A}$$
$$= 28.8 \text{ W}$$

● 主スイッチング素子ピーク電流
$$I_{DP} = (2P_L)/(\eta \times V_{DC(min)} \times D_{ON})$$
$$= (2 \times 28.8 \text{ W})/(0.81 \times 108 \times 0.565) = 1.165 \text{ A}$$

表3 記号の名称と単位

名　称	記号	単位	名　称	記号	単位
最小入力電圧	$V_{AC(min)}$	V_{RMS}	制御系出力巻線数	N_{S1}	turn
最大入力電圧	$V_{AC(max)}$	V_{RMS}	制御系出力電圧	V_1	V
最小直流入力電圧	$V_{DC(min)}$	V	制御系出力ダイオードV_F	V_{F1}	V
最大直流入力電圧	$V_{DC(max)}$	V	最大オフ幅	$t_{OFF(max)}$	sec
フライバック電圧（1次側）	V_{R1}	V	非制御系出力巻き線数（他出力の場合）	N_{S2}	turn
主スイッチング素子耐圧	V_{DSS}	V	コントロール巻き線電圧	V_{NC}	V
主スイッチング素子耐圧マージン	γ	－	コントロール巻き線出力ダイオードV_F	V_{FNC}	V
想定スイッチング素子サージ電圧	β	V	コントロール巻き線巻き数	N_C	turn
オンデューティ比	Duty	－	トランス1次巻き線断面積	A_{NP}	mm²
最大オン幅	$t_{ON(max)1}$	sec	巻き線電流密度	α	A/mm²
最小スイッチング周波数	$f_{(min)}$	Hz	最大出力電力	$P_{out(max)}$	W
パワー・リミット出力電力(目安)	P_L	W	トランス1次巻き線線径	ϕN_P	mm
想定効率	η	－	トランス2次巻き線断面積	A_{NS}	mm²
トランス1次インダクタンス	L_p	H	最大出力電流	$I_{out(max)}$	A
主スイッチング素子ピーク電流	I_{DP}	A	トランス2次巻き線線径	ϕN_S	mm
トランス1次巻き線巻き数	N_p	turn	入力電流	I_{in}	A_{RMS}
磁束密度変化	ΔB	T	力率	λ	－
トランス・コア断面積	A_e	mm²	主スイッチング素子平均電流	$I_{D(avg)}$	A
トランス・コア・ギャップ	l_g	mm	主スイッチング素子実効電流	$I_{D(RMS)}$	A_{RMS}
疑似共振期間	t_q	sec	2次ダイオード最大印加逆電圧	$V_{R(max)}$	V
共振コンデンサ容量	C_q	F			

- トランス1次インダクタンス
$$L_P = (V_{DC(min)} \times t_{ON(max)1})/I_{DP}$$
$$= (108\ \text{V} \times 12.56\ \mu\text{s})/1.165\ \text{A} = 1.16\ \text{mH}$$

- 1次巻き線数
$$N_P = \frac{V_{DC(min)}\ t_{ON(max)1} \times 10^9}{\Delta B A_e}$$
$$= \frac{108\ \text{V} \times 12.56\ \mu\text{s} \times 10^9}{225\ \text{mT} \times 81.4}$$
$$= 74\ \text{ターン}$$

- コア・ギャップ
$$L_g = \frac{4\pi A_e N_P^2\ 10^{-9}}{L_P}$$
$$= \frac{4\pi \times 81.4 \times 74^2 \times 10^{-9}}{1.16 \times 10^{-3}}$$
$$= 0.483\ \text{mm}$$

（コア・ギャップLgはセンタ・ギャップの値とする．コア・ギャップ計算値が1 mm以上となった場合は，コア・サイズ，発振周波数などを見直して再設計を検討する）

- 疑似共振期間
$$t_Q = \pi\sqrt{L_P C_Q}$$
$$= \pi\sqrt{1.16 \times 10^{-3} \times 180 \times 10^{-12}} = 1.43\ \mu\text{s}$$

- 制御系出力巻き線数
$$N_{S1} = \frac{N_P(V_{o1} + V_{F1})(1/f_{(max)} - t_{ON(max)1} - t_Q)}{V_{DC(min)}\ t_{ON(max)1}}$$
$$= \frac{74 \times (12 + 0.6)(1/45\text{k} - 12.56\ \mu\text{s} - 1.43\ \mu\text{s})}{108\ \text{V} \times 12.56\ \mu\text{s}}$$
$$= 5.66 \doteq 6\ \text{ターン}$$

- 最大オフ幅
$$t_{OFF(max)} = \frac{N_{S1}\ V_{DC(min)}\ t_{ON(max)1}}{N_P(V_{o1} + V_{F1})} + t_Q$$
$$= \frac{6 \times 108\ \text{V} \times 12.56\ \mu\text{s}}{74 \times (12\ \text{V} + 0.6\ \text{V})} + 1.43\ \mu\text{s}$$
$$= 10.16\ \mu\text{s}$$

- 非制御系出力巻き線数
$$N_{S2} = \frac{N_{S1}(V_{o1} + V_{F2})}{V_{o1} + V_{F1}}\ [\text{ターン}]$$
（計算例では単出力のため計算不要）

- コントロール巻き線数
$$N_C = N_{S1}\frac{V_{NC} + V_{FNC}}{V_{o1} + V_{F1}} = 6 \times \frac{17\ \text{V} + 1\ \text{V}}{12\ \text{V} + 0.6\ \text{V}}$$
$$= 8.57 \doteq 9\ \text{ターン}$$

- 1次巻き線サイズ（断面積）
$$A_{NP} = \frac{2\sqrt{D_{ON}\ P_{o(max)}}}{\alpha\sqrt{3}\ \eta V_{DC(min)}\ t_{ON(max)1}\ f_{(min)}}$$
$$= \frac{2 \times \sqrt{0.565 \times 24\ \text{W}}}{6\sqrt{3} \times 0.81 \times 108\ \text{V} \times 12.56\ \mu\text{s} \times 45\ \text{kHz}}$$
$$= 0.070\ \text{mm}^2$$

断面積から線形を計算すると，

$$\phi N_P = 2\sqrt{(A_{NP}/\pi)} = 2 \times \sqrt{(0.070/\pi)}$$
$$= 0.298 \doteq 0.3\ \text{mm}$$
となる．

- 2次巻き線サイズ（断面積）
$$A_{NS} = \frac{2I_{out}\sqrt{1 - D_{ON}} - (t_Q f_{(min)})}{\alpha\sqrt{3}(t_{OFF(max)} - t_q)\ f_{(min)}}$$
$$= \frac{2 \times 2\ \text{A} \times \sqrt{1 - 0.565} - (1.43\ \mu\text{s} \times 45\ \text{kHz})}{7 \times \sqrt{3} \times (10.16\ \mu\text{s} - 1.43\ \mu\text{s}) \times 45\ \text{kHz}}$$
$$= 0.511\ \text{mm}^2$$

0.6ϕ以上の線形ではトランス結合を上げるのが難しいので，4並列で1本あたりの線形を計算すると，

$$\phi N_S = \frac{2\sqrt{(A_{NS}/4)}}{\pi} = 2 \times \sqrt{\frac{0.511/4}{\pi}}$$
$$= 0.4$$

となる（4並列なので，A_{NS}を4で割っている．3並列ならA_{NS}を3で割る．なお，設計例は，2次巻き線についてはαの設計目安を外れて設定しているが，あくまで目安なので，最終的な温度評価で妥当性を確認する必要がある）．

● 主要半導体部品選定

図7にブリッジ・ダイオード，主スイッチング素子，2次整流ダイオードへのストレスの計算，および選定目安を示しました．選定方法については，あくまで目安であり，最終的には試作電源での評価で使用可否は判定することになりますが，参考としてお使いください．

▶ 入力電流（ブリッジ・ダイオード電流）

入力電流は，次式で表されますので，この値からマージンを考慮してブリッジ・ダイオードを選出します．なお，図7では，80％ディレーティングした電流定格選定計算例としています．

$$I_{in}\ [\text{A}_{\text{RMS}}] = \frac{P_{o(max)}/\eta}{V_{DC(min)}\ \lambda}$$

▶ 主スイッチング素子電流

主スイッチング素子の平均電流の計算は，

$$I_{D(avg)}\ [\text{A}] = \frac{2I_{DP}}{D_{ON}}$$

主スイッチング素子の実効電流の計算は，

$$I_{D(RMS)}\ [\text{A}_{\text{RMS}}] = \frac{I_{DP}}{\sqrt{3}}\sqrt{D_{ON}}$$

で計算されます．この平均電流値からマージンを考慮して主スイッチング素子を選定します．図7では，60％ディレーティングしたDC電流定格選定計算例です．

▶ 2次側整流ダイオード

2次側整流ダイオードの平均電流は，出力電流そのものとなります．2次整流ダイオードの電流定格の選定は，$2.5 \times I_{out}$を目安とします．耐圧の選定は，2次ダイオードに印加される電圧最大値，

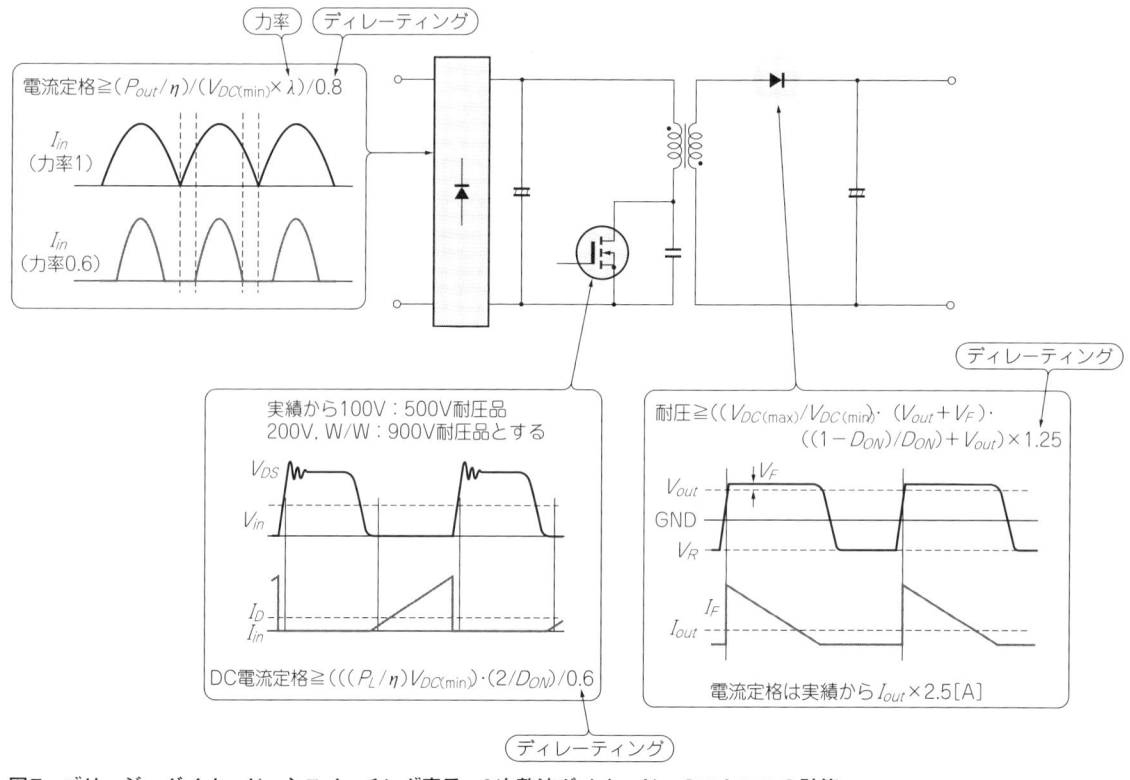

図7 ブリッジ・ダイオード，主スイッチング素子，2次整流ダイオードへのストレスの計算

$$V_{R(\max)} = \frac{V_{DC(\max)}}{V_{DC(\min)}}(V_{out} + V_F)\frac{1-D_{ON}}{D_{ON}} + V_{out}$$

で計算されます．この電圧最大値からマージンを考慮して2次整流ダイオードを選定します．**図7**は，マージンを考慮して上述の計算値に1.25をかけたものを耐圧選定とした計算例です．

電源回路例

前述のトランス設計で上げた電源回路例のMS1003SH（新電元工業）を搭載したワールドワイド電源について，回路図，トランス仕様，主要特性を紹介します．試作した基板の外観を**写真1**に示します．

● 電源回路

入力電圧：90～276 V_{RMS}
出力：12 V，2.1 $A_{(typ)}$，2.1 $A_{(max)}$
の電源回路を**図8**に示します．
スタンバイ・モードは，オートバースト・モード，スーパースタンバイ・モード（間接制御を取り入れたスタンバイ機能）に対応した回路です．

● トランス仕様

トランスの仕様を**表4**，**表5**，**図9**，**図10**に示します．前出のトランス設計の例で計算したトランスの仕様です．

● 主要電源特性

▶電源効率（**図11**）
疑似共振方式のため，最大負荷付近までフラットな効率カーブが得られています．

写真1 試作した疑似共振電源の外観

図8 試作した疑似共振電源の回路

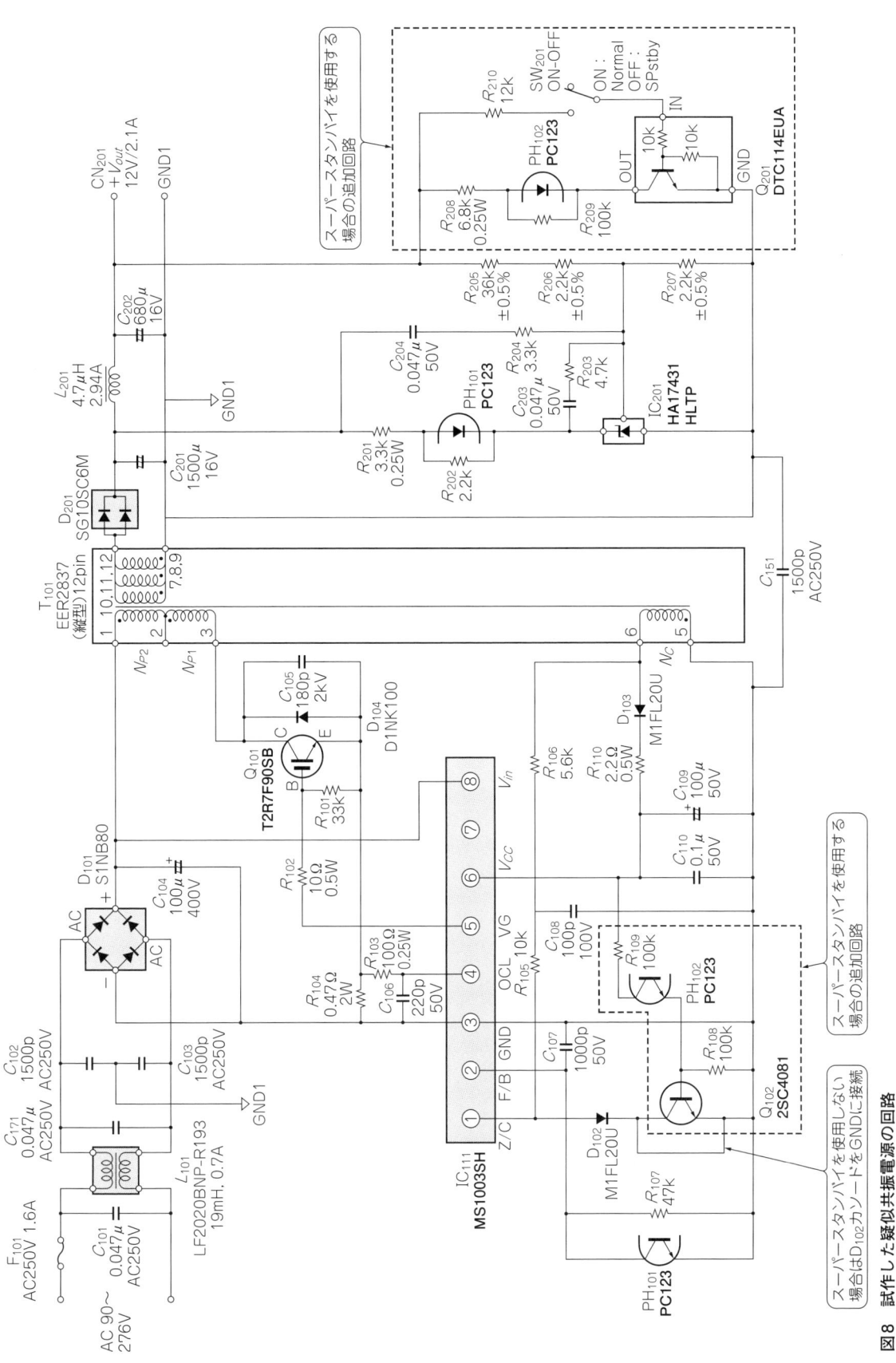

特集 LLC共振による低雑音スリム電源 現代設計法 [シミュレータ&データ付き]

電源回路例 113

表4 トランスの仕様

項　目	型名/値
疑似共振電源用IC	MS1003SH
スイッチング素子(SIGBT)	T2R7F90SB
最低発振周波数$f_{(min)}$	45 kHz
オン・デューティD_{ON}	0.548
インダクタンスL_P	1.16 mH
コア型名	EER2837
コア断面積	81.4 mm^2
トランス・メーカ	スミダ電機

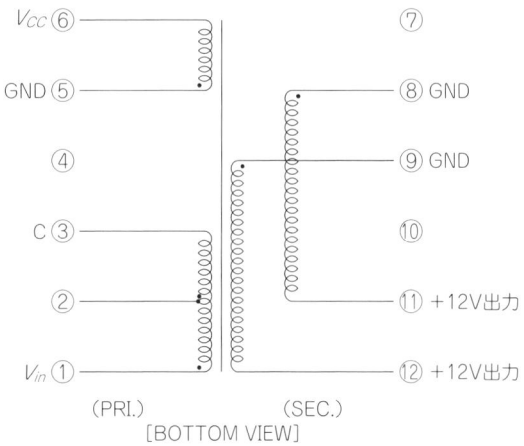

表5 トランス巻き線の仕様

No.	巻き順	コイル	端子	巻き数 [回]	線材 [cm^2]
1	1	Np1	①-②	37	1UEW(0.3)
2	2	Ns1-1	⑨-⑫	6	1UEW(0.4×4)
3	3	Np2	②-③	37	1UEW(0.3)
4	4	Ns-1-2	⑧-⑪	6	UEW(0.3)
5	5	Nc	⑤-⑥	9	UEW(0.23)

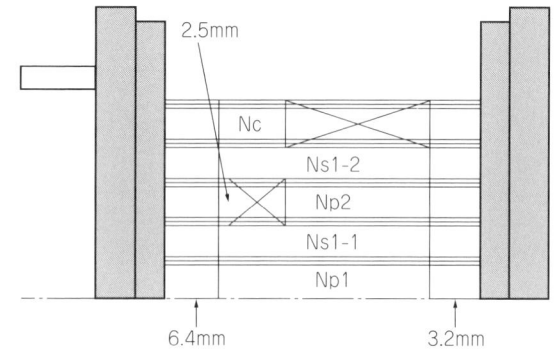

図10 トランスの巻き線構造

●は極性を示す.
※⑧-⑨,⑪-⑫は基板上で接続

図9 トランスの接続

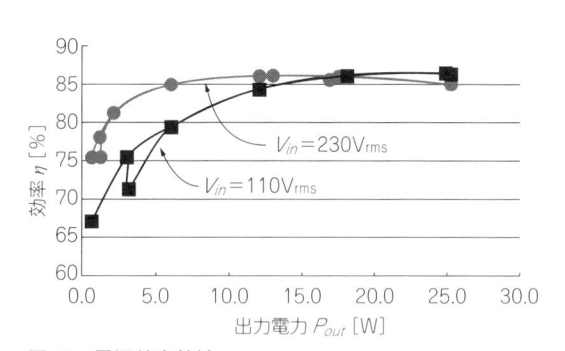

図11 電源効率特性

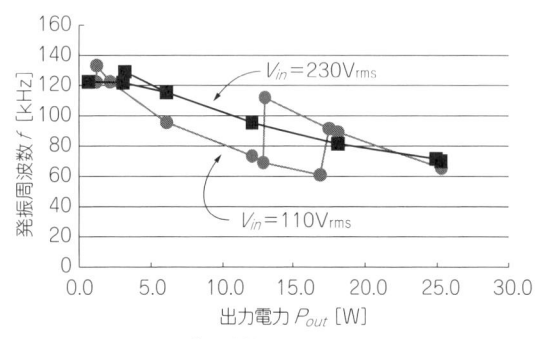

図12 スイッチング周波数

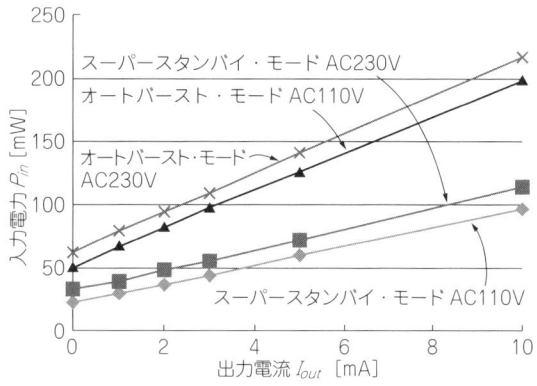

図13 スタンバイ入力電力

▶スイッチング周波数(図12)

疑似共振方式(周波数変調方式)の弱点である高入力電圧/軽負荷時の周波数上昇を,ICの谷とび機能[図15(c),(g)]によって周波数を抑制しています.谷とび機能は,疑似共振を維持したまま周波数を抑制し,効率低下/温度上昇を抑制する機能です.

▶スタンバイ入力電力(図13)

本ICでは,軽負荷を自動検出してバースト・モードに切り替えるオートバースト・モード,マイコンなど負荷側からのスタンバイ信号でさらなる低消費スタンバイ・モード(スーパースタンバイ・モード)へ切り替える機能をもっており,スタンバイ時の低消費電力を実現しています.

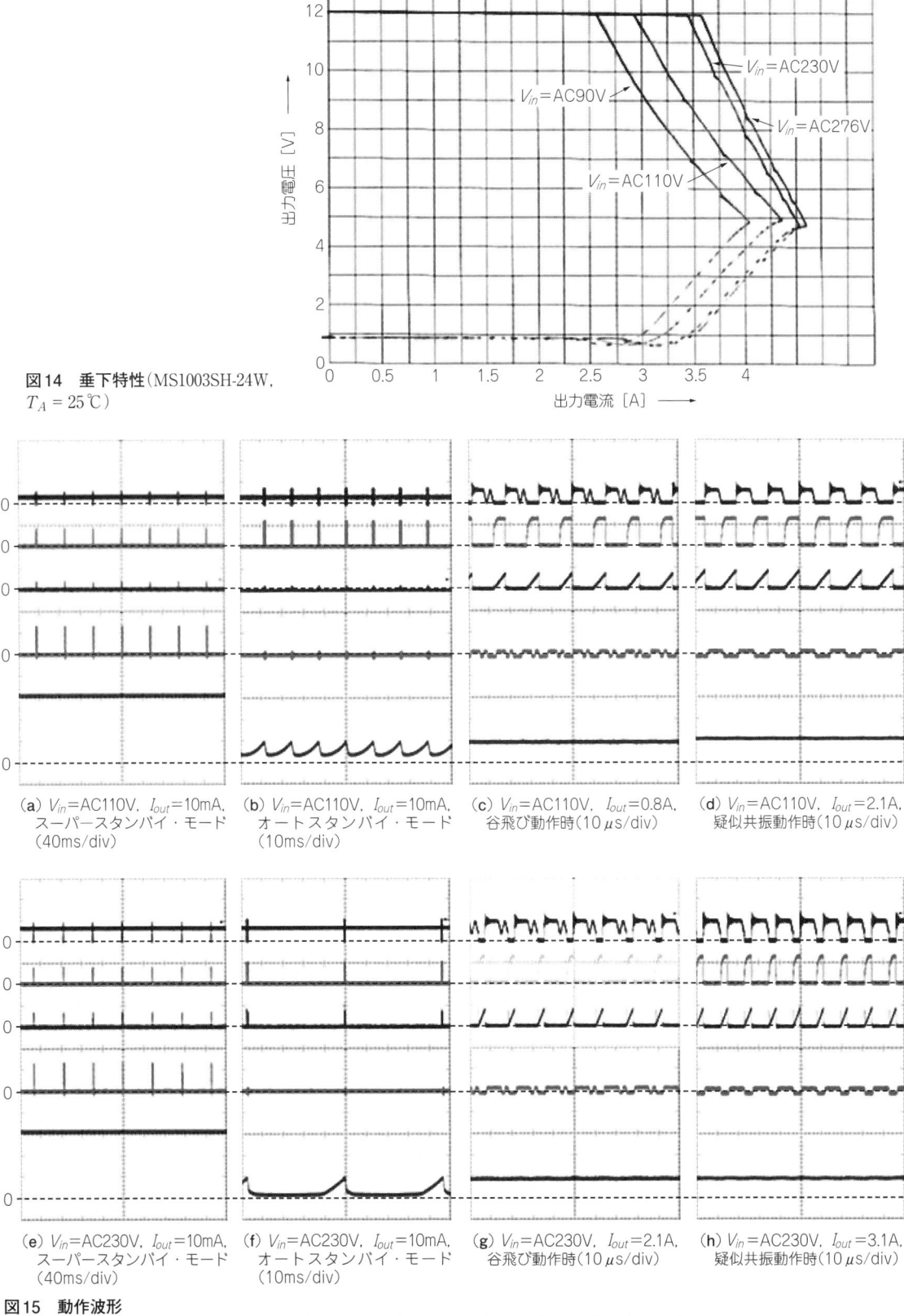

図14 垂下特性（MS1003SH-24W, $T_A = 25\,°C$）

(a) V_{in}=AC110V, I_{out}=10mA, スーパースタンバイ・モード（40ms/div）

(b) V_{in}=AC110V, I_{out}=10mA, オートスタンバイ・モード（10ms/div）

(c) V_{in}=AC110V, I_{out}=0.8A, 谷飛び動作時（10μs/div）

(d) V_{in}=AC110V, I_{out}=2.1A, 疑似共振動作時（10μs/div）

(e) V_{in}=AC230V, I_{out}=10mA, スーパースタンバイ・モード（40ms/div）

(f) V_{in}=AC230V, I_{out}=10mA, オートスタンバイ・モード（10ms/div）

(g) V_{in}=AC230V, I_{out}=2.1A, 谷飛び動作時（10μs/div）

(h) V_{in}=AC230V, I_{out}=3.1A, 疑似共振動作時（10μs/div）

図15 動作波形
上から, V_{CE}(500 V/div), VG端子(10 V/div), I_C(1 A/div), Z/C端子(5 V/div), F/B端子(2 V/div)

▶垂下特性(**図14**)

パワー・リミット点の入力電圧依存をIC内部で補正する機能を搭載しているため，外部補正部品なしで入力電圧依存が抑えられています．

▶動作波形(**図15**)

疑似共振動作，谷とび動作，オートバースト動作，スーパースタンバイ動作の各モードの動作波形です．

*　　　　*

最後に，疑似共振電源に限らず，絶縁型スイッチング電源においては，トランス設計が，これから電源設計に携わる方にとってはハードルになるのではないかと思います．ただし，電源を試作するたびに，その場限りの対応をするのではなく，どのような電源仕様(入力電圧範囲，出力電圧，出力電流)のときは，どのような周波数，デューティ，トランス・サイズで設計したかをデータ蓄積していき，御自身で設計のコツを掴んでいただくことが一番だと思います．

◆**引用文献**◆

(1) 疑似共振電源用制御IC MS1003SH，MS1004SHアプリケーションノート，新電元工業．
http://www.shindengen.co.jp/product/semi/datasheet/IC_MS1000SH_AppNote_Jp.pdf

◆**新電元工業㈱の部品の購入先**◆

コアスタッフ株式会社　Zaikostore
http://www.zaikostore.com/zaikostore/

第5章

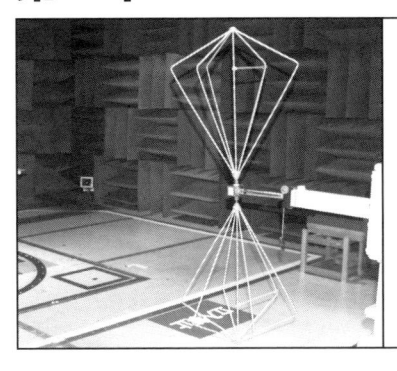

1％調光以下の低照度の LED電流にも対応した
LED駆動回路に最適なバック・コンバータ制御IC

瀬川 毅，飯島 伸也
Segawa Tuyoshi, Iijima Shinya

　昨今のエコロジー・ブームや東日本大震災の影響で，LED照明が注目され広がりを見せています．LED照明の特徴は，明るさが同程度ならば，電球と比較すると低消費電力，明るさの程度を変える調光が容易というところでしょう．

　ここで低消費電力は，主にLED自身の電流に対する発光する光の強さ，つまり発光効率に依存しています．調光は，LEDに流れる電流を変えることで実現しています．さらに赤色，緑色，青色の3色のLEDを用意すると，各色を調光することで自由な色彩の光を好みの明るさで実現する照明が可能です．

　そのため調光の容易さから，新聞が読めるほど明るく点灯する状態から，薄ボンヤリと点灯してムードあふれる状態まで可変できる機能が，LED照明用途の制御ICに求められています．本章では，そうしたLED照明に求められる機能を満足させたLED照明の制御ICを紹介します．

LED照明機器の基本構成

　図1に，一般的なLED照明機器のブロック図を示します．ノイズ・フィルタ，PFC回路とバック・コンバータの構成です．

● ノイズ・フィルタ

　一般にLED照明機器については，他の電子機器に妨害を与えないとの目的で，国際的なノイズ規格CISPR15を満足させる必要があります．LED照明機器は，自身が出すノイズをこの値以下にすることが規格で決まっています．このCISPR15を満足させるために，商用電源の入力回路にはインダクタ，コモンモード・チョーク・コイル，キャパシタなどの組み合わせで「ノイズ・フィルタ」を構成した回路が必要です．このノイズ・フィルタが，商用電源の入力回路に実装されています．

● PFC回路

　次にPFC回路です．LED照明機器については，入力電力25W以上の照明機器については，電源高調波の国際的なガイドラインIEC61000-3-2を満足する必要があります．こちらも，LED照明機器は商用周波数以外の電流成分をある値以下にするように規制されているのです．

　このIEC61000-3-2を満足させるためには，PFC

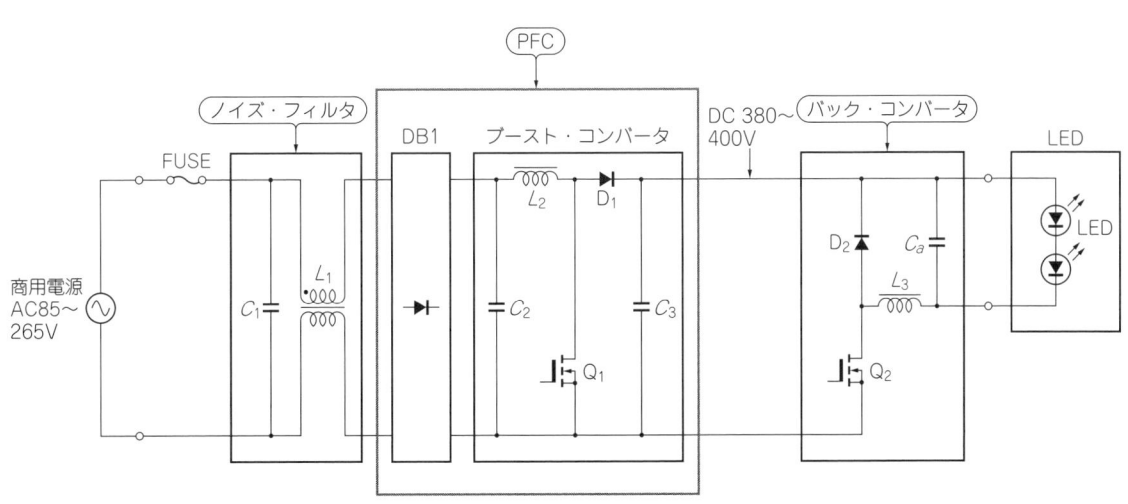

図1　一般的なLED照明機器のブロック図

(Power Factor Correction；力率改善回路)回路を用意するのが一般的です．PFC回路は，世界中の商用電源に対応(worldwide対応)しているので，入力電圧はAC 85 V～265 Vまで入力できます．ちなみに，電源電圧範囲の端と端の電圧は，AC 85 Vは日本の最低電圧，AC 265 Vはイギリスの最高電圧です．

また，PFC回路の出力電圧は，AC 265 Vの$\sqrt{2}$倍の電圧(約375 V)より高い電圧で，DC 380 V～400 V程度で設計されることが一般的です．

● バック・コンバータ

さらに，LEDに電流を流す回路であるLEDドライバが必要です．入力電力25 W以上のLED照明機器ではPFC回路が必要で，その出力電圧はDC 380～400 Vと高い電圧です．

そこで，LEDドライバとして電圧を下げる特徴があるバック・コンバータ(buck converter)が採用されています．以下，LEDに電流を流して調光する部分に注目して，バック・コンバータ部分について説明します．

バック・コンバータの動作

● スッチング回路はON状態とOFF状態に分けて考える

さてバック・コンバータについて考察してみましょう．一般的なバック・コンバータは図2(a)の構成です．このバック・コンバータに限らずDC-DCコンバータのようにスッチングしているデバイス，つまり非線形デバイスがある回路は，線型な電気回路理論による説明は困難です．

そこで，電気回路理論が適用できる線型な区間に区切って考えることが一般的です．図2(a)のバック・コンバータにおいて，パワーMOSFET Q_1がON状態[図2(b)]とOFF状態[図2(c)]の二つに分けてみました．

● インダクタの性質を利用してDC電圧を下げるバック・コンバータ

図2(b)は，パワーMOSFET Q_1がONのときで，パワーMOSFETのドレイン-ソース間が短絡している状態と考えてください．パワーMOSFETが短絡なので，入力電圧V_{in}から電流が流れ出し，インダクタL_1を通して負荷R_Lに電流が流れ，入力電圧V_{in}より低い電圧V_{out}が発生します．インダクタL_1の両端の電圧は$V_{in} - V_{out}$です．ダイオードD_1のカソード電圧に注目すると，パワーMOSFETが短絡なので入力電圧V_{in}となります．ゆえに，ダイオードD_1はOFF状態です．OFF状態なので，ダイオードD_1は無視しましょう．

次は，パワーMOSFET Q_1がOFF状態を示す図2(c)です．パワーMOSFET Q_1がOFF状態ですから，ドレイン-ソース間はオープンと見なします．オープンですから，パワーMOSFET Q_1は無視しましょう．

ここで，インダクタL_1の電流に注目してください．パワーMOSFET Q_1がON状態時には，パワーMOSFET Q_1と通じてインダクタL_1に電流が流れました．ところが，パワーMOSFET Q_1がOFF状態時は，パワーMOSFETには電流が流れません．

ここで非常に重要なインダクタLの性質なのですが，インダクタの電流は急にはゼロにはならないのです．その理由は，インダクタンスLのエネルギーEは式(1)

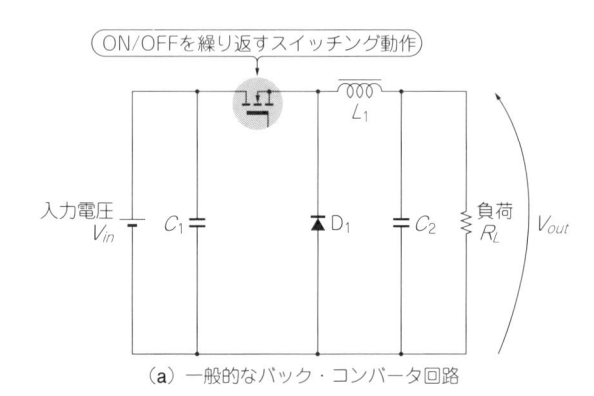

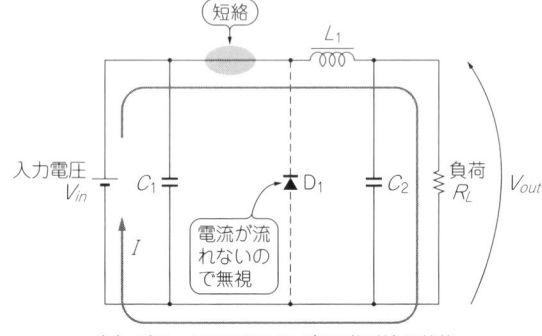

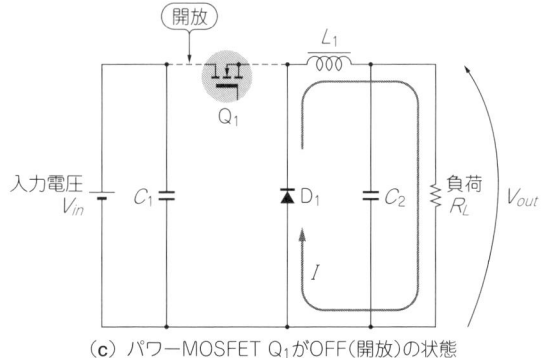

(a) 一般的なバック・コンバータ回路

(b) パワーMOSFET Q_1がON(短絡)の状態

(c) パワーMOSFET Q_1がOFF(開放)の状態

図2 一般的なバック・コンバータの動作

のように，電流 i の状態で溜まっているためです．

$$E = \frac{1}{2}Li^2 \quad \cdots\cdots\cdots\cdots\cdots\cdots\cdots\cdots\cdots\cdots\cdots (1)$$

つまり，パワー MOSFET Q_1 が ON 状態のとき，インダクタ L_1 に溜まったエネルギーは，パワー MOSFET Q_1 が OFF 状態時でも急にゼロになることはなく，そのため電流を流し続けようとするのです．したがって，インダクタ L_1 の電流は，ダイオード D_1 を ON させて電流は流れ続けることになります．結果，負荷 R_L に電流が流れ続け，パワー MOSFET Q_1 が OFF 状態時にも出力電圧 V_{out} が発生するわけです．

パワー MOSFET Q_1 やダイオード D_1 はスイッチング動作なので，理論的に電力損失がありません．したがって，DC 電圧の変換を高効率に実現できます．もちろん現実には理想と異なり，少し電力損失が生じます．

このように，バック・コンバータではインダクタの性質をうまく利用して，入力電圧より低い出力電圧を低損失で実現できるのです．

● 出力電流によって変わるモード

インダクタ L_1 に流れる電流は，負荷 R_L の大きさによって出力電流 I_{out} も変化するので，図3のように変化します．

出力電流 I_{out} が大きいときにはインダクタ L_1 には連続的に電流が流れて，出力電流 I_{out} が小さいときにはインダクタ L_1 には不連続に電流が流れます．インダクタの性質を利用したバック・コンバータですから，インダクタに流れる電流によって，いくつかのモードに分類されています．

その状態にそれぞれ名前が付いていて，インダクタ L_1 に連続的に電流が流れる状態を CCM（Continuous Conduction Mode），インダクタ L_1 に不連続に流れる状態を DCM（Discontinuous Conduction Mode）と呼びます．インダクタ L_1 に流れる電流が，不連続と連続の境目の状態を CRM（CRitical conduction Mode），または BCM（Boundary Conduction Mode）と呼びます．以下，CCM，DCM，CRM と呼ぶことにします．

一般に CCM，DCM は PWM（Pulse Width Modulation）

(a) ダイオード D_1 カソード電圧

(b) パワー MOSFET Q_1 ドレイン電流

(c) ダイオード D_1 電流

(d) インダクタ L_1 電流 CCM 時

(e) インダクタ L_1 電流 CRM 時

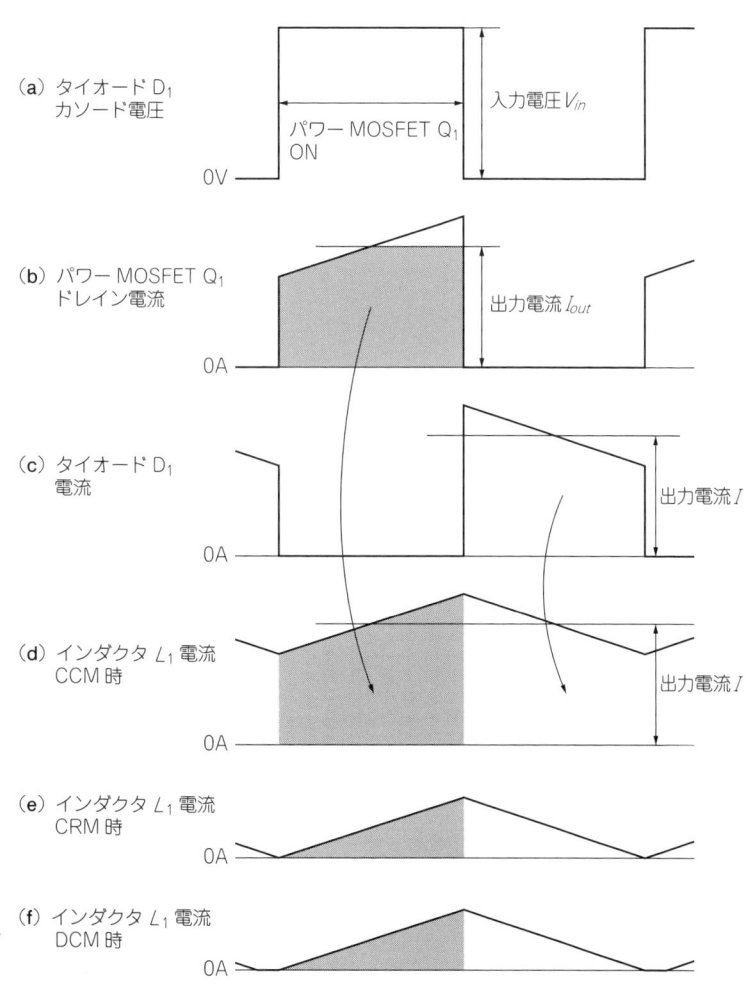

(f) インダクタ L_1 電流 DCM 時

図3 出力電流の大きさによってモードが変わる

で発生し、CRMではPFM(Pulse Frequency Modulation)となります.

LED照明に適したバック・コンバータ回路

バック・コンバータの基礎的な話はこの程度にして、今度はLEDドライバとしてのバック・コンバータを考えてみましょう. 図4(a)に回路構成を示します. もちろん図2(a)のような回路でも実現できますが、パワーMOSFET Q_1 のドライブ回路、電流検出回路を考慮すると図4(a)の構成のほうがよりシンプルな回路でバック・コンバータを実現できます.

図4(a)もバック・コンバータですから、図2(a)と同様にパワーMOSFET Q_1 のON状態［図4(b)］、パワーMOSFET Q_1 のOFF状態［図4(b)］とに分けて考えるとわかりと思います. やはり、パワーMOSFET Q_1 のON状態でインダクタ L_1 に蓄積されたエネルギーが、パワーMOSFET Q_1 のOFF状態のサイクルでダイオード D_1 を導通させて電流が流れ続けることで、負荷となるLEDに電流が流れ続けるのです.

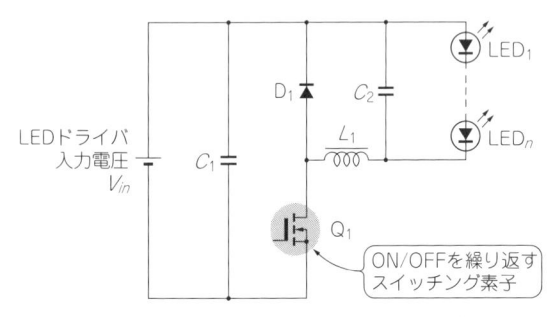

● LED照明に適したデバイスの登場

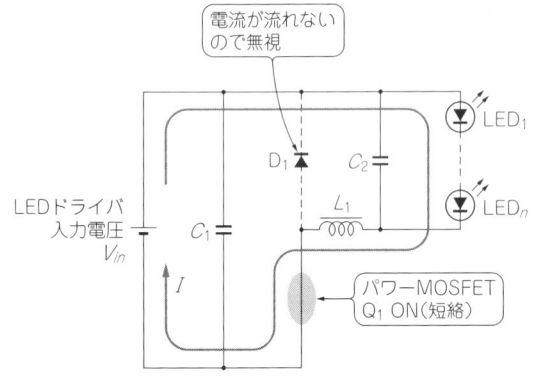

さて、紹介するのはLEDドライバ用の制御IC MV1002SC(新電元工業)です. MV1002SCの外観を写真1に、ブロック図を図5に示します.

このMV1002SCによって、図4(a)のLED照明ドライバをバック・コンバータによって実現した標準的な回路を図6、その動作を図7に示します. 動作は、定格付近でほとんどCRMに近いDCMで動作します. 以下、詳しく見ていきましょう. 動作のポイントですが、まず図6の1番端子Svoutと2番端子Svinに注目して、図7をご覧ください.

● パワーMOSFET ON時にインダクタ電流は単調増加

まず、パワーMOSFET Q_1 がONのときです. MV1002SCの5番端子Gateには V_{CC} 近い電圧が表れて、その電圧がパワーMOSFET Q_1 のゲートに印加され

(a) LED照明に適したバック・コンバータ回路

(b) パワーMOSFET Q_1 がON(短絡)の状態

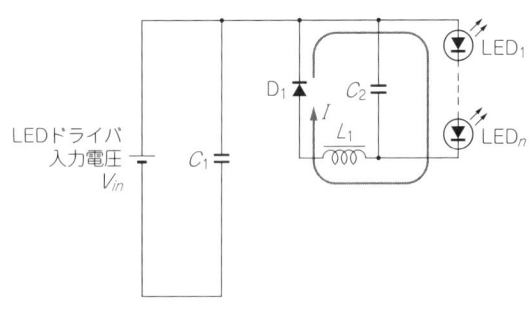

(c) パワーMOSFET Q_1 がOFF(開放)の状態

図4 LEDドライバとしてのバック・コンバータの動作

写真1 MV1002SCの外観

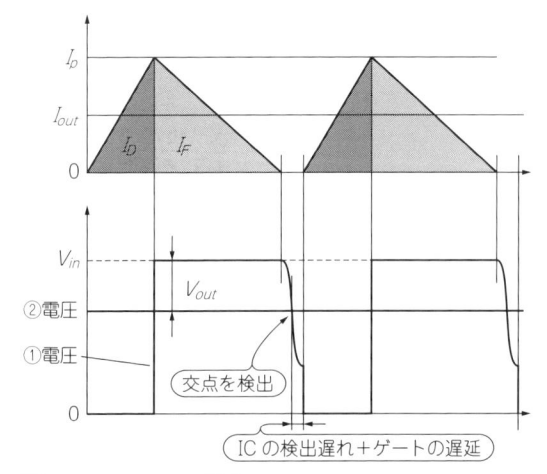

図7 MV1002SCの動作

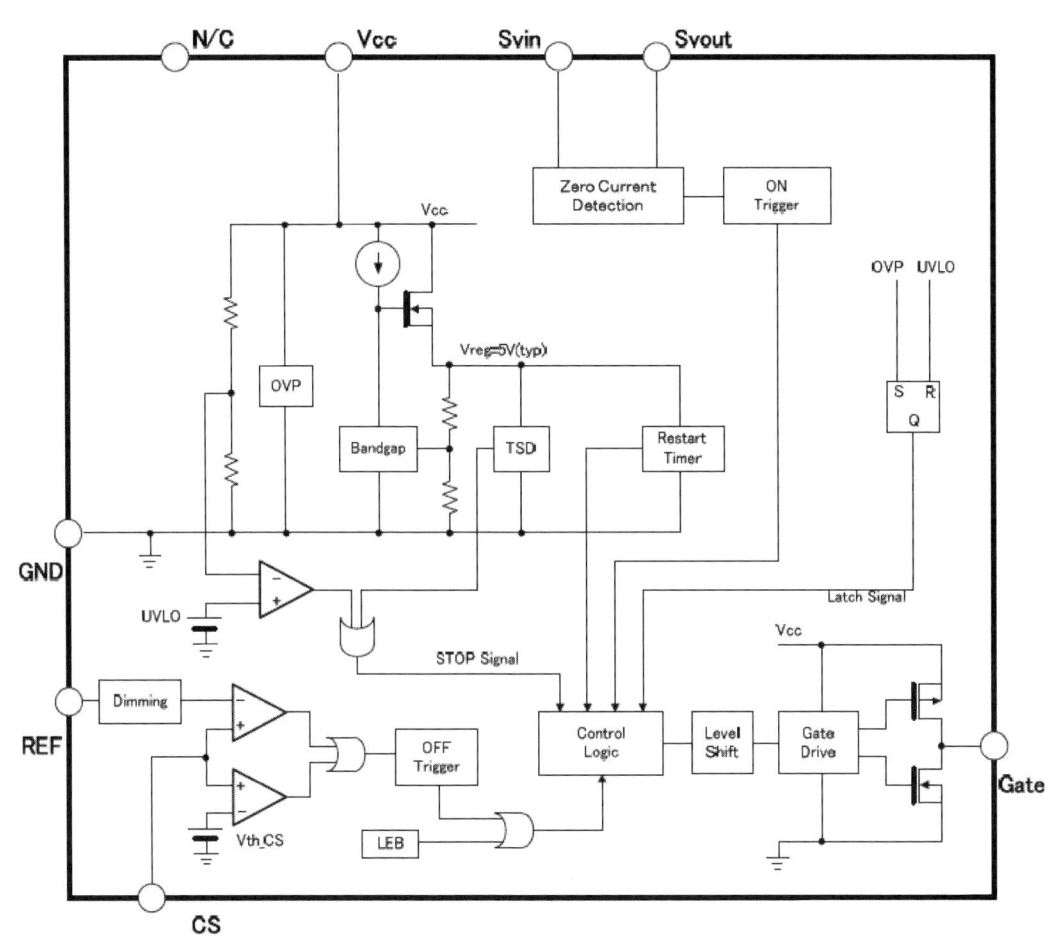

図5 MV1002SCのブロック構成

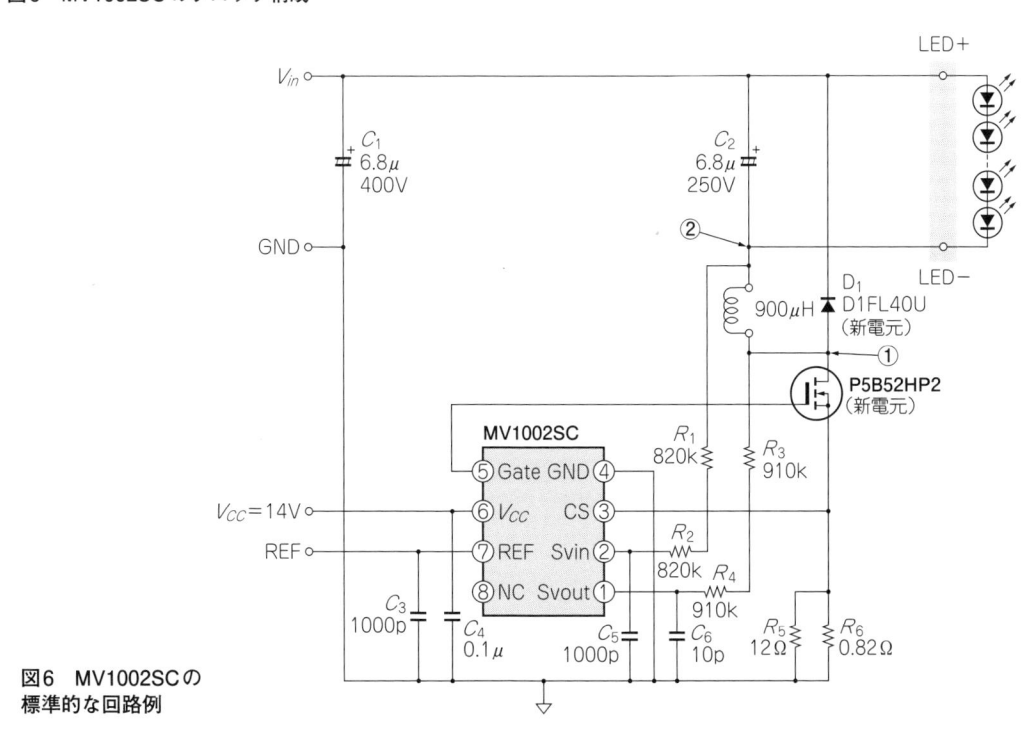

図6 MV1002SCの標準的な回路例

LED照明に適したバック・コンバータ回路　121

ている状態です．1番端子Svoutの電圧は，パワーMOSFET Q_1 がONですので0Vです．2番端子Svinの電圧は，入力電圧 V_{in} と出力電圧 V_{out} ですが，LEDと並列に接続されたキャパシタ C_2 のためDC電圧が発生します．

パワーMOSFET Q_1 のドレイン電流 I_D を考えると，入力電圧 V_{in} からキャパシタ C_2 とLED，さらにインダクタ L_1 を通じて流れます．入力電圧はDC，LEDの両端電圧は出力電圧 V_{out} なので，インダクタ L_1 の両端には $V_{in} - V_{out}$ のDC電圧がかかります．したがって，インダクタ L_1 の電流 i は，

$$i = \frac{V_{in} - V_{out}}{L} t \cdots\cdots\cdots\cdots\cdots\cdots (2)$$

より，時間的に単調に増加します．インダクタ L_1 の電流は抵抗 R_5，R_6 によって電圧として検出され，3番端子CSに入力されています．ですから，3番端子CSの電圧 V_{CS} は，

$$V_{CS} = \frac{R_5 R_6}{R_5 + R_6} i = \frac{R_5 R_6}{R_5 + R_6} \cdot \frac{V_{in} - V_{out}}{L} \cdots (3)$$

と表すことができます．
やがて3番端子CSの電圧が，目的の調光をするLED電流の2倍に相当する電圧(調光の項で後述)になったとき，5番端子Gateは0Vとなり，パワーMOSFET Q_1 はOFFとなります．

● パワーMOSFET OFF時にインダクタ電流は単調減少

次に，パワーMOSFET Q_1 がOFFのときですが，インダクタ L_1 にはエネルギーがあるのでダイオード D_1 をONして流れ続けます．ですから，パワーMOSFET Q_1 のドレイン電圧(1番端子Svoutの電圧)は，入力電圧 V_{in} となります．厳密には $V_{in} + V_F$ (ダイオード D_1 の順方向降下電圧)です．

このとき，インダクタ L_1 の両端電圧は，パワーMOSFET Q_1 がONのときとは逆方向に加わり，その大きさは出力電圧 V_{out} となります．ですからインダクタ L_1 の電流 i は，

$$i = \frac{V_{in} - V_{out}}{L} t_{ON} - \frac{V_{out}}{L} t \cdots\cdots\cdots\cdots (4)$$

と表されるでしょう．式(4)によれば，やがてインダクタの電流は徐々に単調に減衰し，やがて0Aとなります．インダクタ電流が0Aになればインダクタ L_1 のエネルギーはなくなるので，パワーMOSFET Q_1 のドレイン(1番端子Svout)電圧も，減少方向に向かうでしょう．このとき，

1番端子Svout ≦ 2番端子Svin

となると，MV1002SCから5番端子Gateが出力され，パワーMOSFET Q_1 を再びONします．

本稿では，インダクタ電流が0Aとなる時間が非常に短いので，CRM動作と見なすことにします．この動作では，出力する電流が大きくなると，パワーMOSFET Q_1 のON時間も長くなります．パワーMOSFET Q_1 のON時間が長くなると，それに応じてOFF時間も長くなります．その結果，スイッチング周波数 f_{SW} は低くなります．対して，出力する電流が小さくなると，その逆の現象となりスイッチング周波数 f_{SW} が高くなります．つまり，CRM動作ではスイッチング周波数 f_{SW} が大きく変動するのです．

● CRMはZCSによって効率改善

少し脱線します．パワーMOSFET Q_1 のターン・オン時には，ドレイン電流 I_D が0Aで，ドレイン電圧も入力電圧 V_{in} 以下の低い電圧です．つまり，ZCS(Zero Current Switching)を実現しています．後で説明する実験回路でのZCSの様子を**写真2**，**写真3**，**写真4**に示します．ZCSが実現しているため，ノイズ発生が少ない，効率が良いという長所があるのです．

このようにCRMで動作すると，LED電流 I_{out} が大きく明るく点灯するときは，スイッチング周波数 f_{SW} も低くなり，ZCSの効果と合わせてスイッチング効率は改善するのです．

一方，CRMで動作すると，LED電流 I_{out} を調光によって少なくしたとき，スイッチング周波数 f_{SW} が増加して，逆に効率を悪化させてしまいます．こうしたジレンマをCRM動作はもっています．この問題をMV1002SCでは，後述しますが見事に解決しています．

この事例のように，一般に出力電力が100W以下のスイッチング・コンバータではCRMで動作させると効率が改善します．ただし，出力電力が100Wを越えはじめると，CRMパワーMOSFET Q_1 に流れるピーク

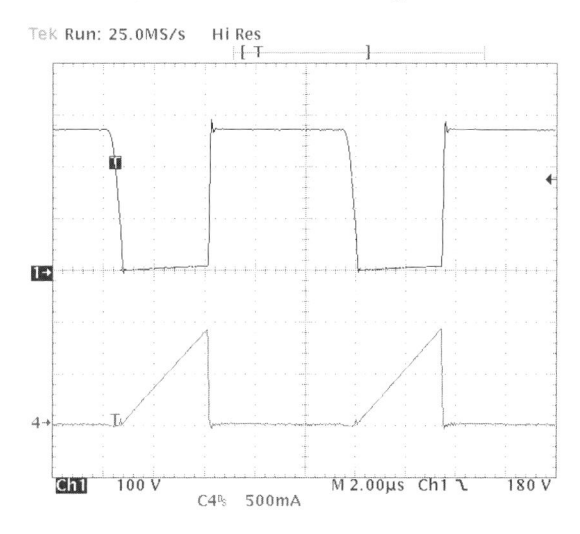

写真2 パワーMOSFETの動作波形(100%調光時，$2 \mu s$/div)
ch1：ドレイン電圧(100 V/div)，ch2：ドレイン電流(500 mA/div)

電流I_pが大きくなり，それが原因で効率が低下します．

● LED照明のポイントは微妙な光の実現

ここで，調光可能なLED照明の重要な性能について述べておきます．調光可能なLED照明で問題となるのは，消えそうなくらいに明るさを絞ったときの特性なのです．消えそうなくらいに明るさを絞り雰囲気のある照明にしたとき，光がちらついてはムードぶち壊しというものです．今にも消えそうな光だが，安定に灯っていることが調光可能なLED照明に求められる性能なのです．

もう少し具体的に述べましょう．照明用のLEDの電流は，定格で350 mA～400 mA程度です．対して，消えそうなくらいに明るさを絞ったときの電流は，定格の1％以下です．値で書くと3.5 mA～4 mA以下です．一般に，調光時にLED定格電流の1％の電流を流した状態を「1％調光」と呼びます．1％調光時にもちらつかない性能がLED照明には必要なのです．

1％調光時にちらつかない限度は，定格の1％以下の電流のさらに10％以下の変動である必要がありま す．ちらつきは目視なので個人差があり，10％以下よりもっと厳しい数値を主張する人もいます．つまり，LED照明のドライバは，定格の1％以下の電流のさらに10％以下，0.35 mA～0.4 mAで安定に制御してLEDに電流を流す必要があるのです．

LEDの定格電流から1/1000以下の電流まで，大きなダイナミック・レンジを制御する，この数値を見るとLED照明の難しさがよくわかります．

こうしたLED照明の難しさを考慮したデバイスが発売されたので，紹介して広く知らしめることに十分な意味があるでしょう．

● 1％調光が必要なLED照明に適したデバイスの登場

MV1002SCの特徴は，何といっても1％調光以下の低照度のLED電流にも対応していることが挙げられます．その点に注目してみましょう．

このデバイスの調光用の制御端子は7番ピンのREF端子です．REF端子にはDC0 V～2.5 Vの電圧を入力して，低照度から定格までのLED電流を制御します．図8にその調光特性を示します．

図8 MV1002SCのREF端子電圧と調光率

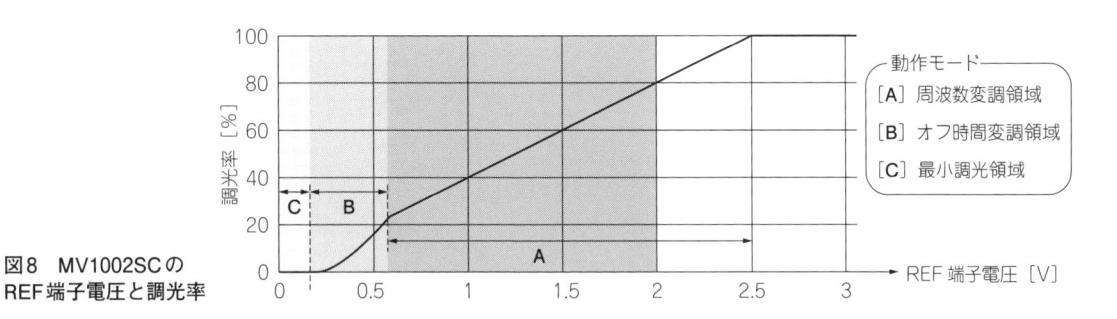

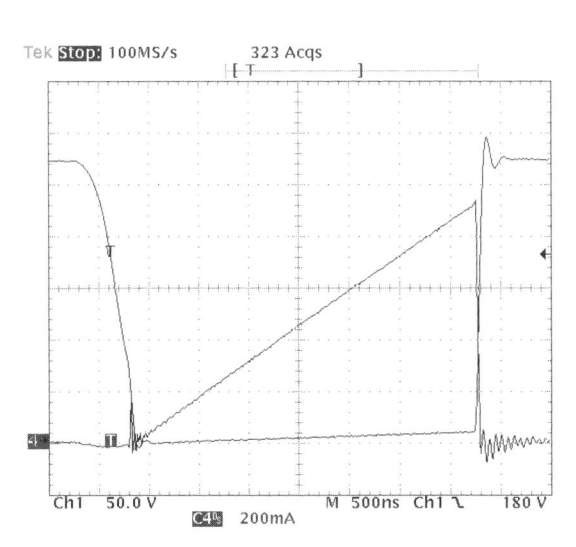

写真3 写真2の拡大(100％調光時，500 ns/div)
ch1：ドレイン電圧(50 V/div)，ch2：ドレイン電流(200 mA/div)

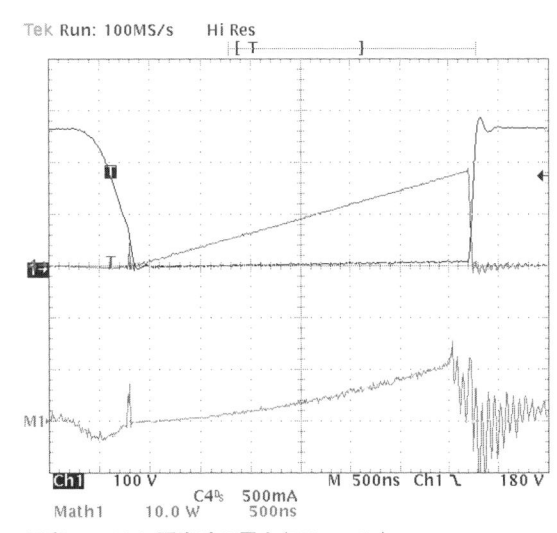

写真4 100％調光時の電力(500 ns/div)
ch1：ドレイン電圧(100 V/div)，ch2：ドレイン電流(500 mA/div)，math：電圧×電流

特にMV1002SCの調光特性で注目して欲しいことは，REF端子電圧によって下記の3通りの動作があることです．

[A] **PFM領域**：REF端子が約0.6 V～2.5 V
CRM動作．PFMによってLED電流を制御する領域(図9)．

[B] **OFF時間変調領域**：REF端子が約0.15 V～0.6 V
DCM動作．主にOFF時間を制御してLED電流を制御する領域(図10)．

[C] **最小調光領域**：REF端子が約0.15 V以下
DCM動作．ON時間約250 ns，OFF時間約60 μsに固定(図11)．

LED電流の大きさから見ると，定格電流から25 %程度まではPFM領域で動作し，約25 %程度から1 %程度まではOFF時間変調領域，それ以下では最小調光領域で動作します．パワーMOSFET Q_1のドレインのピーク電流は，PFM領域でLEDの出力の約2倍になりますが，他の領域では必ずしもそうはなりません．

OFF時間変調領域や最小調光領域があることで，スイッチング周波数が極端に高くなることはなく，そのため効率の悪化も少ないでしょう．なにより，LED電流が定格から1 %以下までスムーズに変化することで，チラツキなどが発生しにくい構成になっているのです．つまり，MV1002SCはLED照明に適したデバイスといえます．

MV1002SCを使ったLEDドライバの設計事例

それでは，MV1002SCを使った図4(a)の回路構成で，LEDドライバの設計手法について説明しましょう．設計条件は下記です．

(1) 入力電圧V_{in}：DC 400 V(PFC回路の出力)
(2) 出力電圧V_{out}：130 V
(3) 出力電流I_{out}：0.4 A
(4) 定格出力時のスイッチング周波数f_{SW}：130 kHz
(設計主観で決めた値)

● バック・コンバータのインダクタンスを求める

インダクタL_1のインダクタンスLは，式(2)を変形すると設計式が得られます．

$$L = \frac{V_{in} - V_{out}}{i}t = \frac{V_{in} - V_{out}}{I_p}t_{ON}$$
$$= \frac{V_{in} - V_{out}}{I_p}DT = \frac{V_{in} - V_{out}}{I_p} \cdot \frac{V_{out}}{V_{in}}T$$
$$= \frac{V_{in} - V_{out}}{I_p} \cdot \frac{V_{out}}{V_{in}} \cdot \frac{1}{f_{SW}} \quad \cdots\cdots (5)$$

D：デューティ比
T：スイッチング周期($1/f_{SW}$)
$I_p = 2I_{out}$(インダクタL_1に流れる電流はLEDに流れる電流の2倍)

と設計式は得られました．

式(5)によれば，スイッチング周波数f_{SW}を高くすると，インダクタンスが小さくなります．つまり，

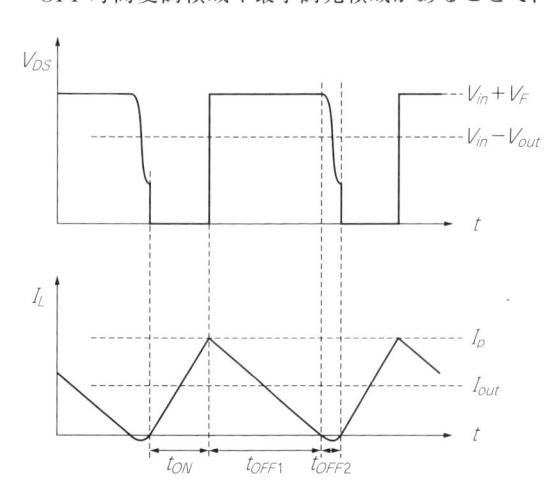

図9 PFM調光領域による100 %調光時の動作波形

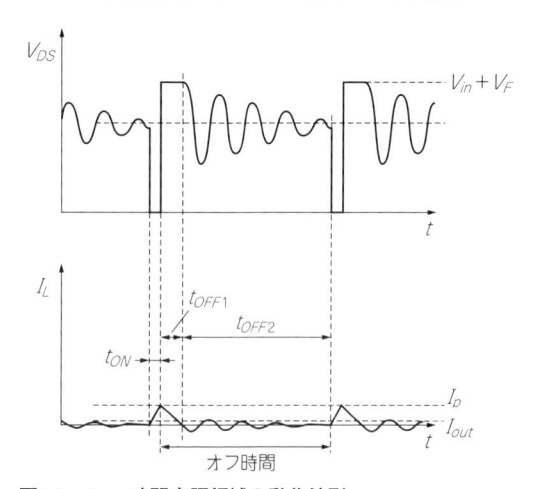

図10 OFF時間変調領域の動作波形

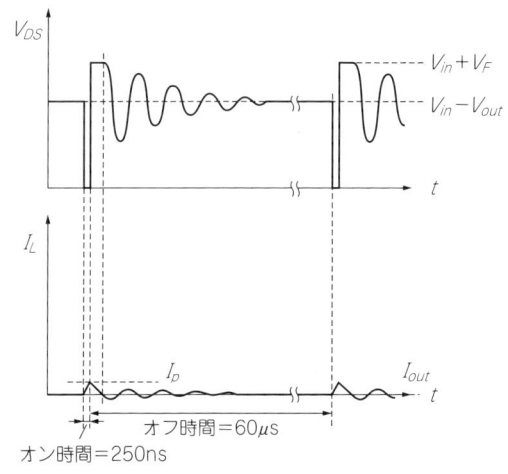

図11 最小調光領域の動作波形

LED照明ドライバを小型化できるのです．反面，スイッチング周波数f_{SW}を高くすると効率は悪化します．最適なスイッチング周波数f_{SW}は，結局スイッチング・デバイスであるパワーMOSFET Q_1のスイッチング特性によって決まるでしょう．

それでは早速，設計条件の値を式(5)に入れて計算してみましょう．

$$L = \frac{400-130}{2 \times 0.4} \times \frac{130}{400} \times \frac{1}{130 \times 10^3}$$

$$\fallingdotseq 844\ \mu H$$

となります．

以上から，インダクタL_1は，900 μH程度のインダクタンスをもち，定格電流が$I_p = 2I_{out} = 2 \times 0.4 = 0.8$ A以上のタイプを，市販のインダクタから選ぶとよいでしょう．

ここで注意するのは，一般にインダクタのコアに使われている磁性材料には，電流が増加するとインダクタンスが低下する直流重畳特性があることです．これは，磁性材料の特性がB-H直線ではなくB-Hカーブであることに起因します．LED照明用のインダクタとしては，直流重畳特性があまり出ないフェライトをコアに使ったタイプを推薦します．

● ダイオード，パワーMOSFETを選定する

インダクタL_1が決まったので，残りはダイオードD_1とパワーMOSFET Q_1です．どちらも同じ電圧がかかり，同じ電流が流れます．入力電圧V_{in}とインダクタL_1の最大電流I_pです，値で書くと400 V/0.8 Aです．

ダイオードD_1は，耐圧が400 V以上で高速スイッチングするのでFRD(Fast Recovery Diode)以外に選択肢はありません．ダイオードの耐圧V_{rr}は，プリント基板のパターンやデバイスのリード線によるインダクタンスによるサージ電圧も考慮して，V_{rr} = 500 V以上のデバイスを選ぶことにします．結果，D1FK60（600 V/0.8 A，新電元工業製）とします．

次にパワーMOSFET Q_1です．耐圧V_{DSS}は，やはりプリント基板のパターンやデバイスのリード線によるインダクタンスによるサージ電圧も考慮して，V_{DSS} = 500 V以上は欲しいところです．また，一般的にパワーMOSFETの選定ではON抵抗$R_{DS(ON)}$も重要です．

ドレイン電流I_Dが最大0.8 Aと少ないこともあり，ON抵抗$R_{DS(ON)}$のスイッチング特性を優先して，寄生容量のC_{iss}，C_{oss}が少ないデバイスを選定しました．ここでは，P1B52HP2（525 V/1 A，C_{iss} = 125 pF，C_{oss} = 20 pF，新電元工業製）とします．最終的には実機で実験して，効率やデバイスの温度上昇から判断するとよいでしょう．

● 実験結果

製作した実験回路を**図12**に示します．その外観を**写真5**に示します．実験回路は，実用的にPFC回路を組み込んだ回路となっています．

(a) 部品面

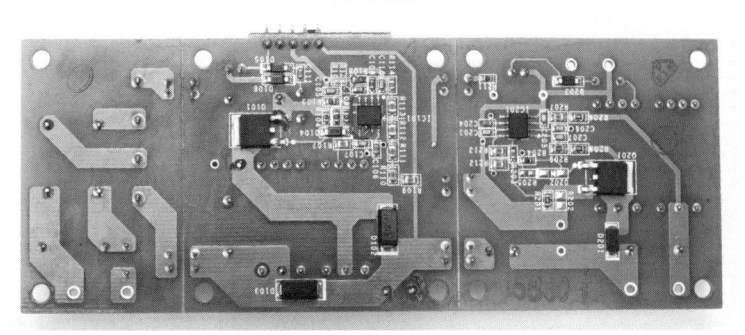

写真5　実験した回路基板の外観　　　(b) はんだ面

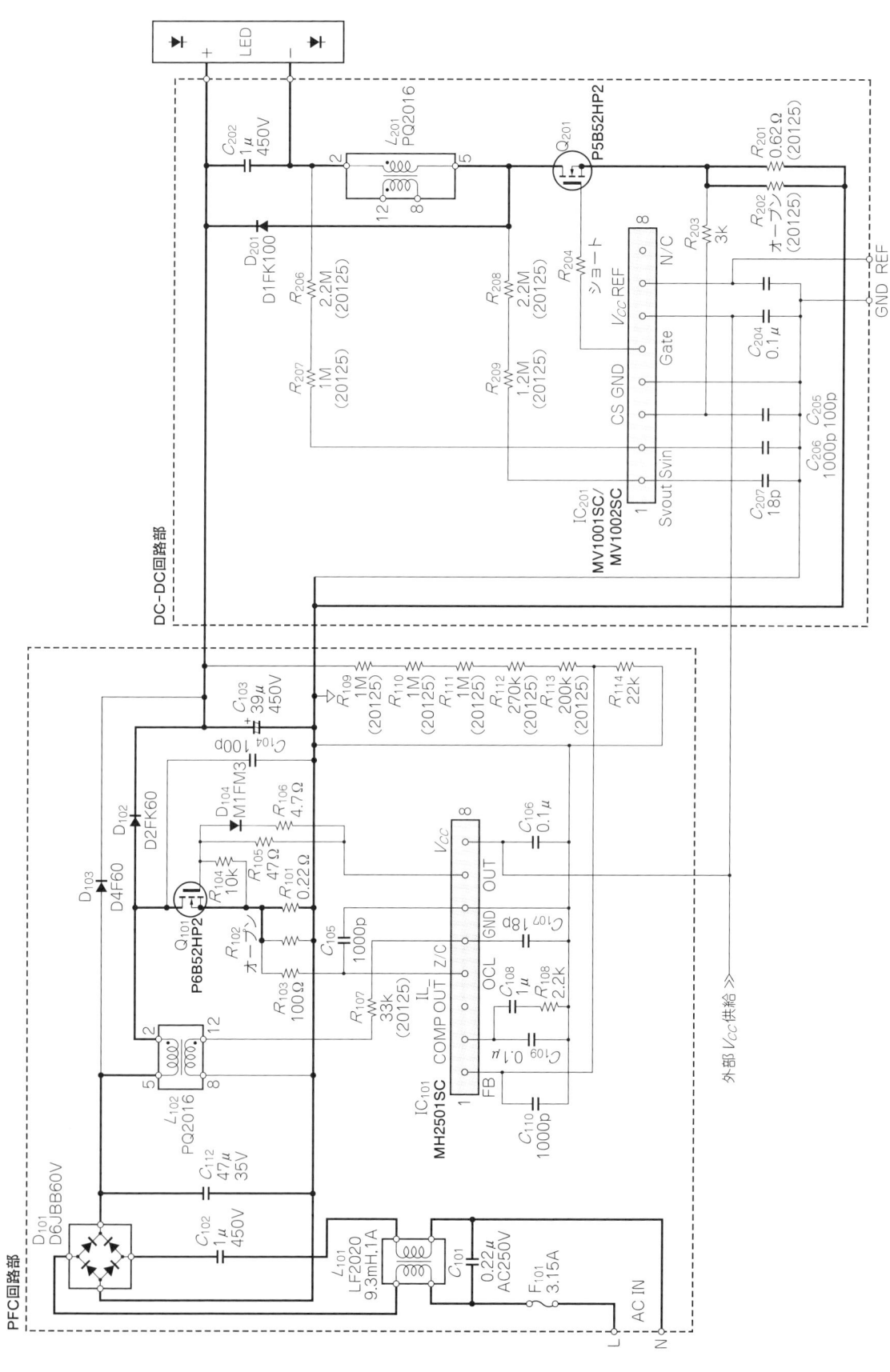

図12 製作したLEDドライバ回路

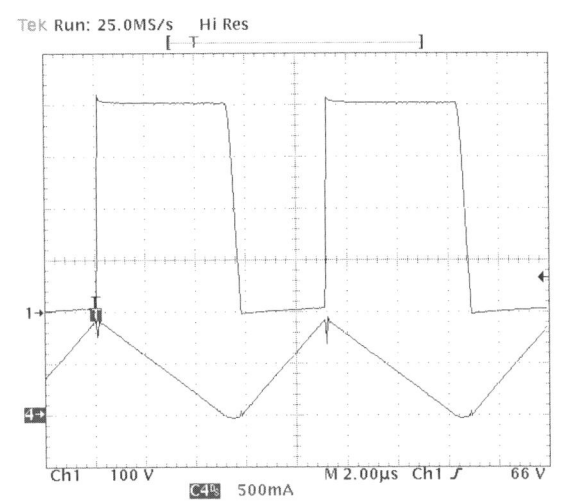

写真6 PFM領域の動作波形(100 %調光時, 2 μs/div)
ch1:ドレイン電圧(100 V/div), ch4:インダクタ電流(500 mA/div)

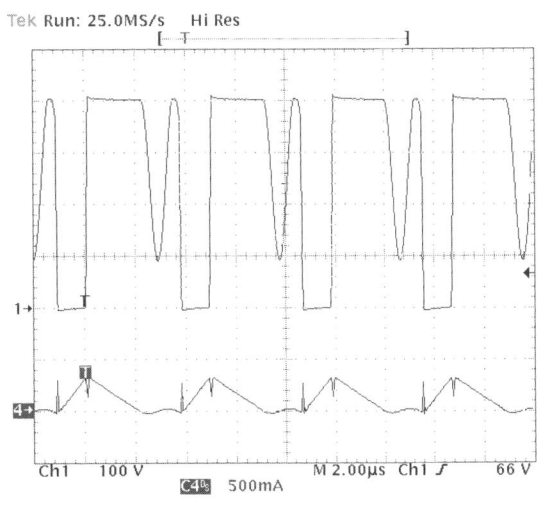

写真7 OFF時間変調領域の動作波形(2 μs/div)
ch1:ドレイン電圧(100 V/div), ch4:インダクタ電流(500 mA/div)

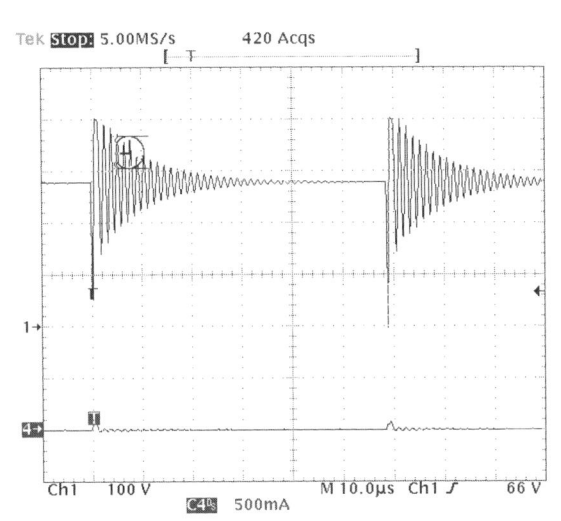

写真8 最小調光領域の動作波形(10 μs/div)
ch1:ドレイン電圧(100 V/div), ch4:インダクタ電流(500 mA/div)

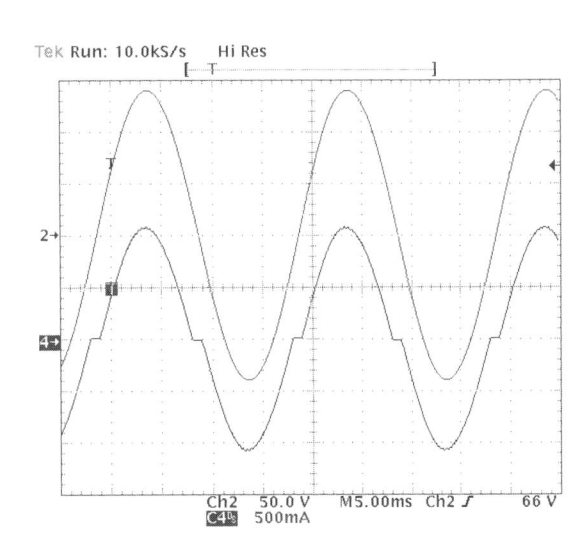

写真9 商用入力電圧/電流(100 %調光時, 5 ms/div)
上:電圧(50 V/div), 下:電流(500 mA/div)

調光時のPFM領域, OFF時間変調領域, 最小調光領域の各パワーMOSFETのドレイン電圧V_D, インダクタ電流I_Lを**写真6**, **写真7**, **写真8**に示します. **写真6**と**図9**, **写真7**と**図10**, **写真8**と**図11**を比較してご覧ください.

また, 本実験回路は, PFC回路も組み込まれているので, 商用入力電圧AC 100 V時の電圧と電流の関係を, LED電流0.4 A時の状態で測定したものが**写真9**です.

◆参考文献◆
(1) LEDドライバー用ドライバIC MV1002SCアプリケーションノートVer1.0, 新電元工業.

◆新電元工業(株)の部品の購入先◆
コアスタッフ株式会社　Zaikostore
http://www.zaikostore.com/zaikostore/

解説

平均効率と無負荷時電力についての基準の最新動向

外付け電源に関連する各種の規格

松元 貴志
Matsumoto Takashi

電源は，壁のコンセントから供給される交流電力を直流電力に変換する装置です．

ノート・パソコン，テレビ，小型家電などで使われるACアダプタや，スマートフォンなどで使われる充電器は，製品の外部にある電源という意味で外付け電源(External Power Supply；EPS)と呼ばれます．

外付け電源は，製品の外側に電源部を分離して独立させることで，製品自体の小型/薄型化の実現や，発熱部/ノイズ発生部の分離に役立っています(図1)．

一方で，スペースに比較的余裕があるエアコン，冷蔵庫などの家電製品では，それぞれの製品内部に電源部をもっています．こういった形の電源は，外付け電源と区別するために，内部電源(Internal Power Supply；IPS)と呼ばれることもあります(図2)．

電源に求められる省エネ性能

電源には以下の2点が求められています．
(1) 電子機器/家電製品が必要とする形態に，無駄なく電力を変換し供給する
(2) 電子機器/家電製品が動作していないときに，電源で無駄に消費する電力を減らす

それぞれ電力変換効率と無負荷時電力という指標で，各国で基準が設けられています．それぞれの国や地域で販売される製品は，それぞれの国や地域の基準を満たす必要があります．エコロジー/省エネルギーの観点から，電源の効率と無負荷時電力に対する要求は，ますます厳しくなってきています．

ここでは，外付け電源の平均効率と無負荷時電力についての欧州と米国の基準の最新動向を紹介します．

まずは現行の基準の内容を説明し，その後2014年から2016年にかけて予定されている基準の変更について説明します．

外付け電源に関する現在の欧米の基準

外付け電源の基準は，欧州では"Erp指令Lot7"，米国では"EISA2007"があります．どちらも義務規定です．施行から時間がたっており，今後改定される予定です．

国際的な動きとしては，米国Energy Starをもとにした国際Energy Starプログラムがあります．こちらは自主規定です．省エネ性能を製品にラベリングすることで，消費者に省エネ意識を喚起するのが目的です．

外付け電源は，国際効率表示協定に従ったマーキングをすることで，一目で省エネ性能がわかるようになっています．

● 欧州：Erp指令 Lot7[1]

欧州の現在の基準は，欧州委員会(EC)によるErP(Energy-related Products)指令です．外付け電源については，2009年7月に発行されたLot7で基準が設けられています．Lot7は，単出力電圧外付け電源のエネルギー効率に関する義務規定です．対象とする外付け電源の電力は250 W以下です．

ErP指令Lot7では，外付け電源の種類を出力電圧により2種類に分け，それぞれに対して基準を設けています．また，以下の(1)，(2)の両方の要件を満たすものを低電圧外付け電源(Low Voltage EPS)として，それ以外の外付け電源と区別しています．

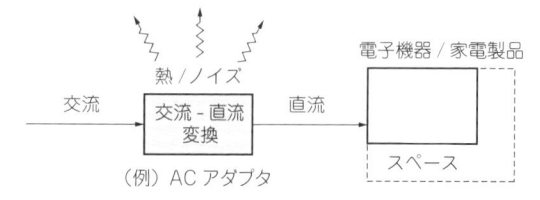

図1　外付け電源の例

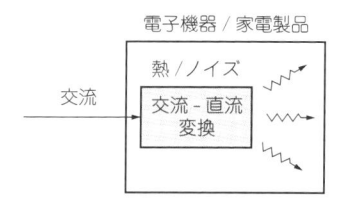

図2　内部電源の例

表1　ErP指令 Lot7：無負荷時電力

銘板出力電力 P_O	AC-AC 外付け電源（低電圧外付け電源以外）	AC-DC 外付け電源（低電圧外付け電源以外）	低電圧外付け電源
≤ 51.0 W	0.50 W	0.30 W	0.30 W
> 51.0 W	0.50 W	0.50 W	n/a

表2　ErP指令 Lot7：エネルギー効率基準

銘板出力電力 P_O	AC-AC, AC-DC 外付け電源効率（低電圧外付け電源以外）	低電圧外付け電源効率
$P_O \leq 1.0$ W	$0.480 \times P_O + 0.140$	$0.497 \times P_O + 0.067$
$1.0\ \text{W} < P_O \leq 51.0\ \text{W}$	$0.063 \times \ln(P_O) + 0.622$	$0.075 \times \ln(P_O) + 0.561$
$P_O > 51.0$ W	0.87	0.86

表3　EISA2007：平均効率基準（クラスA，外付け電源）

銘板出力電力 P_O	アクティブ・モード最小効率（10進法表記）
$P_O \leq 1$ W	$0.5 \times P_O$
$1\ \text{W} < P_O \leq 51\ \text{W}$	$0.5 + 0.09 \times \ln(P_O)$
$P_O > 51$ W	0.85

表4　EISA2007：無負荷時最大電力基準（クラスA，外付け電源）

銘板出力電力 P_O	無負荷時最大電力
≤ 250 W	0.5 W

図3　国際 Energy Star プログラムのロゴ・マーク

(1) 定格出力電圧：6 V 未満
(2) 定格出力電流：550 mA 以上

ErP指令 Lot7では，外付け電源の種類に応じて，無負荷時電力と平均効率の基準を定めています．平均効率は，定格電力の25 %，50 %，75 %，100 %の効率の平均として定義しています．表1と表2に，無負荷時電力とエネルギー効率基準を示します．

● 米国：EISA2007[2]

米国の現在の基準は，米国2007年エネルギー独立性および安全保障法（Energy Independence and Security Act of 2007，以下EISA2007）です．この法案の301項では，以下の(1)～(6)のすべてを満たすものをクラスA外付け電源と定義し，2008年7月以降に製造されるクラスA外付け電源に対して，平均効率（表3）と，無負荷時最大電力（表4）の基準を定め，国際効率表示協定に従ったマーキングをすることを定めています．

(1) 線間電圧の交流入力を低電圧の交流または直流出力に変換するように設計されている
(2) 一度に一つの出力電圧のみに変換することができる
(3) おもな負荷を構成する個別の最終使用製品とともに販売されたり，またはともに使用されたりすることが意図されている
(4) 最終使用製品とは別の物理的筐体に収められている
(5) 着脱式または固定式の雄／雌型の電気的接続，ケーブル，コード，あるいはその他の配線により最終使用製品に接続される
(6) 銘板出力電力が250 W以下である

● 米国：Energy Star（EPS ver.2.0）[3], [4]

米国環境保護庁（Environmental Protection Agency：EPA）による自主規定が"Energy Star"です．この米国の基準をもととして，米国の呼びかけのもとに国際的な省エネルギー・プログラムとして世界7カ国／地域で実施されているのが国際Energy Starプログラムです．プログラムで要求される基準を満たす製品に国際Energy Starロゴを使用することが認められています（図3）．

2008年11月に発行された"ENERGY STAR Program Requirements for Single Voltage External Ac-Dc and Ac-Ac Power Supplies Eligibility Criteria (Version 2.0)"（以下EPS ver.2.0）に，外付け電源の平均効率と無負荷時電力が規定されています．その後，2010年12月31日に外付け電源単独での規定は終了し，個別製品のEnergy Star規定のなかに取り込まれる形となりました．電源部の省エネ性能に対する要求としては，EPS ver.2.0を参照しています[5]．

EPS ver.2.0では，EISA2007の(1)～(6)と同等の基準に加え，以下の(7)，(8)の二つの基準も満たすものを外付け電源として定義しています．

(7) （着脱式のものを含め）電源装置に物理的に直接取付けられるバッテリまたはバッテリ・パックを備えていない
(8) バッテリの化学物質または種類の切り替えスイッチ，および充電メータの表示灯または状態表示器を備えていない（例：種類切り替えスイッチおよび充電メータの状態表示器を備えている製品は，本基準

の対象から除外される．表示灯だけを備えている製品は，本基準の対象となる)．

また，EPS ver.2.0では，以下の(1),(2)の両方の要件を満たすものを低電圧外付け電源(Low Voltage EPS)として，それ以外の外付け電源(Standard Voltage EPS)と区別し，それぞれに対してアクティブ・モードでの最小平均効率(表5，表6)と無負荷時最大電力(表7)を規定しています．平均効率は，定格電力の25 %，50 %，75 %，100 %の効率の平均として定義しています．

(1) 定格出力電圧：6 V 未満
(2) 定格出力電流：550 mA 以上

表5 Energy Star：最小平均効率基準(標準モデル)

銘板出力電力 P_{no}	アクティブ・モード最小平均効率(少数表記)
$0 \leq P_{no} \leq 1$ W	$\geq 0.480 \times P_{no} + 0.140$
1 W $< P_{no} \leq 49$ W	$\geq 0.0626 \times \ln(P_{no}) + 0.622$
$P_{no} > 49$ W	≥ 0.870

表6 Energy Star：最小平均効率基準(低電圧モデル)

銘板出力電力 P_{no}	アクティブ・モード最小平均効率(少数表記)
$0 \leq P_{no} \leq 1$ W	$\geq 0.497 \times P_{no} + 0.067$
1 W $< P_{no} \leq 49$ W	$\geq 0.0750 \times \ln(P_{no}) + 0.561$
$P_{no} > 49$ W	≥ 0.860

表7 Energy Star：無負荷時最大電力基準

銘板出力電力 P_{no}	無負荷時最大電力 AC-AC外付け電源	無負荷時最大電力 AC-DC外付け電源
$0 \leq P_{no} < 50$ W	≤ 0.5 W	≤ 0.3 W
50 W $\leq P_{no} \leq 250$ W	≤ 0.5 W	≤ 0.5 W

表8 国際効率表示協定のマーキングと要求性能

記号	銘板出力電力 P_{no}	無負荷時電力	銘板出力電力 P_{no}	アクティブ・モード平均効率
I	他の基準が適用されない場合に使用			
II	0 W $\leq P_{no} \leq 10$ W	≤ 0.75	0 W $\leq P_{no} < 1$ W	$\geq 0.39 \times P_{no}$
II	10 W $< P_{no} \leq 250$ W	≤ 1.0	1 W $\leq P_{no} < 49$ W	$\geq 0.107 \times \ln(P_{no}) + 0.39$
II			$P_{no} > 49$ W	≥ 0.82
III	0 W $\leq P_{no} \leq 10$ W	≤ 0.5	0 W $\leq P_{no} \leq 1$ W	$\geq 0.49 \times P_{no}$
III	10 W $< P_{no} \leq 250$ W	≤ 0.75	1 W $< P_{no} \leq 49$ W	$\geq 0.09 \times \ln(P_{no}) + 0.49$
III			49 W $< P_{no} \leq 250$ W	≥ 0.84
IV	0 W $\leq P_{no} \leq 250$ W	≤ 0.5	0 W $\leq P_{no} < 1$ W	$\geq 0.5 \times P_{no}$
IV			1 W $\leq P_{no} \leq 51$ W	$\geq 0.09 \times \ln(P_{no}) + 0.5$
IV			51 W $< P_{no} \leq 250$ W	≥ 0.85
V	0 W $\leq P_{no} < 50$ W	≤ 0.3 (AC-DC) / ≤ 0.5 (AC-AC)	0 W $\leq P_{no} \leq 1$ W	標準モデル：$\geq 0.480 \times P_{no} + 0.140$ / 低電圧モデル：$\geq 0.497 \times P_{no} + 0.067$
V	50 W $\leq P_{no} \leq 250$ W	≤ 0.5	1 W $< P_{no} \leq 49$ W	標準モデル：$\geq 0.0626 \times \ln(P_{no}) + 0.622$ / 低電圧モデル：$\geq 0.0750 \times \ln(P_{no}) + 0.561$
V			49 W $< P_{no} \leq 250$ W	標準モデル：≥ 0.870 / 低電圧モデル：≥ 0.860
VI	単出力電源			
VI	0 W $\leq P_{no} \leq 49$ W	≤ 0.100 (AC-DC) / ≤ 0.210 (AC-AC)	0 W $\leq P_{no} \leq 1$ W	標準モデル：$\geq 0.5 \times P_{no} + 0.16$ / 低電圧モデル：$\geq 0.517 \times P_{no} + 0.087$
VI	49 W $< P_{no} \leq 250$ W	≤ 0.210	1 W $< P_{no} \leq 49$ W	標準モデル：$\geq 0.071 \times \ln(P_{no}) - 0.0014 \times P_{no} + 0.67$ / 低電圧モデル：$\geq 0.0834 \times \ln(P_{no}) - 0.0014 \times P_{no} + 0.609$
VI			49 W $< P_{no} \leq 250$ W	標準モデル：≥ 0.880 / 低電圧モデル：≥ 0.870
VI	250 W $< P_{no}$	≤ 0.500	250 W $< P_{no}$	≥ 0.875
VI	多出力電源			
VI	Any	≤ 0.300	0 W $\leq P_O < 1$ W	$\geq 0.497 \times P_O + 0.067$
VI			1 W $< P_O \leq 49$ W	$\geq 0.075 \times \ln(P_O) + 0.561$
VI			49 W $< P_O$	≥ 0.860
VII	将来の予備			

● 国際効率表示協定[6]

Energy Starパートナーは，電源の省エネレベルを容易に把握できるようにするため，国際効率表示協定（International Efficiency Marking Protocol for External Power Supplies）に従って，省エネ要求への適合度合いをⅠ～Ⅵのローマ数字で製品に表示することが求められています．

表8が国際効率表示協定のマーキングと，平均効率と無負荷時電力に対する要求性能の関係です．

レベルⅤがEPS ver.2.0の基準に相当します．平均電力と無負荷時電力に対する要件に加え，レベルⅤでは，入力電力が100 W以上の電源装置に対し，115 V/60 Hzの試験条件で定格負荷の100 %時に有効力率が0.9以上でなければならないという要件が加わります．

最新の動向

欧州では2013年10月に，外付け電源のエネルギー効率に関する行動規範（CoC）version 5が発表され，その内容をもとにErp指令Lot7も改定される予定です．米国では，EISA2007が改定され2016年2月より義務化されます．

● 欧州：外付け電源のエネルギー効率に関する行動規範（CoC）[7]

2013年10月に欧州委員会（European Commission）により，外付け電源のエネルギー効率に関する行動規範（Code of Conduct on Energy Efficiency of External Power Supplies，以下CoC）version 5が発表されました．CoCは，単出力電圧外付け電源のエネルギー効率に関する自主規定で，対象とする外付け電源の電力は0.3 W～250 Wです．

出力電圧により外付け電源の種類を2種類に分け，それぞれに対して基準を設けています．以下の(1)，(2)の両方の要件を満たすものを低電圧外付け電源（Low Voltage EPS）として，それ以外の外付け電源と区別しています．

(1) 定格出力電圧：6 V未満
(2) 定格出力電流：550 mA以上

DC-DC電源，複数出力をもつ電源回路，および無接点チャージャは，適用範囲から外れています．

CoCでは，無負荷時電力（表9）と最小平均効率を規定しているほか，定格電流の10 %負荷での最小効率（表10，表11）も規定していることが特徴です．また，無負荷時電力，最小平均効率のどちらの要件も満足することを要求しています．

適用開始日は2014年1月1日（Tier 1），2016年1月1日（Tier 2）です．

● 欧州：ErP指令Lot7の改定

自主規定であるCoCの内容をもとに，義務規定であるErP指令Lot7の基準を，より厳しいものに改定する議論がされています．CoCの適用範囲に加え，以下の(1)～(3)の外付け電源の追加や効率要件の追加が議論されています．

(1) マルチ電圧出力電源の追加

表9　CoC無負荷時電力基準

定格出力電力P_O	無負荷時電力	
	Tier 1	Tier 2
0.3 W ≦ P_O < 49 W	0.150 W	0.075 W
49 W ≦ P_O < 250 W	0.250 W	0.150 W
携帯型バッテリ駆動およびP_O < 8 W	0.075 W	0.075 W

表10　CoCエネルギー効率基準：低電圧外付け電源

定格出力電力P_O	アクティブ・モードにおける最小平均効率(4ポイント)		最大出力定格の10 %負荷における最小平均効率	
	Tier 1	Tier 2	Tier 1	Tier 2
0.3 W ≦ P_O ≦ 1 W	≧ 0.500 × P_O + 0.086	≧ 0.517 × P_O + 0.091	≧ 0.500 × P_O	≧ 0.516 × P_O
1 W < P_O ≦ 49 W	≧ 0.0755 × ln(P_O) + 0.586	≧ 0.0834 × ln(P_O) − 0.0011 × PO + 0.609	≧ 0.072 × ln(P_O) + 0.500	≧ 0.0834 × ln(P_O) − 0.00127 × P_O + 0.518
49 W < P_O ≦ 250 W	≧ 0.880	≧ 0.880	≧ 0.780	≧ 0.780

表11　CoCエネルギー効率基準：低電圧外付け電源以外

定格出力電力P_O	アクティブ・モードにおける最小平均効率(4ポイント)		最大出力定格の10 %負荷における最小平均効率	
	Tier 1	Tier 2	Tier 1	Tier 2
0.3 W ≦ P_O ≦ 1 W	≧ 0.500 × P_O + 0.146	≧ 0.500 × P_O + 0.169	≧ 0.500 × P_O + 0.046	≧ 0.500 × P_O + 0.060
1 W < P_O ≦ 49 W	≧ 0.0626 × ln(P_O) + 0.646	≧ 0.071 × ln(P_O) − 0.00115 × P_O + 0.670	≧ 0.0626 × ln(P_O) + 0.546	≧ 0.071 × ln(P_O) − 0.00115 × P_O + 0.570
49 W < P_O ≦ 250 W	≧ 0.890	≧ 0.890	≧ 0.790	≧ 0.790

表12 DOE提案：AC-DC標準外付け電源

銘板出力電力 P_O	アクティブ・モードにおける最小平均効率(少数表記)	無負荷時最大電力
$0\,W \leq P_O < 1\,W$	$\geq 0.5 \times P_O + 0.16$	≤ 0.100
$1\,W < P_O \leq 49\,W$	$\geq 0.071 \times \ln(P_O) - 0.0014 \times P_O + 0.67$	≤ 0.100
$49\,W < P_O \leq 250\,W$	≥ 0.880	≤ 0.210
$P_O > 250\,W$	0.875	≤ 0.500

表13 DOE提案：AC-DC低電圧外付け電源

銘板出力電力 P_O	アクティブ・モードにおける最小平均効率(少数表記)	無負荷時最大電力
$0\,W \leq P_O < 1\,W$	$\geq 0.517 \times P_O + 0.087$	≤ 0.100
$1\,W < P_O \leq 49\,W$	$\geq 0.0834 \times \ln(P_O) - 0.0014 \times P_O + 0.609$	≤ 0.100
$49\,W < P_O \leq 250\,W$	≥ 0.870	≤ 0.210
$P_O > 250\,W$	0.875	≤ 0.500

表14 DOE提案：多出力外付け電源

銘板出力電力 P_O	アクティブ・モードにおける最小平均効率(少数表記)	無負荷時最大電力
$0\,W \leq P_O < 1\,W$	$\geq 0.497 \times P_O + 0.067$	≤ 0.300
$1\,W < P_O \leq 49\,W$	$\geq 0.075 \times \ln(P_O) + 0.561$	≤ 0.300
$49\,W < P_O \leq 250\,W$	≥ 0.860	≤ 0.300

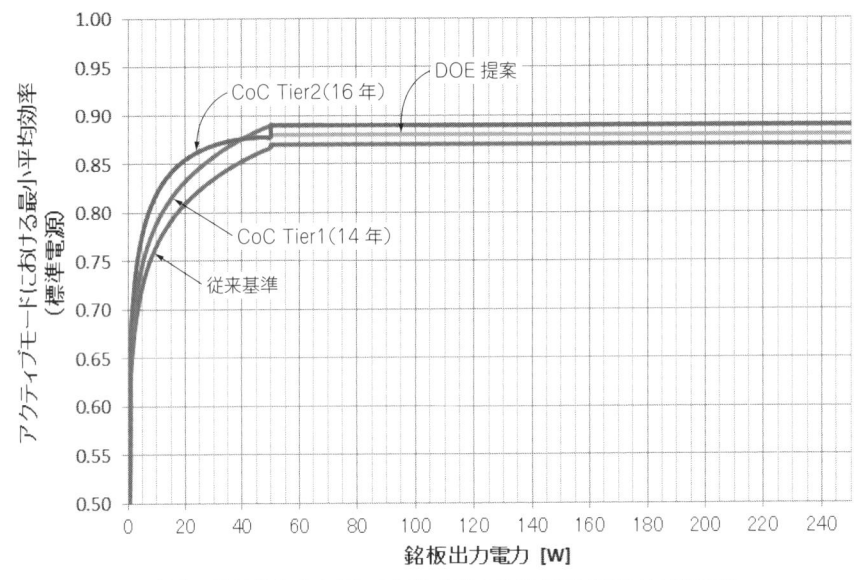

図4 CoC, DOE提案の基準値と従来基準の平均効率の比較(標準電圧外付け電源)

(2) 低電圧無線充電器の追加
(3) 負荷10％時の効率要件追加

また，重量などの資源効率パラメータの導入も議論されています．Tier 1(2015年6月)と Tier 2(2017年6月)の段階的施行が考えられています．

● 米国：DOE提案[8]とEISA2007改定[9]

2012年3月，EISA2007の基準の改定を目的として，米国DOEからEnergy Conservation Program: Energy Conservation Standards for Battery Chargers and External Power Supplies; Proposed Rule が提案されました(以下，DOE提案)．

この提案は議会に承認され，EISA2007が改定されることとなりました．2016年2月より義務化されます．米国で製造，または輸入される製品は，この基準を満たす必要があります．

基準の内容は表12，表13，表14のとおりです．欧州のCoCとほぼ同じですが，マルチ電圧出力電源についての要件が追加されています．また，CoCと異なり，低電圧無線充電器の追加はされておらず，負荷10％時の効率要件もありません．

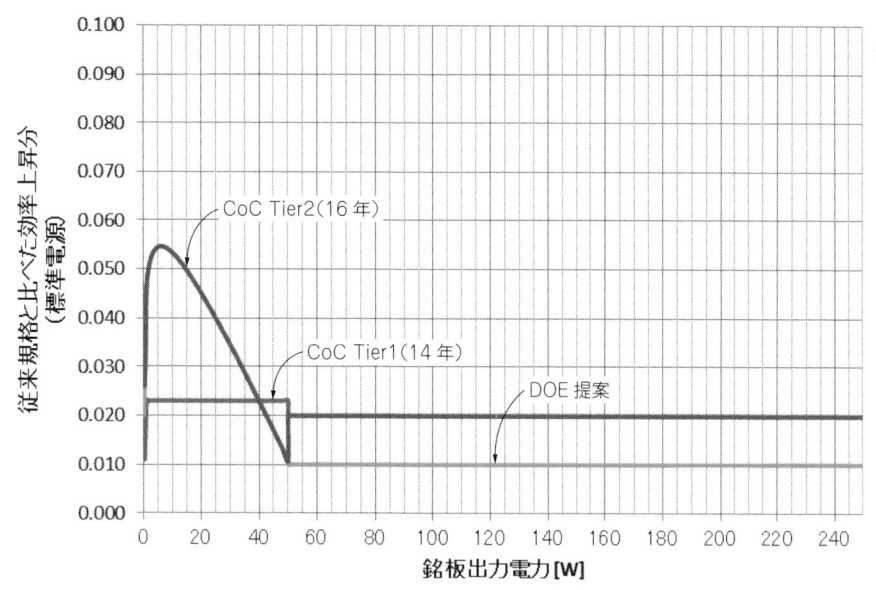

図5 CoC，DOE提案の基準値と従来基準の差（標準電圧外付け電源）

● 国際効率表示協定の改定

2013年9月，これまで予備として使われていなかったレベルⅥのマークに具体的な要求事項が追加されました．表8に示すレベルⅥの要求事項は，DOE提案の内容と同等です．

レベルⅦ以上のマークは，さらに厳しい基準が制定されたときに使用されます．

従来の基準と新しい基準の比較

外付け電源の平均効率と無負荷時電力について，欧米の基準が今後どのように変化していくかを見てきました．これまでの基準と新しい基準の違いを，標準電圧外付け電源の平均効率を例として比較してみます．

図4は，これまでの基準，欧州CoC Tier1，Tier2，米国DOE提案のそれぞれで要求されるアクティブ・モードでの平均効率を，銘板出力電力の関数としてグラフ化したものです．これまで見てきたように，50W以上の電源装置の要求平均効率は，どの基準でも一定値となっています．また，35W～50Wでは，CoC Tier1の要求効率がCoC Tier2の要求効率より厳しくなっています．

図5に，これまでの基準と新しい基準の平均効率の差を示します．5W～15Wの電源について基準を比較した場合，その差は5ポイント以上となっています．

このように，2014年から2016年にかけて，従来と比べ厳しい平均効率と無負荷時電力の基準が適用され，特に50W以下の低電力の電源に対しては，より厳しい内容であることがわかります．

また，欧州では，負荷率10％における平均効率の基準を導入し，これまでは規制の対象外であった製品にも規制対象を広げることで，よりアグレッシブな省エネ効果を狙っています．

【注意事項】：細心の注意をはらって本記事を執筆していますが，それぞれの基準の詳細については，必ず各自で最新情報を確認してください．】

◆参考文献◆

(1) http://eur-lex.europa.eu/LexUriServ/LexUriServ.do?uri=OJ:L:2009:093:0003:0010:EN:PDF
(2) http://www.gpo.gov/fdsys/pkg/BILLS-110hr6enr/pdf/BILLS-110hr6enr.pdf
(3) http://www.energystar.gov/index.cfm?fuseaction=products_for_partners.showeps
(4) http://www.energystar.jp/document/pdf/translated_eps_2_0_final_spec.pdf
(5) http://www.energystar.gov/products/specs/system/files/eps_eup_sunset_decision_july2010.pdf
(6) http://www.regulations.gov/#!documentDetail;D=EERE-2008-BT-STD-0005-0218
(7) http://re.jrc.ec.europa.eu/energyefficiency/html/standby_initiative.htm
(8) http://www.gpo.gov/fdsys/pkg/FR-2012-03-27/pdf/2012-6042.pdf
(9) http://www.regulations.gov/#!documentDetail;D=EERE-2008-BT-STD-0005-0219

付属CD-ROMの内容と使いかた

　付属CD-ROMのご利用に際しては，本書の第1章および第2章をお読みください．

　また，付属CD-ROMに収録してあるソフトウェアのインストール方法や基本的な使用方法については，「シミュレーション活用の参考資料」で上げている書籍などを参照してください．

■ 収録内容

● 電子回路シミュレータLTspice IV

　Copyright（C）2014 Linear Technology

　　フォルダ名：LTspice
　　ファイル名：LTspiceIV.exe

　上記ファイルを実行すると，インストールが始まります．

　インストールの最後に，図Aのようなダイアログが表示されて，アップデートするかどうかを確認してきます．

　ここで［はい］を選ぶと，インターネットに接続してリニアテクノロジー社のサイトからアップデートを入手できますが，［いいえ］を選んでそのままインストールを終了しても構いません．

　これは，本書の第1章と第2章で，筆者が使用しているLTspiceのバージョンと合わせるためです．

　なお，最新版のLTspiceについては，リニアテクノロジー社のウェブ・サイトからダウンロードすることができます．

　　http：//www.linear-tech.co.jp/

● インダクタ/トランス解析シミュレータMagnetics Designer（デモ版）v8.11

　Copyright（C）2014 Intusoft

　　フォルダ名：MDDemo
　　ファイル名：SETUP.EXE

　上記ファイルを実行すると，インストールが始まります．

● ご注意

　インストールを実行するためには，インストールするコンピュータの管理者権限が必要になる場合があります．

● 本書掲載シミュレーション回路ファイル

　Copyright（C）2014 Hasumura Shigeru

　第1章および第2章で解説されている回路のシミュレーションを行うためのファイルです．第1章と第2章で，下記のフォルダに分けて収録してあります．

　　第1章：LTspice_LLC
　　第2章：LTspice_PFC

　付属CD-ROMに収録してあるシミュレーション・ファイルは，すべてハード・ディスクにコピーしてからご利用ください．ライブラリの読み込みに失敗し，シミュレーションが実行できない場合があります．また，CD-ROMドライブからの利用では，リード・オンリ属性のためファイルへの書き込みができません．

● シミュレーションが動作しない回路も含まれる

　添付されているCD-ROM内のLTspice解析ファイル（拡張子が".asc"のファイル）のなかには，本文の図の説明に使用した回路図やサブサーキットなども含まれており，これらのファイルでのシミュレーション解析はできません．

　付属CD-ROM内でのファイル名のフルパスは，それぞれの図のキャプションの末尾の（　）内に記載されています．この（　）の後に"＊"マークが付いている解析ファイルは，このままではシミュレーションを実行することはできません．

　シミュレーションによって動作検証が可能なファイルは，解析波形として，本文中の図として波形を表示している回路解析ファイルだけとなります．なお，回路解析ファイルは，パラメータを変更することによって解析条件を変更することができますので，試してみ

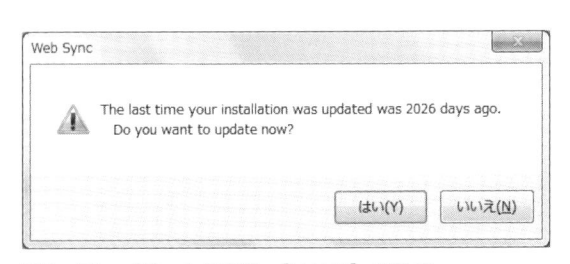

図A　アップデートの確認．［いいえ］を選ぶ

図B 『電子回路シミュレータLTspice入門編』（神崎康宏 著）

図C 『インダクタ/トランスの解析 Magnetics Designer 入門』（真島寛幸 著）

てください．

■ シミュレーション活用の参考資料

本書では，第1章および第2章で使用しているシミュレータのインストール方法や基本的な操作方法については解説しておりません．

下記の参考資料を参照してください．いずれの書籍も「CQ出版WebShop」でご購入いただけます．

　　http://shop.cqpub.co.jp/

● LTspiceについて

『電子回路シミュレータLTspice入門編』（神崎康宏 著，CQ出版社）をお勧めします（**図B**）．

● Magnetics Designerについて

『インダクタ/トランスの解析 Magnetics Designer 入門』（真島寛幸 著，CQ出版社）をお勧めします（**図C**）．

■ 著作権ならびに免責事項

●付属CD-ROMに収録してあるプログラムの操作によって発生したトラブルに関しては，著作権者，収録ツール・メーカ各社ならびにCQ出版株式会社は一切の責任を負いかねますので，ご了承ください．

●付属CD-ROMに収録してあるプログラムやデータ，ドキュメントには著作権があり，また工業所有権が確立されている場合があります．したがって，個人で利用される場合以外は，所有者の承諾が必要です．また，収録された回路，技術，プログラム，データなどを利用して生じたトラブルに関しては，CQ出版株式会社ならびに著作権者は責任を負いかねますので，ご了承ください．

●付属CD-ROMに収録してあるプログラムやデータ，ドキュメントは予告なしに内容が変更されることがあります．

- **本書記載の社名，製品名について** ── 本書に記載されている社名および製品名は，一般に開発メーカーの登録商標です．なお，本文中ではTM，®，©の各表示を明記していません．
- **本書掲載記事の利用についてのご注意** ── 本書掲載記事は著作権法により保護され，また産業財産権が確立されている場合があります．したがって，記事として掲載された技術情報をもとに製品化をするには，著作権者および産業財産権者の許可が必要です．また，掲載された技術情報を利用することにより発生した損害などに関して，CQ出版社および著作権者ならびに産業財産権者は責任を負いかねますのでご了承ください．
- **本書に関するご質問について** ── 文章，数式などの記述上の不明点についてのご質問は，必ず往復はがきか返信用封筒を同封した封書でお願いいたします．勝手ながら，電話での質問にはお答えできません．ご質問は著者に回送し直接回答していただきますので，多少時間がかかります．また，本書の記載範囲を越えるご質問には応じられませんので，ご了承ください．
- **本書の複製等について** ── 本書のコピー，スキャン，デジタル化等の無断複製は著作権法上での例外を除き禁じられています．本書を代行業者等の第三者に依頼してスキャンやデジタル化することは，たとえ個人や家庭内の利用でも認められておりません．

JCOPY 〈(社)出版者著作権管理機構委託出版物〉本書の全部または一部を無断で複写複製（コピー）することは，著作権法上での例外を除き，禁じられています．本書からの複製を希望される場合は，(社)出版者著作権管理機構（TEL：03-3513-6969）にご連絡ください．

グリーン・エレクトロニクス No.16（トランジスタ技術SPECIAL増刊）

LCC共振による低雑音スリム電源 現代設計法［シミュレータ＆データ付き］

2014年9月1日 初版発行

©CQ出版㈱ 2014
（無断転載を禁じます）

編　　集	トランジスタ技術SPECIAL編集部
発 行 人	寺　前　裕　司
発 行 所	ＣＱ出版株式会社

〒170-8461 東京都豊島区巣鴨1-14-2

電話 編集　03-5395-2123
　　 広告　03-5395-2131
　　 販売　03-5395-2141
振替　00100-7-10665

定価は表四に表示してあります
乱丁，落丁本はお取り替えします

DTP・印刷・製本　三晃印刷株式会社／DTP　有限会社 新生社

編集担当　清水　当

Printed in Japan